プラスチック加飾技術の最新動向
Recent Trend in Decoration Technology for Plastics

《普及版／Popular Edition》

監修 桝井捷平

シーエムシー出版

はじめに

　対象となるものに何らかの装飾を施して（「加飾」して），見栄えをよくしたいとの願いは，日本では，縄文土器の縄文，その後の唐草文，蓮華文などに遡ることができ，色々な対象物に装飾が施されてきた。

　戦後多くの種類のプラスチックが登場し，その多様な構造特性・機能特性に加え，賦形の容易性・軽量性に優れていることから，産業用・民生用の基礎素材として重要な位置を占めるようになっている。

　しかし，通常のプラスチック成形品は，安っぽく見える，冷たい感じがするなどの課題もあり，当初から見栄えをよくする技術が開発され，印刷や塗装は早くから利用され，小生の記憶では，「絵付け」と言われていたインモールド加飾も1960年代には登場していた。

　最近の技術向上はめざましく，すべての商品で各社の商品に質的な差は少なくなり，かつ市場には商品が豊富にある時代になって，機能を求めるより，感性を重視して商品を購買する傾向が強くなっている。これらの傾向は購買の中心である若者で特に顕著であると言われている。

　感性による選択の基準となる視覚・触覚などによる快適性には個人的な基準はあっても，社会的な基準はないと言われるが，それぞれの時期にその時期の方向性があり，これをいかに把握するかが商品開発上のポイントであると言われている。

　このため，プラスチック製品の企画・製造・販売関係者にはプラスチックの特徴を生かしてなおかつ見栄えの向上を行いたい，消費者の感性に即した商品をつくりたいとの要望が強くある。

　各製品をいかに加飾するかが，非常に重要なテーマになっている。

　本書では，各分野のエキスパートの方々に，プラスチックへの各加飾技術についてその技術内容・特徴・動向などを解説いただきました。ただ，いろいろなご事情で残念ながら執筆をいただけなかった方もおられ，一部の技術解説は断念せざるを得ませんでした。

　お忙しい中特段のご協力をいただきました専門家の方々，ならびに情報を提供いただきました方々に深く感謝いたしますとともに，本書が読者の皆様のお役に立つことを期待しています。

　2010年6月

MTO技術研究所；NPO法人プラスチック人材アタッセ

桝井捷平

普及版の刊行にあたって

　本書は2010年に『プラスチック加飾技術の最新動向』として刊行されました。普及版の刊行にあたり，内容は当時のままであり加筆・訂正などの手は加えておりませんので，ご了承ください。

2016年10月

シーエムシー出版　編集部

執筆者一覧（執筆順）

桝井 捷平	MTO技術研究所　所長；NPO法人プラスチック人材アタッセ　理事
長沢 伸也	早稲田大学　大学院商学研究科　ビジネス専攻　教授
桐原 修	バイエル マテリアルサイエンス㈱　イノベーション事業本部　事業本部長，イノベーションセンター　センター長
平野 輝美	平野技術士事務所　代表
橋本 智	㈱表面化工研究所　代表取締役社長
鈴木 祥一郎	上村工業㈱　中央研究所　課長
千葉 忍	CBC㈱　CBCイングスカンパニー　製造本部　三島事業部　OPT Labo.　課長
小池 幸徳	㈱三和セイデン　代表取締役
阿竹 浩之	大日本印刷㈱　住空間マテリアル事業部　住空間マテリアル研究所　主席研究員
森田 善彦	クルツジャパン㈱　東京支店　営業部　係長
權野 隆	クルツジャパン㈱　大阪営業部　課長
石塚 勝	ダイヤ工芸㈱　代表取締役社長
大西 勝	㈱ミマキエンジニアリング　技術本部　技術顧問
藤井 憲太郎	日本写真印刷㈱　産業資材・電子事業本部　産資生産技術本部　産資生産技術本部長
三浦 高行	布施真空㈱　代表取締役社長
長谷 高和	日本ビー・ケミカル㈱　技術ブロック　グループマネージャー
秋元 英郎	小野産業㈱　技術本部
桜田 喜久男	日精樹脂工業㈱　本社テクニカルセンター　所長
戸澤 啓一	日精樹脂工業㈱　本社テクニカルセンター
百瀬 雅之	SABICイノベーティブプラスチックスジャパン㈴　総合技術研究所　グローバルカラーテクノロジー
大山 寛治	江南特殊産業㈱　専務取締役
長岡 猛	神鋼テクノ㈱　産業機械設計室　樹脂機械グループ　理事
岡原 悦雄	宇部興産機械㈱　技術開発センター　樹脂成形技術グループ　主席部員

執筆者の所属表記は，2010年当時のものを使用しております。

目　次

第1章　プラスチック加飾技術総論　　桝井捷平

1　はじめに ……………………………… 1
2　プラスチックの加飾技術の分類 ……… 2
　2.1　インモールド加飾（In-Mold Decoration） ……………………… 2
　2.2　シートなどからの加飾 …………… 4
　2.3　2次加飾 …………………………… 4
　2.4　その他 ……………………………… 5
3　プラスチックの加飾技術の最近のトピックス（動向） ………………………… 5
　3.1　加飾フィルム使用によるフィルムインサート成形，転写成形の拡大 ………………………………… 6
　3.2　特別な表面層を付与しない低コスト加飾の進歩と普及 ……………… 7
　3.3　複合技術による高品位加飾成形の開発 ……………………………… 9
　3.4　ソフト表面を有する部品を成形する加飾技術の進歩 ………………… 10
　3.5　装飾プラス他の機能付与技術 …… 11
　3.6　環境対応技術の展開 ……………… 11
4　プラスチックの加飾技術の動向と将来展望 …………………………………… 14

第2章　感性工学と高級感　　長沢伸也

1　感性工学と感性評価 ………………… 16
　1.1　感性工学・感性評価とは ………… 16
　1.2　感性品質とは ……………………… 17
2　プラスチックの高級感の感性工学的検討 ……………………………………… 18
　2.1　プラスチックの高級感 …………… 18
　2.2　感性品質としての高級感 ………… 19
　　2.2.1　プラスチック製品の品質要素 …………………………………… 19
　　2.2.2　デザイン ……………………… 20
　　2.2.3　見栄えと高級感 ……………… 22
　　2.2.4　製作方法 ……………………… 24
3　感性評価手法による解析例 ………… 24
　3.1　感性評価手法 ……………………… 24
　3.2　一対比較法 ………………………… 25
　3.3　一対比較法の実施例 ……………… 25

第3章　塗装・めっき・植毛・真空成膜

1　塗装を用いた加飾技術総論 ……………………………………………桐原　修 … 28
　1.1　はじめに …………………………… 28
　1.2　プラスチック用塗料の歴史 ……… 28
　1.3　プラスチック用塗料の構成 ……… 29
　　1.3.1　塗膜層 ………………………… 29

1.3.2	塗料樹脂バインダーの化学組成 …… 30	
1.3.3	硬化形式と硬化条件 …… 31	
1.4	プラスチックの塗装工程 …… 32	
1.5	塗膜性能 …… 32	
1.5.1	耐擦り傷性スキーム …… 33	
1.5.2	耐磨耗・擦り傷性評価方法 …… 33	
1.6	フィルムインサート成形 …… 35	
1.6.1	フィルムの種類とその構成 …… 35	
1.6.2	フィルム構成 …… 36	
1.6.3	保護コート …… 36	
1.6.4	印刷インク …… 36	
1.6.5	接着層・接着剤 …… 37	
1.6.6	FIMの特徴と用途 …… 37	
1.7	今後の展望 …… 37	
1.7.1	自動車ガラスの樹脂化（樹脂グレージング） …… 37	
1.7.2	3D成形可能なELフィルム …… 37	
1.8	おわりに …… 38	

2 MFS銀鏡塗装技術とその最新動向 ………………………… **平野輝美，橋本 智** 40
- 2.1 はじめに …… 40
- 2.2 銀鏡塗装技術「Metalize Finishing System」 …… 40
- 2.3 銀鏡反応とMFS …… 40
- 2.4 MFSプロセスと銀鏡塗膜 …… 41
- 2.5 MFSによる銀鏡塗膜の特性 …… 42
  - 2.5.1 銀鏡塗膜の物理化学的状態 …… 42
  - 2.5.2 MFSによる銀鏡塗膜の装飾性 …… 43
  - 2.5.3 MFSによるAg薄膜の活用 …… 44
- 2.6 MFSの技術改良動向 …… 46
  - 2.6.1 耐久性向上 …… 46
  - 2.6.2 界面剥離改良 …… 47
  - 2.6.3 物理化学的加飾の活用 …… 47
  - 2.6.4 プラズモン吸収 …… 48
- 2.7 まとめ …… 49

3 めっきによる加飾 ……… **鈴木祥一郎** …… 50
- 3.1 はじめに …… 50
- 3.2 プラスチックめっき用高分子材料 …… 51
- 3.3 プラスチックめっきの歴史とめっき装置 …… 51
- 3.4 プラスチックめっきの付着性 …… 52
- 3.5 樹脂成形条件とめっき皮膜の付着性 …… 54
  - 3.5.1 射出成形法 …… 54
  - 3.5.2 射出成形する際の樹脂相組織に及ぼす樹脂冷却の効果 …… 54
- 3.6 プラスチックめっきプロセス―ABS樹脂へのめっき …… 55
  - 3.6.1 治具 …… 57
  - 3.6.2 脱脂工程 …… 57
  - 3.6.3 エッチング工程 …… 58
  - 3.6.4 中和工程 …… 59
  - 3.6.5 導電化の前処理―キャタリスト工程とアクセレータ工程 …… 59
  - 3.6.6 導電化処理―無電解めっき …… 62
  - 3.6.7 電気めっき処理 …… 63
- 3.7 おわりに …… 65

4 真空成膜による加飾 ……… **千葉 忍** …… 68
- 4.1 はじめに …… 68
- 4.2 真空成膜技術 …… 68

- 4.2.1 真空蒸着法 ……………… 69
- 4.2.2 イオンプレーティング法 …… 69
- 4.2.3 スパッタリング法 ………… 70
- 4.3 真空成膜を利用した加飾技術 …… 71
  - 4.3.1 膜の種類 ………………… 71
  - 4.3.2 プラスチックへの加飾 …… 73
- 4.4 応用事例 …………………………… 73
  - 4.4.1 キーボタン ……………… 74
  - 4.4.2 LCDパネル ……………… 74
  - 4.4.3 IRパネル ………………… 74
- 5 静電気植毛加工による加飾 …………
  - ……………………**小池幸徳** 75
  - 5.1 はじめに ………………………… 75
  - 5.2 静電植毛加工の原理 …………… 75
- 5.2.1 クーロンの法則 …………… 76
- 5.2.2 電気力線, 静電誘導, 分極 …… 77
- 5.3 静電植毛加工プロセス …………… 77
  - 5.3.1 接着剤塗布 ……………… 78
  - 5.3.2 静電気植毛に利用される接着剤 ……………………………… 78
  - 5.3.3 静電植毛 ………………… 80
  - 5.3.4 静電植毛加工に用いられているパイル …………………… 81
  - 5.3.5 乾燥 ……………………… 84
  - 5.3.6 仕上げ（余剰パイル除去） …… 84
- 5.4 静電気植毛加工によって得られる効果 ……………………………… 84
- 5.5 静電気植毛加工製品の将来展望 …… 85

第4章 印刷

- 1 印刷技術を用いた加飾技術総論 …………
  - ……………………**阿竹浩之** 86
  - 1.1 はじめに ………………………… 86
  - 1.2 グラビア印刷技術 ……………… 89
  - 1.3 カールフィット ………………… 90
    - 1.3.1 カールフィットの工程 …… 90
    - 1.3.2 転写フィルム …………… 90
    - 1.3.3 転写基材 ………………… 91
    - 1.3.4 転写 ……………………… 91
    - 1.3.5 水洗 ……………………… 91
    - 1.3.6 トップコート …………… 91
    - 1.3.7 まとめ …………………… 91
  - 1.4 フィルムインサート …………… 92
    - 1.4.1 フィルムインサート工程 …… 92
    - 1.4.2 フィルムインサート用真空成形機および真空成形金型 …… 92
    - 1.4.3 射出成形工程 …………… 93
    - 1.4.4 フィルムインサート用フィルム ………………………… 93
    - 1.4.5 フィルムインサートの特徴 …… 94
  - 1.5 サーモジェクト ………………… 95
    - 1.5.1 サーモジェクトの工程 …… 95
    - 1.5.2 サーモジェクト装置 …… 96
    - 1.5.3 金型 ……………………… 96
    - 1.5.4 サーモジェクト用フィルム …… 96
    - 1.5.5 サーモジェクト化のポイント ……………………………… 97
    - 1.5.6 新たな展開 ……………… 98
  - 1.6 加飾工法の課題および今後 …… 99
- 2 ホットスタンプ・コールドスタンプに

　　　　よる加飾 ……… **森田善彦, 權野　隆** … 101
2.1　ホットスタンプ ……………………… 101
　2.1.1　ホットスタンプ箔の構造 …… 101
　2.1.2　ホットスタンプ箔におけるデ
　　　　ザイン性 ……………………… 101
　2.1.3　被転写材の種類 ……………… 103
　2.1.4　ホットスタンプ箔の転写方法
　　　　　……………………………… 103
　2.1.5　ホットスタンプ加飾の利点 … 106
2.2　コールドスタンプ …………………… 107
　2.2.1　コールドスタンプとは ……… 107
　2.2.2　コールドスタンプの主な加工
　　　　方法 …………………………… 108
　2.2.3　プラスチック加飾としての可
　　　　能性 …………………………… 110
2.3　おわりに ……………………………… 111
3　パッド印刷とシルクスクリーン印刷に
　　よる加飾 ………………… **石塚　勝** … 112
3.1　パッド印刷総論 ……………………… 112
3.2　パッド印刷手順 ……………………… 112
3.3　パッド印刷用機材 …………………… 113
　3.3.1　パッド印刷用版の作成 ……… 113
　3.3.2　インキ ………………………… 113
　3.3.3　溶剤 …………………………… 114
　3.3.4　ドクターブレード（Doctor
　　　　Blade）………………………… 114
　3.3.5　パッド（Pad）………………… 114
　3.3.6　受け治具 ……………………… 115
3.4　パッド印刷の実際 …………………… 115
3.5　パッド印刷による加飾傾向 ………… 116

3.6　シルクスクリーン印刷総論 ………… 116
3.7　シルクスクリーン印刷手順 ………… 117
3.8　スクリーン印刷用機材 ……………… 118
　3.8.1　版の作成 ……………………… 118
　3.8.2　インキ ………………………… 118
　3.8.3　溶剤（Solution）……………… 119
　3.8.4　スキージー（ゴムヘラ：
　　　　Sqeezee）……………………… 120
　3.8.5　受け治具 ……………………… 120
3.9　スクリーン印刷の実際 ……………… 120
3.10　スクリーン印刷による加飾傾向 … 121
4　インクジェットプリンタによる加飾技
　　術 ………………………… **大西　勝** … 122
4.1　はじめに ……………………………… 122
4.2　加飾技術の分類 ……………………… 122
4.3　1次加飾 ……………………………… 123
　4.3.1　フィルム一体成形加飾 ……… 123
　4.3.2　インモールド転写成形 ……… 124
4.4　2次加飾 ……………………………… 125
　4.4.1　ダイレクトデジタル加飾 …… 126
　4.4.2　転写法 ………………………… 129
　4.4.3　インクジェットプリンタを使
　　　　うパッド印刷 ………………… 130
4.5　ダイレクト加飾に使用できるUV
　　インクジェットプリンタの例 …… 131
　4.5.1　UJV-160 ……………………… 131
　4.5.2　JFX-1631 …………………… 133
　4.5.3　UJF-3042 …………………… 134
　4.5.4　UJF-706 ……………………… 134
4.6　おわりに ……………………………… 136

第5章　加飾フィルムとそれを用いた加飾

1. 加飾印刷用フィルムと転写・貼合による成形品への加飾 …… **藤井憲太郎** …… 138
   - 1.1 はじめに …… 138
   - 1.2 加飾フィルムを使用した加飾工法 …… 138
     - 1.2.1 加飾フィルム …… 138
     - 1.2.2 転写箔・IMLフィルム …… 139
   - 1.3 転写機での転写箔加工法（加熱転写法）…… 143
     - 1.3.1 ロール転写機 …… 143
     - 1.3.2 アップダウン転写機 …… 144
     - 1.3.3 真空（エアロ）プレス転写機 …… 145
     - 1.3.4 パッド転写機 …… 146
   - 1.4 成形同時加飾法 …… 146
     - 1.4.1 インジェクション成形同時転写法（Nissha-IMD）…… 147
     - 1.4.2 IML …… 150
   - 1.5 フィルム加飾の動向と将来展望 …… 150
2. 真空・圧空成形から生まれた「TOM」による加飾成形 …… **三浦高行** …… 151
   - 2.1 はじめに …… 151
   - 2.2 TOM工法の原点 …… 151
     - 2.2.1 真空成形法 …… 151
     - 2.2.2 次世代成形 …… 152
   - 2.3 3次元加飾工法 …… 154
     - 2.3.1 TOM工法のプロセス …… 154
     - 2.3.2 TOM工法の特徴 …… 155
     - 2.3.3 TOM工法の発展（転写）…… 156
   - 2.4 現状と今後の展望 …… 157
3. プラスチック素材への加飾用塗料転写フィルム …… **長谷高和** …… 159
   - 3.1 はじめに …… 159
   - 3.2 フィルム加飾工法 …… 159
   - 3.3 加飾用塗料転写フィルム …… 160
   - 3.4 FILMARTによる意匠 …… 161
   - 3.5 FILMARTに求められる特性 …… 163
   - 3.6 自動車外装部品への適用 …… 164
   - 3.7 おわりに …… 164

第6章　軟質表皮材による加飾技術総論　　桝井捷平

1. ソフト表面を有する部品を成形する加飾技術の概要 …… 167
2. 射出プレス成形（SPモールド，SPM）による加飾 …… 170
   - 2.1 射出プレス成形（SPモールド，SPM）について …… 170
   - 2.2 SPモールドによる表皮材貼合一体成形 …… 171
   - 2.3 軟質表皮材貼合成形とフィルム貼合・転写成形の比較 …… 172
   - 2.4 SPモールド（SPM）による表皮材貼合一体成形の検討状況例 …… 173
     - 2.4.1 ファブリック貼合成形などでの外観改良検討 …… 173

	2.4.2	発泡成形の検討 …………… 174
	2.4.3	流動性の基礎テストとより低圧化の検討 ……………… 174
	2.4.4	ガス注入成形，膨張成形 …… 175
2.5		SPモールド（SPM）による表皮材貼合一体成形の採用状況 ……… 175
2.6		SPモールドの装置，金型 …………… 176
3		射出プレス成形以外の主要軟質系表皮材貼合成形の概要 ……………… 177
3.1		各種低圧・適圧射出成形 …………… 177
3.2		押出プレス成形（ホットフロー成形）による軟質系表皮材貼合一体成形 …………………………… 177
3.3		インラインシートスタンピングによる貼合成形 …………………… 178
3.4		ブロー成形による貼合成形 ………… 178
3.5		S-RIM, R-RIMによる軟質系表皮材貼合一体成形 ……………… 178

3.6	ケープラシート（KPS）膨張成形による軟質系表皮材貼合成形 …… 178
3.7	表皮材貼合真空・圧空成形，マッチドダイ成形による軟質系表皮材貼合成形 …………………………… 179
3.8	真空・圧空圧着成形による軟質系表皮材貼合成形（オーバーレイ成形）…………………………………… 179
3.9	パウダースラッシュ成形 …… 179
3.10	電鋳金型使用によるメス引き真空成形 ……………………………… 180
3.11	ハイブリッド成形 …………… 180
3.12	手貼りまたはプレス貼り ………… 180
4	2層成形 ……………………………… 181
5	ソフト表面を持つ成形品の最近のトピックス ……………………………… 181
6	おわりに …………………………… 184

第7章　特殊な表面層を付与しない加飾

1	金型表面高品位転写成形による加飾技術総論 ……………… **桝井捷平** 185
1.1	はじめに ………………………… 185
1.2	金型表面の転写性に影響を与える因子 ……………………………… 185
1.3	金型表面高品位転写成形技術 …… 187
	1.3.1 金型急速加熱冷却法 ……… 187
	1.3.2 金型表面瞬間加熱法 ……… 188
	1.3.3 金型表面断熱法 …………… 189
	1.3.4 高温金型と押出プレスを組み合わせた方法 ……………… 190

	1.3.5 超高速充填による方法 …… 190
	1.3.6 高圧ガス注入法 …………… 190
	1.3.7 エアアシスト片面高転写成形 ……………………………… 190
	1.3.8 射出圧縮と高圧ガス注入の併用 ……………………………… 191
	1.3.9 CO_2を利用する方法 ……… 191
1.4	今後の動向 ……………………… 192
2	金型急速加熱冷却をベースとした高転写成形による加飾 ……… **秋元英郎** 194
2.1	はじめに ………………………… 194

- 2.2 加飾しない加飾技術としての高転写成形 …………………………… 194
  - 2.2.1 金型急速加熱冷却による高転写成形の考え方と種類 ……… 194
  - 2.2.2 高転写成形における高速ヒートサイクル成形（RHCM）… 195
- 2.3 加飾ベースとしての高速ヒートサイクル成形 …………………………… 199
  - 2.3.1 塗料の吸い込み防止効果 …… 199
  - 2.3.2 めっき密着性改良効果 ……… 199
- 2.4 高速ヒートサイクル成形（RHCM）をベースとした加飾技術 …………… 200
- 2.5 おわりに ……………………… 200
3 エアアシストによる片面高転写成形（射出保圧ゼロ成形） ……… **桜田喜久男** … 202
- 3.1 ECO成形領域 ………………… 202
- 3.2 射出保圧ゼロ成形（エアアシスト併用） ……………………………… 203
- 3.3 付帯設備 ……………………… 203
- 3.4 成形機のコア技術 …………… 204
  - 3.4.1 高精度計量技術 …………… 204
  - 3.4.2 型締力自動補正制御 ……… 205
  - 3.4.3 ダイレクト型締力設定 …… 205
- 3.5 成形事例 ……………………… 206
  - 3.5.1 電話プッシュパネル ……… 206
  - 3.5.2 リブ付き試験片 …………… 207
- 3.6 今後の展開 …………………… 209
4 多色・異材質・混色による加飾技術 …… **戸澤啓一** … 210
- 4.1 はじめに ……………………… 210
- 4.2 加飾射出成形の分類 ………… 210
  - 4.2.1 モノ・インジェクション（射出1機構）……………………… 210
  - 4.2.2 コ・インジェクション（射出複数機構）……………………… 211
- 4.3 二色・異材質成形機の特徴 … 211
  - 4.3.1 回転機構 …………………… 212
- 4.4 二色・異材質成形の分類 …… 213
  - 4.4.1 同材質成形 ………………… 213
  - 4.4.2 異材質成形 ………………… 213
- 4.5 二色・異材質成形品と金型構造の事例 ………………………… 214
  - 4.5.1 二色・異材質成形用金型の注意点 ………………………… 214
  - 4.5.2 二色・異材質成形品と金型構造の事例紹介 ……………… 214
- 4.6 混色成形機の特徴 …………… 216
- 4.7 おわりに ……………………… 217
5 材料着色によるプラスチックへの意匠性付与 ……………… **百瀬雅之** … 218
- 5.1 はじめに ……………………… 218
- 5.2 プラスチックへの材料着色 … 218
  - 5.2.1 塗装と材料着色の比較 …… 218
  - 5.2.2 材料着色の3つのメリット … 219
  - 5.2.3 材料着色で塗装外観に近づけるための工夫 ……………… 220
- 5.3 材料着色の実際例 …………… 221
  - 5.3.1 メタリック調意匠性フィラーによる材料着色 …………… 221
  - 5.3.2 パール調意匠性フィラーによる材料着色 ………………… 222
  - 5.3.3 ガラス調意匠性フィラーによる材料着色 ………………… 223
  - 5.3.4 光拡散効果を得るための材料

　　　　　着色 …………………… 223
　5.3.5　エッジグロー効果を得るため
　　　　　の材料着色 ………………… 223
　5.3.6　ピアノブラック効果を得るた
　　　　　めの材料着色 ……………… 223
5.4　意匠性フィラーを使用した材料着
　　　色の成型品外観に与える影響 …… 224
　5.4.1　射出成型品のウェルドライン，
　　　　　フローライン ……………… 224
　5.4.2　製品外観不良に影響を与える
　　　　　意匠性フィラーの因子 …… 225
　5.4.3　製品外観不良を低減するため
　　　　　の手段 ……………………… 225
5.5　おわりに ……………………………… 225

第8章　その他の加飾技術

1　電鋳金型による加飾技術 ………………
　………………………**大山寛治** … 227
　1.1　はじめに ……………………… 227
　1.2　電鋳金型 ……………………… 227
　　1.2.1　概要 ……………………… 227
　　1.2.2　電鋳金型の製造方法 …… 227
　　1.2.3　電鋳加工 ………………… 228
　　1.2.4　ニッケル電鋳溶液 ……… 229
　　1.2.5　ポーラス電鋳® …………… 229
　　1.2.6　電鋳加飾とエッチング加飾 … 230
　　1.2.7　電鋳金型と直彫り金型 … 230
　　1.2.8　加飾用電鋳金型の目的 … 230
　1.3　自動車内装部品における電鋳加飾
　　　金型技術 ……………………… 231
　　1.3.1　自動車内装の適応状況 … 231
　　1.3.2　成形方法と成形材料 …… 232
　　1.3.3　パウダースラッシュ成形 … 232
　　1.3.4　凹引き真空表皮成形（In-
　　　　　Mold-Graining Skin
　　　　　Forming）………………… 233
　　1.3.5　PUスプレー成形 ………… 233
　　1.3.6　PU-RIM成形 ……………… 234
　　1.3.7　凹引き真空シボ付け圧着成形
　　　　　（In-Mold-Graining
　　　　　lamination）……………… 234
　　1.3.8　加飾シボ転写性の劣化 … 235
　1.4　シボ開発とシボロール ……… 235
　　1.4.1　電鋳法 …………………… 235
　　1.4.2　エッチング法 …………… 235
　　1.4.3　レーザー彫刻法 ………… 236
2　加飾分野におけるバイオマスプラスチ
　ックの検討 ……………**長岡　猛** … 237
　2.1　バイオマスプラスチックとは …… 237
　2.2　バイオマス繊維による加飾技術 … 237
　　2.2.1　バイオマス繊維の特徴 …… 237
　　2.2.2　用途展開例 ……………… 238
　2.3　塗装による加飾技術 ………… 242
　　2.3.1　バイオマスプラスチックへの
　　　　　塗装 ……………………… 242
　　2.3.2　バイオマス原料による塗装 … 242
　2.4　フィルム貼合による加飾技術 …… 243
　　2.4.1　ポリ乳酸フィルム ……… 243
　　2.4.2　コーティング，グラビアイン
　　　　　キ ………………………… 244

2.5 その他の複合化による加飾技術 … 244
2.6 おわりに ……………………………… 246
3 電動成形機による加飾技術 ……………
　　　　　　　　　　　　岡原悦雄 …… 247
　3.1 はじめに ……………………………… 247
　3.2 フィルム貼り合せ成形における転
　　　写性向上技術 ………………………… 247
　　3.2.1 DIEPREST-Rモード ………… 247
　　3.2.2 DIEPREST-Sモード ………… 249

　　3.2.3 DIEPREST成形機 …………… 251
　3.3 熱可塑性樹脂への金型内塗装技術
　　　（IMPREST）………………………… 252
　　3.3.1 成形方法 ……………………… 252
　　3.3.2 成形品の特徴 ………………… 254
　　3.3.3 IMPREST成形の特徴 ……… 256
　　3.3.4 成形装置 ……………………… 257
　3.4 おわりに ……………………………… 258

第1章　プラスチック加飾技術総論

桝井捷平*

1　はじめに

　プラスチックは多様な構造特性と機能特性に加えて，賦形の容易性，軽量性に優れており，産業用は勿論のこと，民生用としても基礎素材として重要な位置を占めている。

　最近の技術向上はめざましく，プラスチックを用いた商品に限らず，すべての商品で各社の商品に質的な差は少なくなり，かつ市場には豊富に商品がある時代になって，機能を求めるより，感性を重視して商品を購買する傾向が強くなっている。

　これらの傾向は商品購入の中心層である若者，特に昭和30年代以降に生まれた者で特に顕著であると言われている。

　感性による選択の基準となる快適性には個人的な基準はあっても，社会的な基準はないが，それぞれの時期にその時期の方向性があり，これをいかに把握するかが商品開発上のポイントであると言われている。

　プラスチック成形品は通常の一次成形のままでは，安っぽく見える，冷たい感じがするなどの課題があり，プラスチックの特徴を生かしてなおかつ見栄えの向上を行いたい，消費者の感性に即した商品をつくりたいとの要望が強くある。

　さらに，積極的に機能を付与したいとのニーズもある。

　消費者の感性に即して，成形品に何らかの形で付加される装飾は「加飾」と言われている。どの範囲までを加飾に含めるかについては，人により若干見解が分かれるが，ここでは広い範囲での装飾を「加飾」と考える。

　加飾を広い範囲で考えると，表1に示すように，加飾の目的は「見栄え・感触の向上」以外に文字，数字，記号，マークなどによる「説明・情報伝達」，さらに電磁波シールド，電子回路の印刷，耐擦傷性向上など「機能性付与」の3つに分類される。

---

*　Shohei Masui　MTO技術研究所　所長：NPO法人プラスチック人材アタッセ　理事

表1 加飾の目的と適用例

目的	例
見栄え,感触の向上	シルク印刷,印刷フィルムの貼合または転写 植毛,ファブリックの貼合 TPO/PPFとファブリックの2種貼合
説明・情報伝達	印刷ラベルの貼合,文字などの2色成形 電子回路印刷
機能性付与	塗装などによる電磁波シールド 金型高精度仕上げによる光学レンズ ハードコートによる耐擦傷性向上

2　プラスチックの加飾技術の分類

　加飾技術は,成形と同時に行われる「1次加飾」と成形後に行われる「2次加飾」に大別される。

　さらに,加飾を広くとらえたときには,製品設計,成形品の後加工,アッセンブリの段階での意匠性の向上なども含まれると考えられる。

　また,筆者は「1次加飾」は成形材料(ペレット,液状原料)から直接成形品を成形する工程中で行われる加飾と,シート状の中間品を再加熱して賦形するときに加飾するものとに分類している。前者を「インモールド加飾」,後者を「シートなどからの加飾」と称している。

　プラスチックの加飾技術を1次加飾,2次加飾を基本に分類してまとめたものを表2に示す。

2.1　インモールド加飾(In-Mold Decoration)

　インモールド加飾成形の大部分は,射出成形または射出プレス成形で行われ,一部はそれ以外の成形で行われている。

　前者は,加飾に用いる材料,手段などによってさらに表2のように分類される。

　表皮材,フィルムなどを金型にインサートして,成形時に芯材のプラスチックと貼合わせ一体化する方法を総称して表皮材貼合一体成形(In-Mold Lamination)と称している。ヨーロッパではBack Injection Moldingとも言われている。

　この中で,ファブリックやクッション層付き表皮材(例えば,TPO/PP発泡シート,ファブリック)などの軟質系表皮材は熱,圧力に非常にセンシティブなため,通常の射出成形(高圧成形)ではダメージが大きく成形が困難で,射出プレス成形(SPモールド)[1,2]または他の低圧(適圧)成形法が使用される。SPモールドでは,通常予備加熱も予備賦形もしない表皮材を用い,成形工程中で賦形する。

第1章　プラスチック加飾技術総論

表2　1次加飾／2次加飾を基本にしたプラスチック加飾技術の分類

	大分類	中分類	小分類
1次加飾	射出系インモールド成形	軟質系表皮材などのインサート成形	射出プレス成形（SPモールド）
			射出圧縮成形，低圧射出成形
		フィルムのインサート成形	（射出成形または射出プレス成形）
		その他材料のインサート成形	（射出成形または射出プレス成形）
		インモールド転写	（キャリアフィルム利用転写成形）
		インモールドコーティング	インモールド塗装
			金型表面コート材転写
		成形材料の工夫または組合せ	着色・混練
			多色・異材質・混色成形
			サンドイッチ成形
		金型特殊加工	シボ加工
			ダイヤカット，レリーフ加工
		特殊射出成形技術	（金型表面高品位転写成形）
	射出成形以外のインモールド成形	インサート成形	押出プレス（ホットフロー）
			S-RIM，R-RIM
			ブロー成形
			（インライン）シートスタンピング
	シート，マットからの成形	真空成形・圧空成形マッチドダイ成形	表皮材貼合熱成形
			表皮材貼合マッチドダイ成形
			積層シートのマッチドダイ成形
			KPS膨張成形（マッチドダイ成形）
2次加飾	軟質系表皮材の後貼合		真空・圧空圧着（オーバーレイ成形）
			粉末スラッシュ成形
			手貼りまたはプレス貼リ
	塗装		一般塗装
			水性塗料による塗装
			粉体塗料による塗装
			ハードコート
	印刷，転写	直接印刷	（シルク）スクリーン印刷
			パッド印刷
			凸版オフセット印刷
			ホログラムを利用した印刷
		転写法	ホットスタンプ，コールドスタンプ
			水圧転写
	メッキ		
	植毛		
	レーザー加工		
	真空成膜		真空蒸着
			スパッタリング
			イオンプレーティング
	ケミカルコーティング		（超微粒子分散膜，ゾル・ゲル膜など形成）
	成形品の染色		
その他	意匠性の向上		（ボディーシーリングなど）

網掛けは特別な表面層のない加飾

フィルムや他の硬質系素材の貼合は通常の射出成形でも，射出プレス成形でも可能であるが，通常は予備賦形した表皮材をインサートまたは型内で予備賦形して成形する[3]。

金型内で塗装をするインモールドコーティング（In-Mold Coating）は熱硬化性樹脂では古くから行われていたが，近年熱可塑性樹脂でのインモールドコーティング技術が開発されている[4]。

インモールド加飾には，他の表面層を付加して加飾する方法の他に，「成形材料の着色・混練」や多色・異材質・混色成形，サンドイッチ成形のように「成形材料の組合せ」による加飾および金型表面にシボなどの高度な加工を施し，これを「成形品表面に転写」させることで加飾させる方法もある。

さらに，成形時に金型表面を急速加熱冷却して，「金型面を高品位に転写」させて，塗装，メッキなどの後加工を省略する技術もある[5,6]。

この方法は加飾によるコストアップをできるだけ抑える方法として注目度が高くなってきている。

2.2　シートなどからの加飾

これは一度押出成形などでシートを作り，このシートを再加熱して成形するときに表皮材を貼合させるものである。表2のように分類される。

成形方法としては，真空成形や圧空成形またはマッチドダイ成形が用いられる。いずれも超低圧成形で，表皮材のもとの風合いを保持しやすいという特徴があるが，リブやボスなどの付与が困難など成形品の形状に制約がある（これを克服する技術も開発されている）。

抄紙法スタンパブルシートは加熱したとき，ガラス繊維がスプリングバックして，10倍程度まで膨張するので，これに表皮材を貼合して，軽量の自動車内装材，特に天井材としての需要が拡大している[7]。

2.3　2次加飾

2次加飾には加飾に使用する材料や手段別に，表2に示すように多くの方法があり，塗装や印刷などが特に広く使用されている[8]。

その他の方法も，それぞれの特徴を生かして，特定の分野に使用されている。

印刷や塗装などは，見栄えや感触の向上以外に，情報伝達や機能性向上としても利用されている。

2次加飾は一般的には，工程数が増え，コストがかかる方法であり，印刷，転写，塗装，軟質系表皮材の貼合せなどで前述のインモールド加飾技術が開発され，大量生産品を中心にインモールド加飾の採用が進んだ。

第1章　プラスチック加飾技術総論

しかし，2次加飾は一般的に少量多品種の生産に適しており，その観点から見直されている。

2.4　その他

製品設計，成形品の後加工，アッセンブリの段階で意匠性を向上させることによって装飾する場合も，広い意味で加飾に含められる。

なお，プラスチックへの加飾技術の各種情報はウェブサイト[9]でも紹介している。

3　プラスチックの加飾技術の最近のトピックス（動向）

近年各種のプラスチック加飾技術が検討されている。現時点（2009年末）で筆者が把握している日本のトピックス（動向）を表3に示す（必ずしも新しいものだけではない）。

次のようなトピックスがある。

表3　プラスチックへの加飾トピックス

分類	小分類	概要
加飾フィルム貼合で適用範囲の拡大	①新オーバーレイ法（TOM）の開発	フィルム，装置の改良・開発で多次元，高級転写，貼合に拡大（各社で，加飾面，ベースフィルムを改良した加飾フィルムを開発）
	②各種加飾フィルムの開発	
低コスト加飾の展開（表面層なし加飾）	①金型表面高品位転写射出成形	金型加熱冷却，エア注入などで，金型面を高品位転写
	②機能性フィラー混練材着品使用	メタリックなどの意匠性付与
	③鏡面ブロー成形	スーパーポーラス電鋳型を使用して，鏡面のブロー成形品
高品位加飾の開発	①モルフォ蝶の構造色実現	微細金型加工，微細転写成形，光学系多層膜成膜組合せでモルフォ蝶の色再現
	②多層膜蒸着	薄い多層の蒸着膜で着色。見る方向で色が変化
ソフト表面部品の成形技術の進歩	①ソフト表皮材貼合成形での進展	2種表皮部分貼合，2樹脂・1表皮部分貼合，超低圧成形
	②2層成形で表層にソフト層	ソフト／ハード2層成形で自動車内装トリム
装飾＋機能	①特殊フィルム使用で機能も付与	特殊素材，処方のフィルム使用で機能も付与（耐候，耐薬など）
	②真空蒸着	EMI付与
環境対応加飾	①バイオマスプラスチック利用	バイオマスプラスチックの芯材，繊維，布など利用
	②レーザー加飾	レーザーで樹脂を発色など
	③UV硬化インクジェット印刷	UV硬化インクで成形品に印刷
	④水溶性塗料	溶剤不使用塗料で塗装
	⑤インモールドコート	溶剤不使用塗料でインモールド塗装

3.1 加飾フィルム使用によるフィルムインサート成形,転写成形の拡大

印刷,塗装,真空蒸着,着色などで加飾したフィルム(またはシート)を用いて,フィルムを成形品表面に貼合せる,あるいは印刷,塗装,真空蒸着などの加飾面を転写させる方法はモバイル機器,通信機器,ソフト感を必要としない自動車内装品などに適用しやすく,各種のパターン,色などを施すことができるので,需要が拡大している。工程概念図を図1に示す。

フィルムインサート加飾技術は第5章第1節で詳しく説明されている。

成形方法としては射出成形によるインモールド成形が主であったが,成形品にあとから貼合,転写させる新規真空・圧着法(オーバーレイ法)として布施真空がTOM工法を開発して,形状適応性が広がった。TOM工法の概要を図2に示す。TOM工法は第5章第2節で詳しく説明されている。

加飾フィルムは大日本印刷,日本写真印刷が早くから供給していたが,表4に示すように,近年この分野への参入メーカーが著しく増え,ベースフィルム,加飾方法の異なるものが多く供給

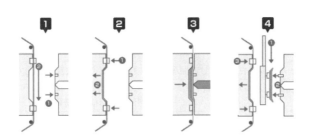

図1 日本写真印刷のNissha IMD工程概念図

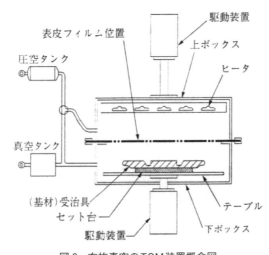

図2 布施真空のTOM装置概念図

第1章 プラスチック加飾技術総論

表4 代表的な加飾フィルム

会社名	フィルム名	フィルム材質	成形方法	意匠表現
大日本印刷		MMAなど	サーモジェクト	印刷など
日本写真印刷			日写IMD，IML	印刷，蒸着
凸版印刷	（FIM用加飾フィルム）		（FIM）	印刷など
帝国インキ				印刷など
セイコーアドバンス				印刷など
東レフィルム加工	メタルミー，タフトップ	PET		印刷など
信越ポリマー	ミレティンフィルム	MMA，ABS		印刷など
日本ビーケミカル	FILMART	MMA，PU	（TOM）	塗装
バイエルマテリアル	Makrofol & Bayfol	PC	HDVF，（TOM）	塗装
クルツジャパン		ABS，PCなど		印刷，蒸着
東洋紡績	コスモシャイン，ソフトシャイン	PET		
リケンテクノス		各種	（TOM）	印刷，塗装，着色
東山フィルム		PET		印刷など
麗光	アートホイール	PET		
アキレス		PU	FIM成形	
総合研究所	メタラーレ			印刷，塗装，着色
住友3M	（ブラックアウトフィルム）	特殊ポリマー		
三菱ガス化学		PC	CFI	着色，印刷
本田技術研究所	（外装用フィルム）	塗料をフィルム化	真空貼合工法	塗装

TOMは布施真空のオーバーレイ成形工法の名称
空欄部分は入手情報では不明

されている。

海外でも本分野の検討は活発である。全般的には日本の状況と同様であるが，次の点で異なる。①ペイントレスフィルムによる自動車外装部品の検討が進んでいる。②GAI（ガスアシスト射出成形）やミューセル発泡成形など他技術との組合せの発表が多く見られる。③成形技術としては射出成形によるインモールド加飾（Back Injection Molding）が中心であることは日本と同様であるが，HDPF（Bayerの超高圧成形）も使用されている。TOM工法に類似する方法は見当たらない。

3.2 特別な表面層を付与しない低コスト加飾の進歩と普及

加飾の多くは何らかの表面層を付与して加飾する。加飾に使用する表面層は一般的に価格が高く，加飾を施すと大幅なコストアップになることが多い。

これを解決するために特別な表面層を付けずに，見栄えを向上させる技術が従来からあるが，

最近この分野で，樹脂の金型への充填時のみ金型表面温度を高くして，金型表面を高品位で成形品に転写させ，成形品の表面品質を向上させる技術（高速ヒートサイクル成形技術）が進歩している。システムの一例を図3に示す。また，高速ヒートサイクル成形技術は第7章第2節で詳しく説明されている。

それ以外に，加圧空気などを用いる方法，電鋳金型を使用する方法も実用化されている。これに充填時に金型温度を高くする方法を併用すると一段と効果があると考えられる。表面高品位転写成形を表5に示す。

海外においても樹脂の金型への充填時のみ金型表面温度を高くして成形する方法が活発に検討されており，バリオサーム射出成形（Variotherm Temperature Control）と言われている。この中で，サイクル金型加熱冷却と内部インダクター電磁誘導加熱が広く検討されている。内部イン

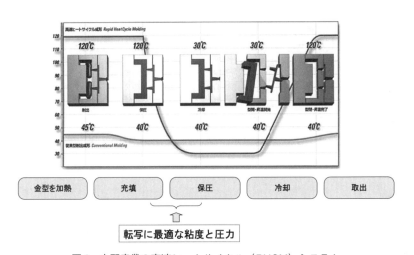

図3　小野産業の高速ヒートサイクル（RHCM）システム

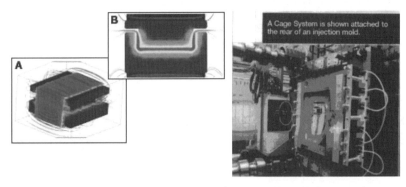

図4　内部インダクター電磁誘導金型（RockTool社のCageシステム）

第1章　プラスチック加飾技術総論

表5　金型表面高品位転写成形

大分類	中分類	会社名	技術名	概要
金型表面高温法（バリオサーム射出）	サイクル金型加熱冷却	小野産業, 三菱重工, シスコ他	RHCM, 三菱アクティブ温調他	溶融樹脂射出時に熱媒を循環させ, 型内での樹脂の急激な温度低下を抑え, 転写性を向上。
	金型表面瞬間加熱	旭化成テクノプラス, IKV	BSM他	電磁誘導加熱で, 金型表面のみを加熱し, 樹脂の急激な温度低下を抑え, 転写性を向上。加熱手段としては, 赤外線輻射加熱などもある。
	金型表面断熱	大洋工作所, 旭テクノプラス, 三菱エンジニアリング他	ULPAC, CSM他	金型に断熱層を設け, 樹脂の急激な温度低下を抑え, 転写性向上。断熱層としてはセラミックスなど使用。
	加熱金型/押出プレス	日本製鋼所	メルトリプリケーション	加熱金型に樹脂を押出供給後プレスして, 転写性向上。
ガス, エア注入法	エア注入片面転写	日精樹脂	エアアシスト成形	非意匠側にエアを注入して, 樹脂を型から剥離し, ヒケを集中させて, 意匠面側の転写性を向上。
	高圧ガス製品外注入法	旭化成テクノプラス	GPI	非意匠面側に高圧ガスを注入して, 樹脂を意匠面側に押圧して, 転写性向上。
	射出圧縮＋高圧ガス	旭化成テクノプラス	AIP	射出圧縮と高圧ガスの併用で, 転写性を向上。
	CO_2注入法	旭化成テクノプラス	AMOTEC	超臨界CO_2を金型表面および樹脂中に注入して樹脂の流動性を上げると同時に転写性も向上。
その他	高速射出充填法	射出機メーカー各社		超高速充填で, スキン層の形成を抑え, 転写性向上。
	真空吸引法			溶融樹脂充填時に金型内を減圧して, エアなどを排除して, 樹脂の流動性を上げ, 転写性を向上。単独でまたは高速射出充填法との併用で効果がある。
	スーパーポーラス電鋳金型法	江南特殊産業		ポーラス電鋳金型を使用して, 型内のガスを排出して転写性向上。

ダクター電磁誘導加熱の例を図4に示す。

金型表面高品位転写成形による加飾総論は第7章第1節で詳しく説明されている。

3.3　複合技術による高品位加飾成形の開発

一方で複合技術を用いて, より高品位の加飾を行う技術も開発されている。

モルフォ蝶の色を複合技術の利用で再現した「ゆらぎ華飾技術」[10]や「REVI」[11]および「薄肉多層の真空蒸着膜を使用した加飾技術」[12]などが発表されている。いずれも薄肉多層膜を形成させることで高品位の加飾を実現している。

3.4 ソフト表面を有する部品を成形する加飾技術の進歩

自動車の内装，特に高級車の内装は，単に視覚による見栄えだけではなく，触覚によるソフト感が求められる。この場合は，ファブリックやクッション層付きの表皮材を貼合する方法か，高級なソフト感を有する表面層を持つ2色成形が使用される。

本方法には図5に工程概念図を示したSPモールド（射出プレス成形）[1,2]などが用いられているが，表6に示すようにより高級感を出す技術やコストパフォーマンスを向上させる技術が国内外で引き続き開発されている。海外での代表的な例を図6, 7に示す。

詳細は第6章で詳しく説明されている。

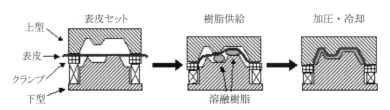

図5 住友化学の射出プレス（SPモールド）表皮材貼合成形

表6 ソフト表面を持つ自動車部品の成形トピックス

	方法	システム名	会社名	備考
オーバーレイ成形		TOM	布施真空	射出成形品などに真空・圧空で表皮材を貼合
ソフト表皮／発泡シートVF		ハイブリッド成形	住友化学	発泡シートの真空成形とリブ・ボス付与
ソフト表皮／射出プレスor射出成形	超低圧成形	SPモールド(SPM)	S2社	2MPaでドアトリムの成形の可能性確認
	2表皮1樹脂部分貼合 1表皮2樹脂部分貼合	SPモールド(SPM)	S1社	樹脂，表皮の各種組合せ
	表皮貼合発泡成形	SPモールド(SPM)	S1社	軽量化と風合い・感触向上
	各種展開	Decoform	Krauss Maffei	射出プレスor射出成形各種展開
		Tecomelt	Engel	
	2種表皮／2シリンダー射出／4面金型	Duo Lamination	Engel/Pegform/ Georg Kaufmann	2種表皮／2樹脂貼合
2材質射出成形	ソフト／ハード2層成形	QTI	Husky	ソフト層を表面にして，2層成形
		Dolphin	Engel	

第1章 プラスチック加飾技術総論

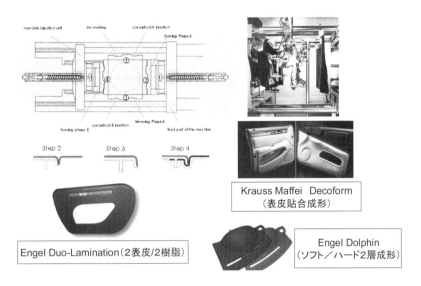

図6 ソフト表面加飾の海外例 1（各社の方法）

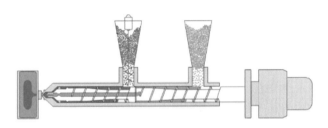

図7 ソフト表面加飾の海外例-2（各社の方法，Spireのツインショット成形）

3.5 装飾プラス他の機能付与技術

特殊素材，処方のフィルムを用いて，見栄えと同時に傷つき防止性の向上，電磁波シールド，反射防止，静電気防止などを付与する技術も開発されている。

3.6 環境対応技術の展開

加飾の分野でも環境対応の技術が活発である。その展開方向を図8に示す。

まずは自動車内装部品などで，バイオマスプラスチックを成形品の芯材に用いたり，バイオマスプラスチックのファブリックを表皮材に用いた部品が試作，採用されている[13]。近い将来バイオマスファブリックとバイオマス基材からなる植物度100%の内装部品（ドアトリム）が量産されることが期待される。図9にエコ材料を用いて試作したドアトリムを示す。

プラスチック加飾技術の最新動向

従来	1．内装部品 　1）PPなどの基材／ファブリック・TPO/PPF・加飾フィルムの貼合，植毛，塗装 　2）PP/エラストマーの2層成形 　3）PPなどの高品位転写成形 2．外装部品 　1）各種プラスチック／塗装，外装用加飾フィルム貼合
バイオマス材料 での試作・採用	1．内装部品（低植物度→高植物度→植物度100％） 　1）植物由来のプラスチック／植物由来のファブリックの貼合，植毛 　2）植物由来のプラスチック（バイオ着色）高品位転写成形 2．外装部品 　1）ケナフ繊維充填したケナフから抽出のリグニンの熱硬化性樹脂
将来の可能性	1．内装部品 　1）バイオPPなど／植物由来のPOファブリック・加飾フィルム貼合，バイオ塗装（オールバイオポリオレフィンの方向） 　2）バイオPPなどの高品位転写成形（オールバイオPP） 2．外装部品 　1）各種植物由来プラスチック／バイオ塗料

図8　自動車加飾内装部品の展開方向

図9　エコ材料から試作された三菱自動車のドアトリム

　表皮材／基材一体で植物由来材料を用いた植物度の高い部品を採用する動きは日本の方が進んでいるように思われる。一方でバイオ着色剤の検討は海外の方が進んでいるように思われる。加飾分野におけるバイオマスプラスチックの検討は第8章第2節で詳しく説明されている。
　また，レーザー加飾[14]，UV硬化インクジェット印刷[15]，インモールドコーティング[4]，水溶性塗料を使用した塗装[16]など環境に配慮した技術が開発され使用されている。インモールドコーティングの概念図を図10に示す。UV硬化インクジェット印刷，インモールドコーティングはそれ

第1章　プラスチック加飾技術総論

ぞれ第4章第4節，第8章第3節で詳しく説明されている。

　レーザー加飾（レーザーマーキング）は，本書籍では記載されていないが，図11に一例を示すように各種バリエーションがあり，国内外で広く利用されており，今後も利用の拡大が予想される。

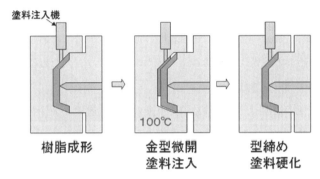

図10　宇部興産機械／大日本塗料のインプレスト工程概念図

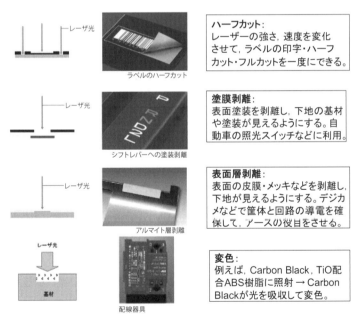

図11　レーザー加飾（レーザーマーキング）の例

4　プラスチックの加飾技術の動向と将来展望

　自動車，家電製品，日用品などにおいて，今や若い世代を中心に，製品表面の見栄えは購入を判断する重要な要素になっており，加飾は今後もますます盛んになると考えられる。
　ただ，一般的には，加飾を施すとコストアップになることから，例えば，自動車の内装部品の歴史を見ても，「加飾重視（ここでの加飾は見栄えや感触の向上）」と「コスト重視」が繰り返されながら推移し，その推移の中で関連技術の開発，改良がなされてきたと思われる。
　インモールド加飾も，加飾の合理化，適用範囲の拡大のニーズに対応して開発され，その後はより装飾性の高い技術へと技術改良が進み，一方でコストダウンのために，最低限必要な部分にのみ加飾する技術の開発もなされた。
　また，射出成形技術の進歩で，従来は見栄え不良のため，塗装，メッキなどをせざるを得なかった製品が，塗装レス，メッキレスで使用できるようになった例もある[5]。
　この特別な表面層を用いない加飾技術は，コスト面での優位性が高く，今後の技術進歩で用途が拡大していくものと期待される。
　加飾技術のなかで，現時点でもっとも活発な動きのある加飾フィルムを使用した貼合，転写技術は，今後もさらに加飾フィルム，成形方法が進歩し，興隆をきわめると思われるが，いずれは淘汰が進んで特定の物が生き残っていくものと思われる。
　今後もそれぞれの技術はその特徴を生かした範囲内で，よりコストパフォーマンスの高い技術への改良が求められる。
　コストパフォーマンスを高めるために，見栄え，感触の向上と同時に，機能付与もされる加飾技術，適用範囲の広い加飾技術が注目されると考えられる。
　また，環境問題がより重視され，カーボンニュートラルの材料など，製造における環境負荷が小さく，リサイクルしやすい素材を選択し，有機溶剤の使用や廃棄物の量ができるだけ少ない環境に優しい技術が求められる。その上で，加飾とコストのバランスがとれた方法が生き残っていくものと思われる。
　さらに，消費者主導型の少量多品種の時代になっており，加飾技術も大量生産方式に適した方法よりも，多品種少量生産に適したものが主流になっていくものと思われる。
　自動車のドアトリムの変遷（成形方法，技術）がこれらの動向を如実に示していると思われるので，図12に示す。他の用途においても詳細は異なるものの同様な変遷があるものと思われる。これらのマップを描いて，次のさらなる展開を目指していただきたいと思う。

第1章　プラスチック加飾技術総論

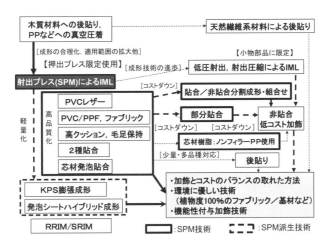

図12　ドアトリムの成形方法・技術の変遷

文　　　献

1) 桝井捷平ほか，住友化学誌，1998-Ⅱ，P58
2) http://www.geocities.jp/masuisk/link2.html
3) 向井浩，射出成形辞典，産業調査会，P563（2002）
4) http://www.dnt.co.jp/japanese/10-imc.htm
5) 今枝智，プラスチックス，**58**(3)，33（2007）
6) http://www.enplanet.com/Company/00000006/Ja/Data/p019.html
7) 吉武裕幸，これからの自動車材料・技術，大成社，P312（1998）
8) 村田重男，プラスチックスエージ，**53**(7)，98（2007）
9) http://www.geocities.jp/masuisk/link3.html
10) http://www.sankougosei.co.jp/jtechnology.html
11) http://www.lintec.co.jp/news/2009/091102_a/index.html
12) http://www.tsudaindustrial.co.jp/technology/deposition%20technology.html
13) http://www.techon.nikkeibp.co.jp/article/News/20091012/17673/
14) http://panasonic-denko.co.jp/corp/tech/report/76j/76_07.pdf
15) http://www.mimaki.co.jp/japanese/topics/uv/
16) http://www.fujitsu-ten.co.jp/gihou/jp_pdf/47/47-5.pdf

第2章 感性工学と高級感

長沢伸也*

1 感性工学と感性評価

1.1 感性工学・感性評価とは

　世の中には多くの商品（製品やサービス）があふれている。そのような中，消費者は，自身の自由意思で選択・購入した商品を使用・利用することで，豊かで快適な生活を営もうとする。したがって，市場で成功する商品を生み出すためには，使用する人間の感覚に照らしての受け容れられ方や，使い心地，感じ方を捉えることが重要である。

　社会全体が「人間重視・生活重視」の動きにあり，「感性価値」とか，「感性の時代」や「感性社会」，「感性産業」という言葉が1つのキーワードとして多用されている。つまり，商品に対して消費者が感じるであろう，人間の五官（五感）などの「感覚」や，人間の情緒や感情，気持ちや気分，好感度，選好，快適性，使いやすさ，生活の豊かさなどの「感じ方」を問題にすることが多くなった。このため，人間の「感覚」と「感じ方」を併せて「感性」とすると，商品開発においては，「感性」を重視し，「感性に訴える商品」を提供することが求められるようになってきた。また，「感性商品」を開発する方法論としての「感性評価」や「感性工学」が注目されている。

　「感性商品」は感性品質，すなわち感性によって評価される品質が重要なウエイトを占める商品あるいは感性により評価され消費される商品である。総合的な商品品質（市場品質）の良さや好ましさは人間の感性により評価されるという意味では，全ての商品は「感性商品」ということもできる。

　「感性評価」の意味は，利き酒などで古くから用いられている「官能評価」を基点として，これを拡大して考えると理解しやすい。官能評価とは，人間の感覚器官が感知できる属性に対する人間の感覚器官による評価である。しかし，その概念は昨今では「感覚」に加えて「感じ方」にまで拡大されており，官能評価を拡張して，「人間の感性，すなわち感覚や感じ方による評価技術」とし，「感性評価」と積極的に呼ぶようになったといえる。

　すなわち，食品の味や利き酒などを対象に古くから研究されてきた「官能検査」あるいは「官能評価」は，従来，食品業界や化粧品業界を中心に新製品開発や市場調査（顧客ニーズの把握），

---

　* Shin'ya Nagasawa　早稲田大学　大学院商学研究科　ビジネス専攻　教授

第 2 章　感性工学と高級感

品質管理などに用いられてきた。その後，自動車，建設，電気機器，サービスなど，活用される業界が多様化するとともに，その対象も，人間の「感覚」すなわち五官（五感）から，「感じ方」まで拡がってきた。また，その呼び名も「官能検査」，「官能評価」から「感性評価」へ変わってきた。このような変化は，豊かで快適な生活を演出する「価値ある商品」や「魅力ある商品」を提供する必要上，「官能検査」，「官能評価」という技術が「感性評価」として産業界で見直されてきた結果ともいえる。

　感性評価では，人間が計測器であり，計測過程は生理的，心理的である。したがって，感性評価は，心理学，生理学および統計学の境界領域といえる。つまり，感性評価を活用するためには，データ解析のための統計学だけではなく，感覚にかかわる生理学や，人間にかかわる心理学もバランスよく理解する必要がある。また，「好み」や「何をもって価値や魅力があるとするか」についての感性評価では，「十人十色」とか「蓼喰う虫も好き好き」というように，個人差が大きいことがほとんどである。個人差があるからといって平均化して解析するよりは，「シェッフェの一対比較法」のように，個人差を分離・検出できる解析手法の方が有益な情報をもたらすことを強調したい（本章第 3 節参照）。

　さて，「感性を活かしたものづくり」あるいは「感性に訴えるものづくり」として最近注目されている「感性工学 *Kansei* Engineering」を，工学の立場で感性を利用することと解すると，その実践のためには，まず感性の定量化が必要である。このため，上述の「感性評価」は，感性工学の要素技術ないしは基幹技術として定着し，感性に訴える商品を開発・提供するためのビジネスツールとして開発・生産・販売に至る全部門のビジネスプロセスに組み込まれ，総合評価手法として重要な位置を占めるようになってきた。すなわち，サイエンスないしはエンジニアリングを志向した新商品の開発・マネジメントのために，「感性評価」は計量心理学ないしは人間行動科学の見地で適用される科学的ないしは工学的な商品開発のメソドロジーとして位置付けられている[1]。

1.2　感性品質とは

　感性により評価される品質である「感性品質」は，次のように考えれば理解しやすい。

　商品の品質要素を 2 つの要素あるいはそれ以上の要素に分類する考え方は，マーケティング，特に商品学や品質管理の分野において，少なからず提案されている[2]。その中で，吉田[3]の説を発展させて感性評価との関係を考えると表 1 のようになる。すなわち，第 1 次品質は，例えば自動車の場合では走るという機能，動力性能（加速・燃費）などのように，測定機器による理化学的検査で客観的に測定される品質である。第 2 次品質は，スタイリング，乗り心地，居住性などのように，人間の感覚による旧来の官能検査で測定される品質である。第 3 次品質は，ネーミング，ブランド，企業名などのように，人間のイメージによるイメージ調査で測定される品質である。

表1 商品の品質要素（自動車の例）[4]

	品質要素	形態的要素	測定方法	感性評価・感性品質
商品品質 （市場品質）	第1次品質	機能，動力性能（加速・燃費）	理化学的検査	広義
	第2次品質	スタイリング，乗り心地，居住性	官能検査	狭義
	第3次品質	ネーミング，ブランド，企業名	イメージ調査	

　第2次品質と第3次品質は，官能検査およびイメージ調査により主観的に測定されるという点は共通している。しかし，第2次品質は，測定のための官能検査では自動車のスタイリングを実際に目で見たり乗ったりして体感することが不可欠であり，五官（五感）に依存する。これに対して，第3次品質は，トヨタの「クラウン」というネーミングであれば実際に見たり乗ったりしたことがなくても，「しっかりしたメーカーの王冠のような高級車なのだろう」というイメージが涌くので，イメージ調査は可能である。そして，感性品質は狭義には（感覚による）官能検査およびイメージ調査により主観的に測定される第2次品質および第3次品質を指し，理化学的検査により客観的に測定される第1次品質と対比される。広義には第1次品質も包含した総合的な商品品質（市場品質）そのものを指す。

　自動車でいえば，機能，動力性能やスタイリング，乗り心地，ネーミングなどの個別の要素を総合した「良さ」あるいは「好ましさ」になる。したがって，感性評価は狭義には（感覚による）官能検査およびイメージ調査を指し，広義には理化学的検査も内包した総合評価や嗜好，選好を指すものとする。極端にいえば，理化学的検査により測定される第1次品質だけであっても，「あちら立てればこちら立たず」のようなトレード・オフの関係があれば，総合評価は感性でなされる。

　例えば，加速に優れ燃費は劣るA車と，加速は劣るが燃費は優れているB車があり，両車が同一価格であるとする。加速と燃費はいずれも物理的に測定される第1次品質であり，誰が見ても数値の組み合わせは同じであっても，燃費よりも加速を重視する人は総合評価としてA車を選び，逆の人はB車を選ぶであろう[4]。

2　プラスチックの高級感の感性工学的検討

2.1　プラスチックの高級感

　プラスチックは，多様な構造特性と機能特性を有し，さらに賦形の容易性，軽量性に優れており，産業用，民生用の基礎素材として重要な位置を占めている。しかし，通常のプラスチック成形品は，安っぽく見える，冷たい感じがするなどの課題もある。一方で，自動車・家電・携帯製

第2章　感性工学と高級感

品，日用品などにおいて，機能だけでなく，製品表面の見栄えは購入を判断する重要な要素になっている。このため，プラスチック製品の企画・製造関係者にはプラスチックの特徴を生かしてなおかつ見栄えの向上を行いたい，消費者の感性に即した商品をつくりたいとの要望が強くある。

このため本書が企画され，プラスチックへの各加飾技術についてその技術内容，特徴，動向などが次章以下で解説される。しかしながら，手段あるいは戦術としての各技術が素晴らしくても，そもそも何を意図し何を目指すのかという目的あるいは戦略を見失ったり誤ったりして，「加飾技術を用いたから高級感が向上したはずであり，売れるはず」であったのに，「消費者から見て満足できない」ひいては「売れない」という結果にならないとも限らない。「戦略」の間違いは「戦術」では補えない，という格言もある。

そこで，プラスチックあるいはその加飾技術については門外漢ながら，感性工学的な立場から，プラスチックの高級感について検討したい。

2.2　感性品質としての高級感

「高級感」や「見栄え」は，もちろん感性品質である。そこで，前節で述べた商品の品質要素（表1）に基づいて考察する。

プラスチック製品の品質要素は，表2のようになる。

表2　プラスチック製品の品質要素

	品質要素	形態的要素	測定方法	感性評価・感性品質
商品品質（市場品質）	第1次品質	重量，強度，硬度，弾性，剛性，粗度，反射率，組成比率など	理化学的検査	広義
	第2次品質	デザイン（色，形状，質感），見栄え，高級感など	官能検査	狭義
	第3次品質	ネーミング，ブランド，企業名	イメージ調査	

2.2.1　プラスチック製品の品質要素

プラスチック製品の第1次品質は，重量，強度，硬度，弾性，剛性，粗度，反射率などのような物理特性が中心であろう。製品によっては，組成比率のような化学特性も問題にされるかもしれない。これらは，理化学的測定機器により数値として測定されるので，「強度を2倍にする」というような特性単独の工学的課題はあるかもしれないが，測定できなくて困ることはないであろう。

第2次品質は，プラスチック製品に限らないが，デザイン，見栄え，高級感などのように，人間の感覚とりわけ視覚により測定される品質である．本章の主題であるので，後で詳しく論じていく．

　第3次品質も，プラスチック製品でも自動車でも共通で，ネーミング，ブランド，企業名である．しかし，プラスチック製品の場合では，個別のネーミング，ブランド，企業名の以前に，そもそも「プラスチック」という素材名が表示されたりわかったりした時点ですでに安っぽいイメージがあるかもしれない．これを払拭するのは容易ではないだろうし，また，一企業や一製品でできることではない．しかし，高級ラグジュアリーブランド「ルイ・ヴィトン」のモノグラム（LVの組み文字）やダミエ（市松模様）のバッグは，エジプト綿の布に独自のコーティングをしたものであるとされているが[5]，実質は塩ビのコーティングであるといわれる．また，カラフルな色彩が特徴のファッションブランド「ベネトン」は，ビニール素材を使った製品が少なくない．塩ビやビニール素材もプラスチックの一種であるから，「高級ラグジュアリーブランドやファッションブランドに欠かせないプラスチック」というようなキャンペーンは，すでに行っているのかもしれないが，もっと大々的に業界を挙げて行うことも一考の余地があろう．

　ファッションやバッグの話題が出てきたついでに紹介したいが，1920年代のアールデコの時代には，当時の最新素材であったプラスチック製の婦人用バッグが登場した．使いにくかったのか，壊れやすかったのか，直ぐに消えたようであるが，現代のテクノロジーをもってすれば解決可能なはずである．一流のデザイナーがパリ・コレクションで復活させれば，話題になり，プラスチックのイメージが一新されるかもしれない．

　自動車の例と同様，プラスチック製品も以上の個別の要素を総合した「良さ」あるいは「好ましさ」が問われる．なお，必ずしも個別の要素の単純な足し算が総合的な商品品質（市場品質）になるとは限らない．例えば，大きさは小型の製品が好きで，ブランドはソニーが好きだとする．このとき，小型のソニー製品があると，両者の効果の足し算を上回る相乗効果で，めちゃくちゃ好きということがよくある．もちろん，両者の効果の足し算を下回る相殺効果の場合もあるので，注意を要する．

2.2.2 デザイン

　プラスチック製品の品質要素として第2次品質であるデザインについて詳しく検討したい．

　デザインという語は，活動（創造行為），活動の産出物（創造される人工物やその意匠），活動の過程（デザインプロセス）のいずれをも指し，意味が広い[6]．しかし，ここでは，活動の結果として産出される製品の意匠，つまり審美性や外見という狭い意味に限定して用いる．

　デザインも造形の一種であるので，「造形の3要素」である色，形状，質感が問題になる．

第2章　感性工学と高級感

(1) 色

　色については，「色彩の3要素」である色相，明度，彩度が問題になるが，「マンセル・コード」と呼ばれる記号で表現される。自動車では，コンパクト・カーの新車発売時に「12色ものカラーバリエーションから選べる！」と宣伝すると，よく売れるとのことである。実は12色あっても売れる中心はその中の3～4色だそうで，他の色はほとんど売れないそうである。しかし，消費者にとっては，「3色しかない中から白を選ぶ」のと「12色もある中から白を選ぶ」のとでは意味合いが異なるし，そもそも「12色ものカラーバリエーション」ということ自体がインパクトになっている。携帯電話でヒットした「全30色のカラーバリエーション」も同様である。

　プラスチックは着色性・発色性が概して良いので，本来は有利なはずである。しかしながら，プラスチック製品は1色で，しかも単純な基本色であることが多く，安っぽさにつながっていることが多いように思われる。色について研究し，先入観にとらわれずに深みのある色や微妙な色に挑戦したり，のっぺりとした単色ではなくグラデーション（階調）を付けたり，豊富なカラーバリエーションを思い切って用意したりすることは検討の余地があるかもしれない。

(2) 形状

　形状についても，賦形の容易性がプラスチックの長所であるので，これも本来は有利なはずである。ただし，製品によっては，生産効率や機能性だけを追求するだけでなく，生産効率が多少落ちても凝った形や，機能性には無駄でも遊び心のある形を追求することも必要かもしれない。

(3) 質感

　質感は，素材の材質と必ずしもイコールではないが，基本的には素材の材質に依存する。鉄が黒いのと，アルミが黒いのと，プラスチックが黒いのと，皮革が黒いのと，木が黒いのと，紙が黒いのとでは，同じ色で同じ形であったとしても，それぞれ質感が違うし，おそらく誰でも見分けることができる。本書の主題の背景であるプラスチックの安っぽさは，その大部分は質感に由来すると考えられる。

　そうであれば，質感に由来するプラスチックの安っぽさを解決するためには，素材がプラスチックであることを大前提として，2つの異なる方向性がある。すなわち，弱点を克服するために高級感のある他の素材の質感を追求する方向と，プラスチックらしさの長所をもっと伸ばしたり強調したりする方向である。

　前者としては，表面層に塗装・めっき，印刷，フィルムなど，プラスチックと異なるものを付与する方法，表面層に艶消し加工などを施してマット感を出すことによりプラスチックに見えないようにする方法，そもそも素材自体を変えてプラスチックとプラスチック以外の素材を混ぜて質感を変化させる方法が考えられる。これらの技術は，次章以降で述べられるであろう。

　後者としては，素材自体の開発・改良になり，加飾技術とは呼ばれないであろうが，可能性は

ある。例えば、もっと高密度にして、稠密感、重量感や重厚感を増すことなどはできないだろうか。あるいは、もっと透明感を出し、ガラスとは違うクリアさを追求することなども考えられる。以前にシンガー・ソングライターが透明なグランドピアノで弾き語りをして、ピアノ線やペダルの伝達機構が見えて印象深かったが、躯体はおそらく強化プラスチックかアクリルボードであったのだろう。高級ブランドの腕時計では、裏面やものによっては文字盤がサファイアガラス張りでムーブメントが見える時計があり、マニアにはたまらない魅力を提供している。自動車なども車体の一部に強化プラスチックを使っているものもあるのだから、ピアノや時計と同様に、車体全部が透明プラスチックで、エンジンや配管・配線などがすべて丸見えの「透明車」をつくったら、メカニックなマニアは喜ぶであろう。強度の問題を解決して軽くなれば環境にも優しくなる。従来の鋼板では透けて見えないし、ガラスで作ったのでは壊れやすい、何かの安価な代替物としてではなくプラスチックでなければできないことということで、プラスチックの見直し、さらにはプラスチックのイメージも大幅に改善されよう。

2.2.3 見栄えと高級感

プラスチック製品の品質要素として、「見栄え」や「高級感」は、基本的には表2のように官能検査で測定される第2次品質であるとしたが、実は議論がある。また、見栄えと高級感は、一般には同じような視覚的な品質と考えられるであろうが、感性工学的には微妙な問題を内包している。このことが、見栄えや高級感を追求する上での困難さを生んでいる可能性が高いと思われるので、ここで解説する。

(1) 「個人差」の問題

現物またはパンフレットの写真を目で見て、つまり視覚を通して「見栄え」が判断されるのであり、現物や写真を見ずに見栄えが評価されることはない。そして、色が黒であることは知覚レベルで皆同じであるし、艶消しでマットな黒と光沢のある艶出しの黒のどちらであるかについても、認知レベルではほとんどの人に相違はない。しかし、価値判断としていずれが「見栄えが良い」あるいは「高級感がある」と感じるかについては異なることがある。これは、人により経験や価値観が異なるためであり、ある人はマットな黒が「見栄えが良い」と感じるのに対して、他の人にとっては「見栄えが悪い」と感じられ、反対に光沢のある黒の方が「見栄えが良い」と感じたりすることがある。これは価値判断が感情レベルであるからで、「個人差」の問題である。

なお、参考までに、「感性」については、哲学的な定義よりも「外界の刺激を受けて人間に生じる感覚→知覚→認知→情動→表現に至る一連のプロセス」という情報処理心理学的定義の方が、工学系の人や技術者には理解しやすいであろう[7]。

(2) 「評価用語」の定義と「品質要素」の分類の問題

さらに、「高級感」については、視覚を介さなくても判断される場合がある。現物や写真を見な

い状態であっても,「素材はプラスチック」と聞かされたり知識を持っていたりする場合には,「安っぽい」「高級感がない」と感じることがありうる。これは第3次品質つまりイメージによる評価である。果ては,第2次品質として「見栄えが良い」と感じたとしても,「安っぽいプラスチックにしては見栄えが良いし,性能・機能は十分なものの,やはり安っぽい」と総合判断されることもありうる。この場合の「高級感」は,単に第2次品質のみならず,第3次品質,さらには第1次品質をも包含した商品品質(市場品質)全体になる。また,「見栄え」と「高級感」の評価は一致しないどころか,正反対にさえなりうる。これは「評価用語」の定義と,それから生ずる「品質要素」の分類の問題である。

(3) 「評価の実施条件」と「複合感覚」の問題

また,「見栄え」や「高級感」は,視覚だけでなく,触覚や嗅覚など,複数の感覚が関与する場合がある。目で見て視覚的に「ざらざらしている」と感じるだけでなく,実際に触って「ざらざらしている」のを感じて視覚の印象と併せて見栄えを評価したり,自動車のインストルメントパネル(インパネ)や座席シートではデザインや使い心地が良くても臭いが強いと「高級感」が損なわれたりすることはよくある。これは「評価の実施条件」と「複合感覚」の問題である。

(4) 「代用特性」の選択の妥当性の問題

一方,「見栄え」は艶消しか艶出しかという光沢が重要であり,ある種の反射率で測定できるとする。そして,反射率を改善する加飾を施したとする。このとき,物理特性値である反射率と感覚量ないしは感性品質である「見栄え」とがグラフ上で直線関係にあり,強い相関がある(反射率が増大または減少するにつれ,それに対応して「見栄え」も増加する)場合は問題ない。しかし,相関が弱い(相関係数や単回帰直線の寄与率が低い)場合では,他の要因が存在することが考えられ,反射率を改善する加飾を施したからといって,必ずしも「見栄え」が良くなるとは限らない。これは「代用特性」の選択の妥当性の問題である。

(5) 「特性値」の選択と設定の妥当性の問題

さらに,代用特性として反射率が妥当であったとして,その値が改善されたとする。しかし,反射率が均一であると,「のっぺりしてわざとらしい」と評価されないどころか嫌われたりすると,「高級感」は改善されないことになる。むしろ,面の中での反射率のばらつきが問題であるのに,平均値や最大値を測定して評価していたのでは見当違いになる。これは「特性値」の選択と設定の妥当性の問題である。

(6) 小括

以上のように,プラスチック製品の品質要素として「見栄え」や「高級感」を追求する場合には,「個人差」,「評価用語」の定義と「品質要素」の分類,「評価の実施条件」と「複合感覚」,「代用特性」の選択の妥当性,「特性値」の選択と設定の妥当性というさまざまな問題がある。これら

に齟齬がある場合，いくら技術的に優れた加飾を施しても，プラスチック製品の「見栄え」や「高級感」は改善されない，ひいては売れない結果となりかねない。「急がば回れ」で，加飾技術に取り組む際に留意いただきたい。

2.2.4 製作方法

デザイン単独では解決しない問題では，製作方法自体から再検討する必要がある。

大雨の日に履くビニールの長靴を例に取り上げよう。男性用長靴は黒一色でファッショナブルではない。女性用長靴は蛍光ピンクなどでカラフルではあるが，ビニール製でのっぺりとした光沢があり単色なため，やはりファッショナブルではない。お洒落な女性は長靴ではなくレインブーツを履く。長靴とレインブーツは素材の違いに加えて，製作方法が異なる。

長靴はビニールの射出成形で継ぎ目がなくビニール1枚でできている。これに対して，レインブーツは防水加工した皮革で，つま先の部分，足の甲から脛の部分，足のふくらはぎの部分，踵の部分という4つのパーツ（「はぎ」という）から成り，これらを縫い合わせている（縫い目を「はぎ目」という）。これにより，両者は見栄えや高級感も異なるし，履き心地も異なる。

ビニールであっても，それぞれ光沢や伸縮率の異なる4つのパーツに分け，これらを縫い合わせるか接着すれば，その長靴のでき栄えと履き心地は従来品とはかなり異なるであろう。コストはアップするが，お洒落になる分，高く売れればよいのであって，どこで釣り合うかである。さらに，皮革製では実現不可能な機能として，例えば，ふくらはぎ部分のフィット感を強化して締め付ける機能を付加して，足をスリムに見せるだけでなく本当にスリムになるエステティック効果も付与すれば，かなり高価になっても売れるであろう。さらに，「全天候用長靴」の名称では高級感がないので「美脚ブーツ（案）」とでも改名すれば，雨の日だけでなく一年中着用する女性も現われて市場が拡大することも見込まれよう。

このように考えると，多様な機能特性，賦形の容易性，さらに着色性に優れたプラスチックの前途は明るい。

3 感性評価手法による解析例

3.1 感性評価手法

感性を計測する手法としては，脳波や視線などを測定する生理計測法と，主に質問紙を用いる心理計測法がある。前者は，高額な装置が必要なことに加えて，脳波や視線は刻々と変化するのでデータ処理が煩雑である。さらに，人間を被験者とするため，最近はかなり改善されたとはいえ，大袈裟に言えば人体実験ないしは拷問のような身体拘束を伴い，実施面での困難さがある。そこで，後者の心理計測が感性計測手法ないしは感性評価手法として，よく用いられる。

第 2 章　感性工学と高級感

　特に，感性評価およびそのデータ解析に有効な統計解析手法で，多変量解析も含めて「統計的感性評価手法」，あるいは単に「感性評価手法」と総称される。その代表的な手法としては，分類データの解析法（識別法・嗜好法），格付け分類データの解析（格付け法），順位法，一対比較法，多変量解析がある。多変量解析を除いたものは，利き酒など旧来の官能評価にも「統計的官能評価法」として用いられてきた。理化学的機器ではなく人間が計測器であり，疲労などを考慮して評価方法が工夫された特殊な手法が数多くあり，また，特殊な数値表を用いる必要があることから，官能評価にとどまらず市場調査全般に有用であるにもかかわらず普及しにくかった。しかし，Excelで簡便に計算できる書籍も刊行され，感性評価や感性工学のさらなる発展が期待される[8]。

3.2　一対比較法

　感性評価手法の中でも，代表的な「一対比較法」を紹介する。

　数個の試料が存在するとき，それらを 2 個ずつ組にして評価者に呈示し，比較判断（比較対象との直接的な比較によって評価する試料呈示方法）によって評価する試験方法を一対比較（paired comparison）法という。一対比較法は，複数（n）個の試料を比較する際に，2 種類の試料対についてのすべての組み合わせ $n(n-1)$ を作り，それぞれの組み合わせでどちらが強いか好ましいかなどを比較する方法である。食品などの場合のように，2 種類の試料対を同時に比較できない場合には，順序効果（2 つ以上の試料を連続して評価するとき，最初の試料の影響を受けて次の試料の評価が偏るという心理効果）を考えなければならない。同時比較が可能な場合には，組み合わせの数は $n(n-1)/2$ となる。

　一対比較法は，試料の個数が多い場合には組み合わせが多くなる短所もあるが，専門家でなくても評価が割合と安定する，微妙な差が検出できる，特にシェッフェの一対比較法（浦の変法，中屋の変法）では個人差も解析できる，という長所がある。

3.3　一対比較法の実施例

　自動車のインストルメントパネル（以下，インパネと略）の「見栄え」に関する調査において，4 種の試料 A_1, A_2, A_3, A_4 を用意し，シェッフェの一対比較法，浦の変法により 3 人の官能検査員 $O_1 \sim O_3$ に評価させた。すなわち，3 人の各検査員が，すべての組み合わせと両方の順序の対 (A_1, A_2), (A_1, A_3), (A_1, A_4), (A_2, A_1), (A_2, A_3), (A_2, A_4), (A_3, A_1), (A_3, A_2), (A_3, A_4), (A_4, A_1), (A_4, A_2), (A_4, A_3) について触った上での評価を 1 回ずつ，5 段階の尺度（5 件法）で行っている（先に評価した試料が後に評価した試料より見栄えが良い +2，同じ時 0，悪い時 -2 など）。評価結果を表 3 に示す。

表3 自動車のインパネの見栄えに関する一対比較結果[8]

試料＼検査員	O_1	O_2	O_3
A_1, A_2	1	1	0
A_1, A_3	2	2	-2
A_1, A_4	1	2	1
A_2, A_1	-2	-1	-1
A_2, A_3	2	1	1
A_2, A_4	-1	2	1
A_3, A_1	-2	-2	-1
A_3, A_2	-2	-1	-2
A_3, A_4	-2	1	-2
A_4, A_1	-2	-2	-2
A_4, A_2	2	-1	-2
A_4, A_3	1	-1	0

このデータをもとに，分散分析を行うと，表4となる。この分散分析結果から，4種類のインパネにはその見栄えの良さに差があると統計的にいえる。また，3人の検査員の評価の仕方に差がある。さらに，判定する試料の順序によって評価が影響を受け，各検査員が順序の影響を受ける度合いにも差があることがわかる。

また，図1に主効果を数直線を用いて表したものを示す。この図において，2組の試料ごとの主効果の差が，求めたヤードスティック Y よりも大きければ，その試料の間に有意な差があることになる。結果は (α_3, α_4) 以外は $|\alpha_i - \alpha_j| > Y$ となり，その他の試料の組み合わせ間には有意差があるといえる。α_3 と α_4 の間には有意な差があるとはいえず，試料 A_3, A_4 の間にインパネの

表4 実施例（浦の変法）の分散分析表[8]

要因	平方和	自由度	不偏分散	F_o	p値
主効果 α	42.7500	3	14.2500	23.019	0.0000
主効果×個人 $\alpha(B)$	20.5000	6	3.4167	5.519*	0.0014
組み合わせ効果 γ	4.5833	4	1.5278	2.468	0.0902
順序効果 δ	2.7778	1	2.7778	4.487*	0.4625
順序×個人 $\delta(B)$	4.3889	2	2.1944	3.545*	0.0472
誤差 e	13.0000	21	0.6190		
総計 T	88.0000	36			

＊ 有意水準5％で有意であることを示す。

第2章　感性工学と高級感

注）矢印◆━━▶はヤードスティック Y による推定幅であり，$|\alpha_i - \alpha_j|$ が Y より大きければ有意。

図1　実施例（浦の変法）の α_i の尺度図[8]

見栄えに関する差があるとはいえないことになる。すなわち，A_1 のインパネが最も見栄えが良く，次いで A_2，A_4，A_3 と続く。ただし，A_4 と A_3 の間には有意差が検出されなかったため，4種の試料における見栄えの良さは $A_3 \cdot A_4 < A_2 < A_1$ であると統計的に結論付けられる[8]。

文　　　献

1) 長沢伸也編著，川栄聡史共著，Excelでできる統計的官能評価法―順位法，一対比較法，多変量解析からコンジョイント分析まで―，日科技連出版社，pp.1-14（2008）
2) 長沢伸也，マーケティングにおける品質，品質，日本品質管理学会，**24**(4)，36-46（1994）
3) 吉田富義，商品学―商品政策の原理―，国元書房，pp.163-179（1986）
4) 天坂格郎，長沢伸也共著，官能評価の基礎と応用―自動車における感性のエンジニアリングのために―，日本規格協会，pp.56-57（2000）
5) 長沢伸也編著，大泉賢治・前田和昭共著，ルイ・ヴィトンの法則―最強のブランド戦略，東洋経済新報社，p.198（2007）
6) ブリジット・ボージャ・デ・モゾタ（Brigitte Borja de Mozota），河内奈々子，岩谷昌樹，長沢伸也共著，戦略的デザインマネジメント―デザインによるブランド価値創造とイノベーション―，同友館，pp.1-31（2010）
7) 長沢伸也編著，感性をめぐる商品開発―その方法と実際―，日本出版サービス，pp.3-23（2002）
8) 長沢伸也編著，川栄聡史共著，前掲書1），pp.161-217（2008）

第3章　塗装・めっき・植毛・真空成膜

1　塗装を用いた加飾技術総論

桐原　修*

1.1　はじめに

　本来は熱可塑性樹脂の英語表記であるPLASTICは，日本では熱硬化性も含めて合成樹脂を意味してプラスチックと総称されている。その成形性の良さと優れた物性により，各種成形方法によって形状が作られて，コンシューマー用品，家電，自動車，バイク部品，照明部品，最近では携帯電話，カメラ，PDA，ゲーム機などデジタルコンテンツの分野まで用途が拡大している。市場に登場した当初は成形されたままの"無垢"の状態で使用されていたが，色々なプラスチック素材の開発と市場投入により，素材の表面保護と装飾を目的とした塗装・コーティングが本格化したのは1970年代後半であった[1]。

　しかし最近の市民生活におけるデジタルコンテンツの個人化と，それに伴うカスタム化，簡単に言えば"他人の持たないもの"，"持っていないデザイン"を保有したいという欲求に応えて，外観の高意匠化，差別化が増加している。それを効率的かつ経済的に達成するために各種の加飾方法が考案されてきた。本節ではプラスチックの塗装とその流れをくんだフィルムインサート成形によるフィルム加飾を解説する。

1.2　プラスチック用塗料の歴史

　開発当初のプラスチック用塗料は，その被塗物が耐熱性の低いポリスチレンやABSが多かったため，塗膜硬化に加熱を必要としない，いわゆる常温乾燥型であった。この常乾型としては木工用塗料が非常に普及していたので，その流用から始まった。しかし木材とプラスチックという素材の違いや，塗装されるプラスチックの種類自体も増加するにつれ，プラスチック専用塗料の開発と市場投入が本格的に開始されて，その量的拡大とともに関わった塗料メーカーの多くはその後専業化した。しかしウレタンバンパーなど大型外装プラスチック部品が日本の自動車メーカーに採用され，そのボディー色（共色）の塗装が本格化した1980年代以降には，国内外の自動車ライン用塗料を手がけていた大手塗料メーカー各社もプラスチック塗料分野に本格参入した。

---

*　Osamu Kirihara　バイエル マテリアルサイエンス㈱　イノベーション事業本部
　　　　　　　　事業本部長，イノベーションセンター　センター長

1.3 プラスチック用塗料の構成

本項では塗膜層別,化学組成別,硬化形式別に説明する。

1.3.1 塗膜層

被塗物であるプラスチックに直接塗布される最下層のプライマー,反対に最上部に来るトップコート,その間の中塗り,ベースコートなどに大別される[2]。その塗膜層の基本構成とその工程を図1に示した。

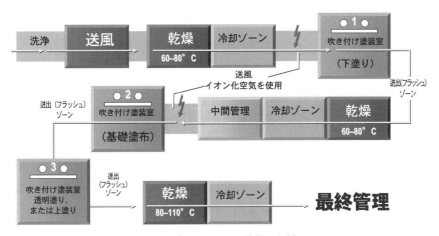

図1 プラスチックの塗装工程例

(1) 着色層とクリヤー層

塗膜を外観上大別すると,色のついた着色塗膜層と透明なクリヤー塗膜層に分類される。着色層は顔料や染料,アルミ顔料などを配合して,着色し意匠性を付与するものであり,クリヤー層はそれら着色剤を含有しないが,透明膜による外観向上や,各種の機能性付与,耐久性を付与する目的で塗装される。クリヤー層がなく顔料分散による着色層のみのソリッド色,クリヤー層のみのクリヤーコート,アルミ顔料による金属調の外観を持つメタリックベースコートとクリヤー層の組み合わせなど塗膜構成層の種類はいろいろある。詳細は成文を参照されたい[3]。

(2) ハードコート

特にプラスチック素材のトップコートとして擦り傷防止用塗装を施すケース(クリヤー層が一般的)では,それらをハードコートと称している。ポリカーボネート(PC)の擦り傷性を改良すべく多用され,ゴーグル,安全メガネ,自動車用ヘッドライトに適用されている。最近欧州で適用が拡大しているサンルーフなどのPCグレージング用のハードコート塗料を例にその構成を図2

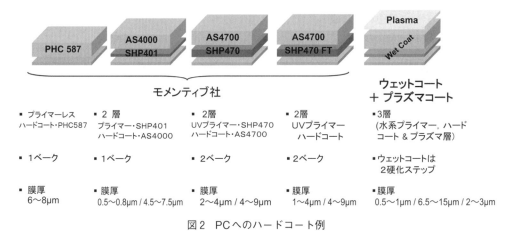

図2　PCへのハードコート例

に示した。

しかしこの「ハードコート」の名称が多くの混乱を生んでいる。本来この塗膜層は現実的な擦り傷防止機能を示せばよいのであるが，これを名称から高硬度と勘違いして，未だ高鉛筆硬度のハードコートの要求が強く，スペックに定められているケースもアジアに多々見られる。しかし各種の研究により，耐擦り傷性向上と高硬度達成が同義語ではないことは明らかである。この点は関係各位の努力と認識で改める必要がある。詳細は後述する。

1.3.2　塗料樹脂バインダーの化学組成

プラスチック用塗料は前述したように常温乾燥型から出発したため，トップコートには高分子アクリルベースのアクリルラッカーや2液型ポリウレタン（PUR）塗料（アクリルやポリエステルポリオールのポリイソシアネート硬化）が主流であるが[4]，上述したハードコートにはポリシロキサン系やUV硬化のウレタンアクリレート系もある。

(1)　アクリルラッカー塗料

アクリルラッカー系はいわゆるプラモデル用のラッカーで有名である。ラッカーとは分散媒である溶剤が塗装後に揮散して，高分子樹脂バインダーが凝集し造膜する。しかしこの溶剤型アクリルラッカーは高分子アクリルを溶解させるため比較的溶解性の高い溶剤で希釈しているので，耐溶剤性の低いプラスチック素材，例えばポリスチレン（PS），特に発泡PSにはまったく不向きである。最近は環境対応型の観点からも低VOCの水性アクリルラッカーが増加している。

私事で恐縮であるが，小生がプラスチック用塗料原料開発を志した理由の1つが，この溶剤型アクリルラッカーにまつわるものであった。小学校低学年からプラモデル作製にはまり，少ない小遣いを工面していろいろなプラモデルキットを購入しては組み立てていた。当初はそれだけで満足していたが，それに飽き足らなくなり，いわゆる模型用塗料を購入して自分の好みで塗装・

第3章　塗装・めっき・植毛・真空成膜

加飾して楽しんでいた。しかしあるとき発泡プラスチック材質の模型飛行機を組み立てて，さて色を着けるべく，ラッカーを塗装したところ，塗装した部分が全て溶解して，模型飛行機の形を留めなくなった。その時の驚きと悔しさは今も鮮烈に記憶している。もちろんその当時はプラモデル用塗料の満足な説明書もなく，ましてやプラスチックの種類の名前や性能も知らない小学生であった小生にして無理からぬことと思えるが，それが小生の理科系指向に大きく影響したと思える。

既に水性ラッカーは登場し，模型店に陳列されているが，さらに高性能かつプラスチック基材を痛めない水性塗料の普及を促したい。もちろん水性塗料にはアクリル系だけでなく，PUR系など他の樹脂系も存在する。

(2)　ポリウレタン系塗料

PUR塗料とは塗料樹脂バインダーに基本構成要素のPUR基を含有するものの総称である。このため代表的な2液型PUR塗料以外にも，溶剤型PURラッカー，各種の1液型PUR塗料も存在する。詳細は各種参考文献を参照されたい[5]。PURの特徴である塗膜のフレキシビリティがプラスチック用塗料に最適であるため，その高機能性とあいまってプラスチック用塗料の中で重要な位置を占めている。特に2液型PURは常温から焼付け（140℃近辺）まで幅広く硬化するので，その点からも有用である。

(3)　その他樹脂系

表層にくるトップコートは前述のアクリルラッカー，PUR，さらにUV硬化，ポリシロキサン系が主であるが，プライマーには密着性付与のための他の樹脂系も見られる。

特に欧州系の塗料メーカーは各種プラスチック用塗装にプライマーを多用するが，日本・韓国などの東アジアの塗料開発先進国では，ポリプロピレン（PP）用以外にはあまり使用しない。個人的には塗装システムの設計思想の差ではないかと考えている。

各種基材によりプライマーの化学組成も異なっていて多岐にわたるが，ゴム系，エポキシ系，塩素化ポリオレフィン系などがある。特に表面エネルギーの低いPP用に各種プライマーが日本を中心に1980年代に開発されたが，最近は塩素化ポリオレフィンがその安定した付着性により主流を占めている[6]。

1.3.3　硬化形式と硬化条件

常温硬化，加熱硬化，紫外線照射によるUV硬化などに大別される。

(1)　常温硬化

前述した高分子ポリマーベースで，溶媒などの分散媒の蒸散により物理的にバインダー樹脂の分子が凝集して造膜するラッカー系は，常温乾燥型プラスチック用塗料の代表である。化学的架橋を伴わないので非架橋型に分類される。硬化剤の架橋がないぶん取り扱いは簡単であるが，架

橋点を持たないので，熱可塑性を強く示し，耐溶剤性などの耐久性は十分ではない。アクリル系，PUR系，セルロース系などがあり，最近は分散媒が水の水系のものが増加してきている。

(2) 加温硬化

2液PUR系は常温から80℃位までのいわゆる強制乾燥，ブロックイソシアネート硬化やメラミン硬化やポリシロキサン系は100～140℃位の低温焼付け，ワイヤーエナメルなどの高温焼付けなどに分類可能である。プラスチック用塗料の硬化条件は素材の耐熱性に大きく依拠し，130℃以下の硬化が普通である。もちろん耐熱性の良いエンプラやスーパーエンプラは140℃以上の高温焼付けも可能である。

(3) UV硬化

アクリレートの二重結合を紫外線で開環・重合させるUV硬化型が，携帯電話の筐体などの小物部品の塗装に拡大している。その化学的組成により，ポリエステル，エポキシ，ウレタンアクリレートなどに分類可能だが，プラスチック塗装にはウレタンアクリレートを配合しているものが多い。その理由はウレタンアクリレートを配合することで，塗膜のフレキシビリティの付与が容易になるためである。またUV架橋により高い架橋密度が得られやすいので，耐擦り傷性付与にも有効である。

1.4　プラスチックの塗装工程

多種多様なプラスチック素材のうち成形後の2次工法として塗装による加飾をされることが多いものは，PUR，PP，ABS，PC，ポリアミドなどである。またプラスチック・フィルムでもPC，ポリエチレンテレフタレート（PET）などは塗装・コーティングされていることがある[7]。

成形品の塗装工程の例は既に図1に示したが，塗装の最低限の要求としての塗膜の素地密着はプラスチック素地と塗料との相性と素地の清浄度に大きく影響される。そのため塗装工程前の洗浄，いわゆる前洗浄は大切な工程である。以前は塩素系溶剤の蒸気洗浄が多用されたが，現在は環境負荷の低い水洗浄などに切り替わった。しかし工程合理化・コスト削減の強い要求下で簡単なワイプで素地洗浄する簡略化した工程も増加してきている。

1.5　塗膜性能

プラスチック用塗料に限らず，塗料と塗装の最新動向は図3に示した，高機能・高効率・環境対応の3つの要因に大きな影響を受けている。高機能の代表的なものとしては耐化学薬品性，耐酸性雨性，耐擦り傷性などがある。また高効率と低VOCによる環境対応の1つの解決方法としての塗装代替フィルムの適用が挙げられる。ここでは耐擦り傷性のニーズと改良の方向を説明し，フィルム関連はフィルムインサート成形（FIM）の項で後述する。またもう1つの有力な環境対

第3章　塗装・めっき・植毛・真空成膜

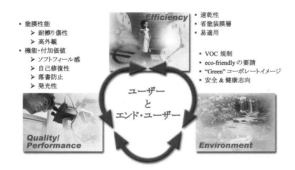

図3　塗装分野での動向と要因

応型塗装としての水性塗装については他の報文を参照されたい[8,9]。

1.5.1　耐擦り傷性スキーム

特に自動車ボディー用の耐酸性雨対策がPUR系塗料や酸エポキシ系の採用で一段落ついた現在，耐擦り傷性の改良のニーズが先進国を中心に強まっている。この耐酸性と耐擦り傷性の両立には2液PUR塗料で設計するのが最適といわれている。その理由はTgをあまり上げずに，塗膜の架橋密度を高くすることができるからであり，塗膜中のPUR結合の可とう性と強靭性，水素結合による擬似架橋の増加が有用であるためである。そのスキームを図4に示した[10]。

1.5.2　耐磨耗・擦り傷性評価方法

各種の評価方法があるが，既に述べた鉛筆硬度の測定以外に非常に普及しているのがテーバー磨耗試験である。テーバー磨耗輪を使用することが基本で，その磨耗輪の種類や加重の違いで適する用途別に細かく規定されている。その概要を他の評価と並べて図5に示した。また測定内容

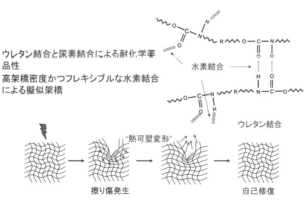

図4　PUR鎖の水素結合効果

もガラスやPCグレージングのような透明基材ではそのヘイズを測定したり，塗膜では重量減少を測定するなど，詳細は異なる。その一例を図6に示した。しかし前述した鉛筆硬度と同じく現実の耐擦り傷性評価との相関性に疑問も多く，我々は自動車用途を想定してはラボ用洗車機テストや実車テストをも実施してコーティング用樹脂の開発の精度を高める努力をしている。その内容を図7に示した。

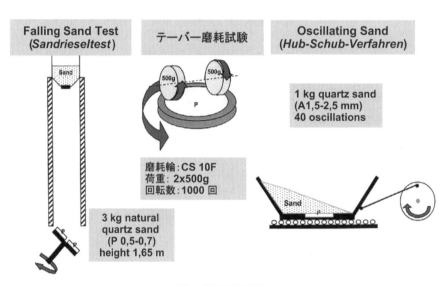

図5　耐摩耗性試験

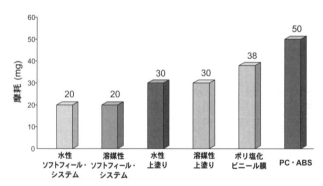

図6　各種塗膜のテーバー磨耗テスト

洗車機試験 – Amtec Kistler (DIN 55668)
相関性*1
1洗車試験サイクル
～実使用の2年に相当*2
条件
- 1.5 g 石英パウダー / 1 L 水道水
- 2.5 ～ 3 hPa水圧
- 洗車サイクル: 10 ダブル・ストローク

*1 ボディーパネル用クリアーコートの経験に基づく相関性
*2 毎週洗車の場合(汚れ、ワックスなど、その他の因子により異なる)

図7　耐擦り傷テストの例

1.6　フィルムインサート成形

　フィルムインサート成形（Film Insert Molding/FIMと略す）はIMD（In-Mold-Decoration）の範疇に入る成形方法の1つで、1次工法に分類される。成形品の加飾による意匠面は射出成形工程内で金型にインサートされるフィルム（事前に印刷・賦形・トリミングされたもの）により作り出される。そのフィルムは金型内に置かれ、裏側から射出成形（バックモールディング）される[11]。その概要を図8に示した。このバックモールディングされるプラスチックはPC、PCブレンド、ABS、PMMAなどの熱可塑性樹脂である。

図8　フィルムインサート成形（Film Insert Molding・FIM）プロセス

1.6.1　フィルムの種類とその構成

　FIMでは加飾されたフィルムが成形品の意匠を作り上げるので、印刷フィルムにより、光沢、つや消し、単色、多色、メタル調など各種の加飾が可能となる。フィルム素材としてはPCが最適であるが、PETなど印刷に適し、賦形可能なフィルムは使用可能である。通常は単層のフィルム（PCなど）が多く使用されるが、屋外暴露や紫外線に晒される用途や、耐薬品性の強く要求される分野にはその特性に合わせた多層フィルムが適用される。

1.6.2 フィルム構成

フィルム構成は幾つかあり，

① フィルム表層に印刷する場合，印刷面の磨耗防止に保護コーティングが必要である。

② フィルム裏層に印刷する場合は，印刷面が透明フィルムに保護されるだけでなく，深みのある光沢が得られる反面，印刷部分が樹脂のバックモールディングに晒されるので，耐熱性，耐せん断応力のあるインクを使用する必要がある。

1.6.3 保護コート

フィルム表面印刷では保護コートが必須であるが，それ以外のケースでもフィルムの耐擦り傷性向上や耐候性向上のためにフィルムに塗装が施されることが多い。基本的には既に説明したプラスチック用塗料に類似した塗料系が適用されるが，塗装方法は大きく異なる。1.3項の場合，プラスチック成形品は3次元（3D）形状を取っているのでスプレー塗装が多用されているが，プラスチック・フィルムはプレコート鋼鈑の塗装のように2次元（2D）形状であるので，その塗装はブレードやロール・ロールの方法がより効果的で理にかなっている。また被塗物であるフィルムと紫外線（UV）ランプの距離が一定に保てるので，UV硬化やUVとイソシアネート硬化の複合であるデュアルキュアー塗装が非常に効果的であり，その概要を図9に示した。

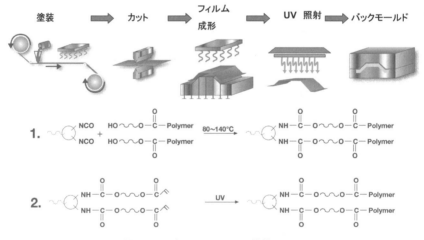

図9 UVデュアルキュアー塗装とFIM

1.6.4 印刷インク

前述したようにFIMに適した印刷用インクは欧州や日本で開発され，市場実績を積んできているが，そのほとんどは射出成形に耐え得る耐熱性や力学特性を必要とし，現状では溶剤型が主流

第3章　塗装・めっき・植毛・真空成膜

である。

1.6.5　接着層・接着剤

現状のFIMではフィルム・印刷インク・樹脂との組み合わせで密着が不十分な場合に別の接着層を導入するケースもよく見られる。これらも現状は溶剤型である。

1.6.6　FIMの特徴と用途

FIMは他の1次工法，2次工法と比較して，

① 　複雑な形状にも対応し，デザイン自由度が高く，多色化，特殊な意匠も可能。

② 　印刷合わせの位置決め精度が高い。

③ 　小型から中型の成形品サイズに適する。

などの有利な点が多い[12]。これらの利点とかつコスト低減効果の顕著となる分野でFIMは市場適用が増加している。既に自動車内装部品ダッシュボードやコントロールパネルでの実績が多い。特にメーター周りではPCフィルムでの適用が顕著である。また最近は普及する携帯電話やPDAなどのキーパッドやヘッドホーンの用途にもFIMが適用されてきている。キーパッドの裏面印刷を施すことで，多色のバックライトを可能にしたり，正確な記号の位置決めができたり，かつ印刷面が直接指に触れないことでの耐摩耗性の発露，1枚のフィルムで多数の操作ボタンを作製できることによる工程合理化が採用を後押しした。

1.7　今後の展望

今後ますます個人の消費動向は2極化すると推定される。1つは性能を必要最小限にして極端な低価格化，インドのTATA自動車「ナノ」に代表される方向と，もう1つは"あまり他人と同じものを持ちたくない"という嗜好をベースにしたカスタマイズ化である。その両方の指向に塗装フィルムの適用は拡大する可能性を持っている。その例を幾つか挙げて今後の展望に替えたい。

1.7.1　自動車ガラスの樹脂化（樹脂グレージング）

欧州を中心に自動車ガラスの樹脂化が進んでいる。主に透明性と耐衝撃性に優れるPCを採用するため，PCグレージングと呼ばれることが多いが，その表面はPCの特性上耐擦り傷性のある塗装を施す必要がある[13]。その塗装代替，さらに機能の一体化，北米のクールカー対策上の赤外線反射機能などをフィルムに持たせる開発は理にかなう。その概要を図10に示した。

1.7.2　3D成形可能なELフィルム

現在有機・無機の各種ELライティングシステムの開発が続けられているが，その中でも欧州で開発された3次元（3D）成形可能なELフィルムがFIMに適用可能であるため，携帯電話やパソコンの意匠性を高める目的で採用が鋭意検討されている。これも新しい加飾フィルムのFIMの適用の一例となるであろう。その概要を図11に示した。

図10 PCグレージングとFIM

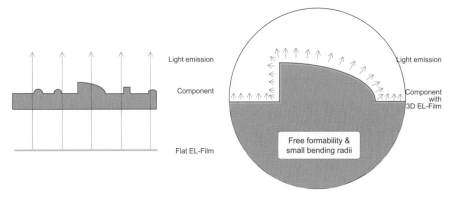

図11 3D成形可能なELフィルム

1.8 おわりに

　今後もプラスチックに対する加飾が増加し，新たな色彩，それを実現する新たな技法の開発が続くに違いないが，そのベースにはプラスチック用塗料と塗装があると確信している。さらなる環境対応，高機能，高意匠性，低コスト化の要求に応えるべく原料開発，システム開発に尽力したい。

文　　　献

1) 桐原修, 機能材料, **4**(6), 33 (1984)

2) 桑島輝明,"自動車用塗料・コーティング技術の動向と今後の動向", p.12, 情報機構（2002）
3) 長尾五郎,"自動車用塗料・コーティング技術の動向と今後の動向", p.38, 情報機構（2002）
4) 岩中利浩, 塗装工学, **33**(7), 282（1998）
5) Ulrich Meier-Westhues, "Polyurethanes Coatings, Adhesives and Sealants", p.62-89, Vincents（2007）
6) 鈴木勇, 木原均, 山賀皇紀, 大日本塗料技術解説 2,「自動車バンパー向けプラスチック用塗料プラニットシリーズの現状」(1997)
7) Ulrich Meier-Westhues, "Polyurethanes Coatings, Adhesives and Sealants", p.182-193, Vincents（2007）
8) 桐原修, ㈱技術情報協会 セミナーテキスト「塗料における樹脂設計・配合の考え方」(2007)
9) R.Roschau, Innovative VOC compliant raw materials for the European Coating Industry, 37 th International Conference on Coating Technology May 22-24, University of Pardubice, Czech Republic（2007）
10) 桐原修, 塗装工学, **42**(7), 224（2008）
11) バイエル マテリアルサイエンス社応用技術情報, ATI7010, IMD（In-Mold-Decoration）
12) 布施真空㈱技術資料, "いろいろな 3 次元加飾工法", 061101200
13) 福井博之, ポリファイル, **46**(543), 36（2009）

2　MFS銀鏡塗装技術とその最新動向

平野輝美[*1], 橋本　智[*2]

2.1　はじめに

　一般的な生活環境のなかにはたくさんのプラスチック類が使われている。使いやすく，たくさんの優れた特徴を持つプラスチックは，現代社会において必須の材料である。表面装飾技術の発展によってプラスチックに対しても金属のような装飾ができるようになった。しかし，より自由度の大きい塗装技術を活用したい。

　表面保護と意匠性付与に関する汎用技術である塗装によって金属調処理が実現できれば，塗装のハンドリング性とめっきの金属調加飾を複合的に得ることができる。

　本節では，銀鏡塗装技術である「Metalize Finishing System」を解説し，その技術動向を紹介する。

2.2　銀鏡塗装技術「Metalize Finishing System」

　「Metalize Finishing System」（以後，MFSと省略する）は，古くから知られる銀鏡反応によるAg薄膜形成を，工業的に利用可能な塗装プロセスを活用した技術として再構築したものである。

　MFSの特徴を以下に示す。

① スプレー塗装に類似した操作で，簡単に銀鏡塗膜を形成することができる。
② 一般的な塗装ブースなどの設備のみで実施可能である。
③ 有害金属類を含まない環境に優しい技術であり，クローズドシステムとして構築してゼロエミッション化できる。

　MFSは優れた特徴を持つ未来型の機能性表面創成技術である。

2.3　銀鏡反応とMFS

　銀鏡反応は，以下のような化学的反応である。

$$R + H_2O \rightarrow RO + 2H^+ + 2e^- \tag{1}$$

$$Ag^+ + e^- \rightarrow Ag \tag{2}$$

[*1] Teruyoshi Hirano　平野技術士事務所　代表
[*2] Satoru Hashimoto　㈱表面化工研究所　代表取締役社長

第3章 塗装・めっき・植毛・真空成膜

一般的に，Agイオン水溶液に還元性薬液を作用させ，AgイオンをAgに還元させてAg薄膜を作製する銀鏡反応であるが，これを鏡の製造以外の目的に工業的に利用することを考えると，いろいろな工夫が必要になる。通常の鏡では，Ag膜はガラスに対して背面部に成膜されている。装飾機能として活用するためには，被塗装材の表面部に良好なAg膜を安定に製造可能な技術が必要なのである。様々な工夫を加えて，Ag表面を構築可能とした塗装技術がMFSである。

2.4 MFSプロセスと銀鏡塗膜

MFSプロセスでは，次のような工程を経て処理される。

(1) 下地コート処理

銀鏡塗膜を形成する対象物に対して，MFSにおいて銀鏡反応を促進する触媒を効果的に保持する機能を持つ下地層を形成する。また，次のAg薄膜工程で使う表面調整剤に対するぬれ性を改善する。

(2) MFS処理

下地層に表面調整剤を作用させ，Ag析出反応を触媒する機能を付与する。その後，Agイオン溶液と，還元性溶液をスプレーにより噴霧して供給する。これらの2種の溶液が表面調整された被塗装材表面で反応して，Ag粒子として析出する。連続してAg溶液と還元性溶液を供給することで，自己触媒作用のもとAg薄膜を形成する。

(3) 表面保護層形成

析出したAgは堆積してAg薄膜を形成するが，このAg薄膜は柔らかいものであり，傷つきやすい状態である。Ag薄膜を保護するために，表面保護層を形成する。

これらの一連の処理により銀鏡塗膜を形成する処理概念図を図1に示す。MFSは，スプレー塗装法に類似した工程であり一般的な塗装ブースを使って処理することができる。このように，金属調加飾を形成する一般的なめっきなどの処理に比較して，安価に一連のプロセス構築ができる。

また，廃液などの処理においても大きな負荷を発生させることもない。発生する廃液は，わずかにアルカリの水溶液系廃液であり，MFS廃液はAgイオン以外の有害な金属類を含まない。そして，Agイオン溶液は有価であるためリサイクル処理が可能となる。すなわち，廃液ではなく処理によって価値を生む資材なのである。MFS廃液を完全にリサイクルすることで，ゼロエミッションプロセスとして構築することができる。このような特徴は，環境保全に対して敏感に反応するこれからの市場や消費者に対して大きくアピールすると考えている。

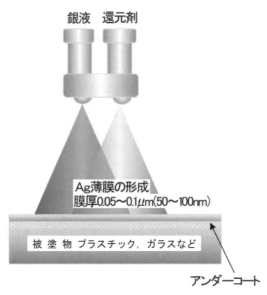

図1　MFS処理技術の概念説明図

2.5　MFSによる銀鏡塗膜の特性
2.5.1　銀鏡塗膜の物理化学的状態

　MFSにより得られる銀鏡塗膜は，Ag薄膜により良好な金属調の外観を発揮する。このAg薄膜はどのような状態なのであろうか。図2に，MFS処理で生成したAg薄膜を走査型電子顕微鏡で観察した結果を示す。Ag薄膜は約20～40 nm程度の粒子により構成されていることがわかる。

　MFSでは，ドライプロセス成膜に対して，薄膜形成時に自己触媒機能を利用して薄膜状にAg

図2　MFSにより形成されたAg薄膜の走査型電子顕微鏡像

第3章　塗装・めっき・植毛・真空成膜

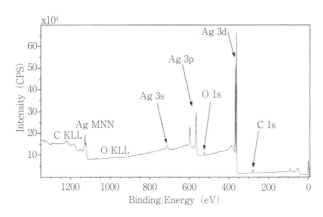

図3　MFSにより形成されたAg薄膜のX線光電子スペクトル

粒子が生成しつつ薄膜を構成していく。このために，MFSにより形成されたAg薄膜は良好な表面を形成すると考えている。このようなAg膜の構造は，薄膜の生成過程に由来する特徴の1つなのである。

図3にMFSにより形成したAg薄膜表面のX線光電子スペクトルを示す。僅かにOとCが検出されるが，ほぼ純粋なAgであることが確認できる。MFSによるAg薄膜の優れた諸特性は，純粋なAgにより構成されていることに由来すると考えている。

2.5.2　MFSによる銀鏡塗膜の装飾性

MFSにより得られる銀鏡塗膜の代表的な装飾性について紹介する。

(1) 基材にとらわれない金属調加飾

MFSにおいてその特徴的な装飾性は，金属調加飾であろう。図4に金属調の表面を形成したものの例を示す。MFS処理において銀鏡塗膜を形成する対象はどのようなものでもかまわない。さらに大きな対象物に対して銀鏡塗膜を形成することができる。図に示したように，木製のギター本体に金属調加飾を行っているのがわかって頂けるであろう。

図4　銀鏡塗膜による金属調表面を形成した例

また，これらの銀鏡塗膜は，Ag薄膜の厚さを制御することにより光の透過率を制御することができる。いわゆるハーフミラー状態を簡単に形成して，透過する光の独特な加飾機能を利用することができる。

(2) カラーバリエーション

MFSでは，銀鏡塗膜のトップコートに着色を行うことでほぼ無限の色調を得ることができる。MFSで得られる加飾はキラキラ感とカラーの組み合わせであり，一般的な塗装で得ることが難しいものである。ぜひ，実物をご覧頂き，優れた加飾特性を実感して頂きたい。

(3) 箔調加飾

金箔などを貼ることによる装飾は古くから行われており，高価な装飾の一例であろう。このような金箔調の装飾を行うことは経済的な価値を持つと考えられる。MFSでは，下地層を工夫して箔調の装飾性を持たせることに成功した。

2.5.3　MFSによるAg薄膜の活用

Agはその材料として特徴的な特性を持っている。いくつかの代表的な特性を活用した例をご紹介しよう。

(1) 電気的特性

Agはあらゆる金属の中で最も導電性に優れるものである。Agを簡単にあらゆる材料表面に形成することができるMFSは，フォトリソグラフィーと組み合わせれば導電性パターン形成もできる。

(2) 電波シールド

大きな導電性を活用して電波に対するシールド性も期待される。MFSの処理時間に伴って，電波減衰量の増大する傾向が明瞭に測定された。一般的な銀鏡塗膜で，1GHzにおいて約45dBの減衰量となった。本測定は平面波に対するものであり現実の実装されたときにどのような特性になるか明確ではないが，Agの持つ導電性の優位性を考慮すると良好な減衰特性を期待することができる。また，スポンジ状のウレタン材料に対してMFS処理を行ったものでは，吸収による電波減衰特性が期待できる。5mm厚さで1GHzにおいて約60dBの良好な電波減衰特性を示した。

(3) 光反射特性

Agは可視光線領域において全ての金属のうち最も大きな反射率を有する。その値は95%以上になるといわれている。しかしながら，銀鏡塗装では保護コートのためにAgの持つ優れた反射特性を十二分に活用することが難しかった。

図5(b)に最新の優れた光透過性を有する保護コート材を用いた銀鏡塗膜による反射スペクトルを示す。図5(a)に示す従来の保護コート材であるSPクリアでは，表面と界面による干渉現象によって，周期的な反射率の変化が測定される。図5(b)に示すSPクリア（改）では干渉現象が抑制さ

第3章　塗装・めっき・植毛・真空成膜

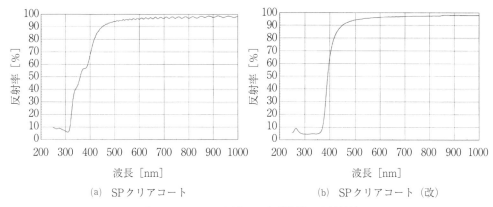

(a) SPクリアコート　　　　　(b) SPクリアコート（改）

図5　MFSにより形成した銀鏡塗膜の反射特性

れており，波長による周期的な変化がない。SPクリア（改）をコートして行った測定でも600 nmで概ね95％の反射率を示した。

また，注目頂きたいのは300〜400 nmの反射率である。SPクリア（改）では，塗膜の劣化に大きく影響する紫外線領域を透過しないのである。SPクリア（改）は銀鏡塗膜の耐久性向上に寄与する。

(4) **抗菌特性**

よく知られたことであるが，Agは抗菌特性を持つ金属である。当然ながら，MFSにより形成したAg薄膜も抗菌特性を示す。

図6に大腸菌に対する抗菌作用を調べた結果を示す。図は24時間経過時点であるが，阻止帯が形成されていることがわかる。

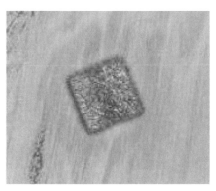

図6　ろ紙に形成したAg薄膜による抗菌作用
24時間の時点で阻止帯が形成されていることが理解される

2.6 MFSの技術改良動向

銀鏡塗装技術は多くの特徴を持ち,金属調の加飾技術として様々な応用展開の可能性を秘めた技術である。MFSにおけるいくつかの課題と,その解決に向けての動向を解説する。

2.6.1 耐久性向上

銀鏡塗膜の大きな課題点として,その耐久性が指摘される。Agは空気にさらされると酸化反応もしくは硫化反応の結果として黒く変化するなど劣化してしまうのである。銀鏡塗装では保護コートによって劣化を抑制しているのであるが,あらゆる使用目的や要望に対して十分な特性を得ることは難しい。

MFSではAg薄膜を安定化して耐久性を向上させるための開発を行ってきた。図7に傷を形成処理したものに対する240時間塩水噴霧耐久性試験の結果を示す。耐蝕処理を行っていないものでは傷部分に1mm程度の剥離と,試料全体における金属調の劣化が観察された。ほとんど加飾としての機能を完全に失った状態である。MFSの銀鏡塗膜に耐腐食性向上処理(処理A)を組み合わせたものでは僅かなブリスター生成にまで抑制された。また,MFSに組み込んだ耐腐食性向上処理(処理B)では明確な劣化が見られないほどの効果を示した。これら2つの処理を行ったもの(処理A + B)では,240時間塩水噴霧耐久性試験において劣化のないことが確認された。

図8に傷を形成したものについて96時間のCASS試験結果を示す。未処理ではほぼ完全に加飾機能が破壊されているのに対して,処理Aおよび処理Bでは傷部分に0.3mm程度の劣化に抑制されている。処理A + Bでは,実用的レベルでは劣化が見られない。

本試験は,銀鏡塗膜の保護層を破壊した状態における特性であり,実用的な耐久性を確保するための長足の発展と考えている。例えば,車の外装品などについて,小さな傷などによる劣化に

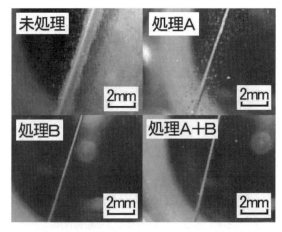

図7 銀鏡塗膜の耐蝕処理効果(塩水噴霧240時間耐久性)

第3章 塗装・めっき・植毛・真空成膜

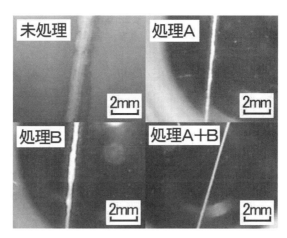

図8 銀鏡塗膜の耐蝕処理効果（CASS 96時間耐久性）

対する耐久性として、大きな進展であろう。

2.6.2 界面剥離改良

銀鏡塗膜は，金属であるAgとプラスチックなどとの複合積層体である。このため，Ag薄膜と下地層や保護層との間は，異物質界面であり良好な密着性を得ることは難しい。

MFSでは，界面剥離対策として密着性を大幅に向上させるための改良技術を開発してきた。未処理において高温高湿試験の結果において剥離してしまうのであるが，界面密着特性改良によって界面剥離を大幅に抑制することが可能となった。現在のところでは，改良技術を適用することにより50℃，湿度98％，120時間の高温高湿試験において，良好な二次密着特性を確認した。

2.6.3 物理化学的加飾の活用

MFS独自の加飾方法として，物理化学反応による色調変化がある。これは，Ag薄膜の表面に反応液を作用させることによりAg薄膜に物理化学的な変化を起こして，色調を変化させるものである。色調の変化は，温度，作用させる反応液の濃度および時間により銀色→シャンパンゴールド→金色→ブロンズ色→紫色→青→緑へと変わる。得られる色調は顔料や染料による色調と異なり，金属の持つ独特の古美調を表現することができる。MFSの化学発色の色調を実際に見て頂くとご理解頂けるが，塗装や印刷では表現できない深みのある色調を得ることができる。

これらの色調の変化について，反射スペクトルにより定量的な評価を行った結果を図9に示す。図中の左から右への矢印のように，処理時間に従って長波長領域の反射率が低下する傾向が観察される。そして，青色系の色調に変化すると，400～500 nm領域周辺の反射率が大きくなる傾向を示している（図中の左下部の矢印に示す変化）。この青色は，400 nm近辺の反射率の向上により発色していることが理解されよう。

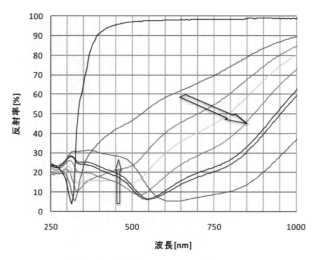

図9 Ag薄膜の物理化学処理による反射スペクトルの変化

2.6.4 プラズモン吸収

　Agは大きなプラズモン吸収を示すことがよく知られている。しかしながら，Agナノ粒子系を作製することが困難であったことからあまり注目されてこなかった。MFSにより作製したAg薄膜は，ナノサイズのAg粒子により構成されるので，大きなプラズモン吸収が起こっている可能性がある。

　図10はAg薄膜にP偏光を入射したときの，反射率の入射角依存性を示したものである。Agの固有吸収である315 nmにおいて，P偏光の入射角度により反射率が変化する傾向を示し，約48°の

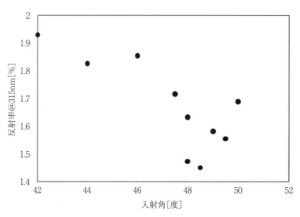

図10　P偏光反射率の入射角度依存性

入射角度で最も小さい値を示した。このような反射率の入射角依存性は，プラズモン吸収の影響が現れているものと考えている。

2.7 まとめ

　銀は優れた物質である。その物理特性や電気的特性，化学的特性，生物学的特性などを利用した材料として考えた時も，極めて優れた特性を持ち，広範囲な応用が期待される。銀鏡塗装では，このような銀薄膜を各種のプラスチック基材に対して塗装のように形成可能である。MFS（Metalize Finishing System）は，独自の薬液安定化技術と下地層／保護層の材料設計技術を組み合わせることにより，安定性と機能を併せ持つ銀鏡塗膜として創成することができる。近年の急速な改良によって，耐久性や対腐食性など実用に供することが可能になっている。今後の各種分野への応用展開にご期待ください。

謝辞

　MFSにより作製したAg薄膜の光学的特性について，東京都産業技術研究センター　開発本部　開発第一部　光音グループ　海老澤瑞枝研究員に測定および議論を頂いた。ありがとうございました。

3 めっきによる加飾

鈴木祥一郎[*]

3.1 はじめに

プラスティックスと呼ばれる高分子材料は軽量で、どのような形状にも成形することができるので、玩具、生活用雑貨、家電、自動車などの様々な部品に用いられる。近年、このような製品では、製品自体の性能に加えて意匠性が重要視され、製品の付加価値を上げるのに寄与している。高分子材料に意匠を施す方法は二次加飾による塗装が多用され、その表面を多彩に着色することができる。しかしながら、塗装の欠点の一つは光輝性が低いことである。メタリック塗装は光輝性を付与する方法ではあるが、金属バルクが放つ光沢に比べると光輝性（または光輝感）に劣る。したがって、高分子材料表面に塗装で光輝性を付与するには限界がある。「プラスチックめっき」と呼ばれるめっき処理は高分子材料表面に金属皮膜を形成する一つの方法で、光輝性に優れた表面に変えることができる。

一方、塗装やめっきの表面処理による二次加飾は意匠性の統一感を演出するだけではない。樹脂材料によっては物理的・構造的な強度には優れるが、耐光性などの環境的な化学特性に劣るものもあるので、表面処理することで樹脂特性の欠点を相補している。

めっきは電気化学反応を利用した方法で、電気めっきと無電解めっきの二つの方法がある。プラスチックめっきはこれら二つのめっき法を組み合わせて用いる。電気めっきは、金属イオンを溶解した水溶液に導電体を陰極として浸漬し、適当な陽極と組み合わせて直流電流で電解し、金属皮膜を陰極表面に析出させる。電気めっきは電析または電着とも呼ばれる。電気化学操作の特長は反応速度を簡単に制御できることで、電流密度（単位面積に流す電流）が反応速度になる。したがって、電気めっきは陰極電流密度で反応速度（皮膜の析出速度）を制御する。電気めっきによって導電体にめっき処理を施すことは簡単であるが、高分子材料は非導電体なので原理的に困難である。そこで、プラスチックめっきでは高分子材料表面の導電化処理が大きな役割を果たし、無電解めっき法が用いられる。無電解めっき液は金属イオンと還元剤から成り、めっき皮膜は還元剤の酸化反応が起こると同時に、金属イオンを還元することで形成される。無電解めっきは、外部から電流を与えずにめっき液成分の酸化還元反応を利用しためっき法であるため、このように呼ばれる。

プラスチックめっきにおける重要な技術要素は、めっき皮膜／高分子界面に優れた付着性（密着性ともいう）を付与することである。ある高分子材料に対してめっきを施すことができる判断基準は、めっき皮膜／高分子界面の付着性が優れていることである。そのため、プラスチックめ

---

[*] Yo-ichiro Suzuki 上村工業㈱ 中央研究所 課長

第3章　塗装・めっき・植毛・真空成膜

っきではめっき皮膜の付着性が重要な技術を占めている。金属材料のめっきプロセスに比べて高分子材料のめっきは非常に複雑なプロセスで、「プラスチックめっき」と呼ばれるめっき工法が一つのめっき分野として確立されている。本節では高分子材料、特に樹脂成形品へのめっきプロセス、すなわち、プラスチックめっき技術について説明する。なお、プラスチックと樹脂は同意であるので、個々の高分子材料はプラスチックではなく"樹脂"と呼び、"プラスチックめっき"はめっきプロセス全体を示すことにする。

3.2　プラスチックめっき用高分子材料

高分子材料は加熱した際の物性挙動から熱硬化性樹脂と熱可塑性樹脂に分類される。熱硬化性樹脂は加熱することで化学反応を起こし、三次元網目構造を形成して硬化する。硬化すると、それ以上温度を加えても軟化しない。熱可塑性樹脂は加熱すると軟化する特性を持ち、比較的分子量が高い樹脂である。熱可塑性樹脂の熱的物性挙動から、射出成形などに用いられ、合成に用いるモノマーや樹脂骨格によってアクリル樹脂、フェノール樹脂、メラミン樹脂、エポキシ樹脂などがある。

プラスチックめっきに用いられる熱可塑性樹脂は米国で1962年に開発された。その樹脂はアクリロニトリルとスチレン共重合体にブタジエンゴム粒子（実際にはブタジエンゴムにアクリロニトリル—スチレン樹脂をグラフト重合して相溶性を高めている）を分散した熱可塑性樹脂で、原料の頭文字を取ってABS樹脂と呼ばれている。ABS樹脂はプラスチックめっき用の唯一の汎用樹脂として用いられるが、種々の樹脂物性が改良された。例えば、強度を増強するためにポリカーボネート樹脂（PC）とのポリマーアロイ化が図られてPC/ABS樹脂が開発されたが、そのベース樹脂の特性はABS樹脂に類似した特性を示す。ABS樹脂を除くめっき用樹脂材料はポリカーボネート樹脂、ポリスルホン樹脂、ノリル樹脂（商品名：ポリフェニルエチレンオキサイド樹脂）などあるが、これらの樹脂は樹脂自体の応力が高かったり、脆弱であったり、めっき皮膜との付着性が劣るなどの問題から、めっきプロセスが特殊になり、プラスチックめっき処理全体の5％以下にとどまっている。したがって、プラスチックめっきはABS樹脂にめっき皮膜を形成するプロセスを指している。

3.3　プラスチックめっきの歴史とめっき装置

昭和30年から40年代前半における高分子合成技術の進歩により、種々の高分子材料（樹脂材料）が安価に供給されるようになった。それまで、家電製品や自動車部品などはアルミニウムや亜鉛などの金属ダイカスト製の材料が筐体などの飾り部品として、また、耐食性と意匠性が必要な部品には銅—亜鉛合金（真鍮）が用いられた。金属材料を用いると製品が重くなるだけでなく、デ

ザインにも制限が加えられる。一方，樹脂材料は軽く，成形技術の進歩と共に複雑な形状に加工できるようになり，軽量化，デザイン・意匠性などの利点がその利用を促進した。

　米国ではABS樹脂が開発されると同時に，その表面にめっきするプラスチックめっき技術が確立された。我が国では昭和37年頃に尿素系樹脂を用いたプラスチックめっきを小規模ながら工業的に行っていたが，ABS樹脂の使用が普及した昭和40年頃から，プラスチックめっきが広く工業的に開始され，昭和45年頃までにそのめっきとしての技術を確立した。昭和45年前後は高度経済成長下で，めっき処理は量産化するために自動化された。

　めっきの自動処理装置は大別するとエレベータ型またはロボット型と呼ばれる装置があり，治具に固定した製品をタクト式の搬送装置によって搬送して脱脂処理，導電化処理，およびめっき処理を順次行う。このような自動処理装置を用いることで大量生産が可能となった。それ以前は手動（めっき作業者が手作業によってめっき処理すること）によるめっき処理が主であったが，めっき自動処理装置の導入によって生産性が向上するだけではなく，一定の条件で各処理工程を処理するために，めっき品質の向上にもつながった。プラスチックめっきも自動処理装置で生産するようになり，汎用めっき技術になった。

3.4　プラスチックめっきの付着性

　金属表面でのめっき皮膜の析出はエピタキシャル（金属の結晶軸にそろった結晶層を成長させる）に成長が起こる。表面またはめっき皮膜層間において付着性に優れためっきを得るには，エピタキシャル的な成長が起こる格子定数が類似した皮膜結晶を選択し，さらに，膨張係数の温度依存性も類似することが望ましい。"金属めっき"および"プラスチックめっき"で施されるめっき皮膜は異なった金属を積層する多層皮膜（多層めっき）であり，一般には，Cu-Ni-Cr，Ni-Cu-Ni-Crなどの組み合わせが用いられる。このため，めっき皮膜の層間付着性が滅多に問題になることはない。

　一般に，線膨張係数は樹脂が10^{-5} ℃$^{-1}$のオダー，金属では10^{-6} ℃$^{-1}$のオダーである。プラスチックめっきでは樹脂とめっき皮膜とでこのように線膨張係数が異なるので，めっき皮膜の付着性の問題は樹脂／めっき皮膜界面で起こる。樹脂表面にめっき皮膜を形成した際にめっき表面が経時的に膨れることがある。このことは室温付近のわずかな温度変化でさえ樹脂／めっき皮膜界面での付着性に影響することを示し，プラスチックめっきの付着性の判定には高温から低温に急激に変化する熱衝撃試験が用いられる。したがって，プラスチックめっき技術は樹脂／めっき皮膜界面での付着性を確保する技術であるといっても過言ではない。

　ABS樹脂表面に塗装する場合，塗膜と樹脂表面の付着力はvan der Waals力のような静電間引力で保たれる。このような場合，付着力を上げるには表面積を増大させることが効果的である。

第3章　塗装・めっき・植毛・真空成膜

ABS樹脂にめっきする場合にも表面積を増大させるといった類似した考え方をする。ABS樹脂の表面とめっき皮膜では強い静電間引力の効果を期待することができないので，アンカー（錨）効果と呼ばれる表面粗化手法を用いる。

　図1はABS樹脂断面を示す。図1(a)のように，ABS樹脂はアクリロニトリルとスチレンの共重合体マトリックスにブタジエン粒子が分散している。特に，ブタジエン粒子は表面に露出するように配向する。樹脂成形条件でブタジエン粒子の配向や分散性が変化するために，めっき皮膜の付着性の良否は成形段階から影響される。樹脂表面でアンカー効果を発現するために，クロム酸ベースとした酸化性のエッチング液でブタジエン粒子を溶解し，表面から脱落させる（図1(b)）。ブタジエン粒子が脱落した結果，表面には"蛸壺"のような空孔が形成される。この処理をエッチング処理と呼んでいる。ABS樹脂を目視で観察すると，エッチング前に有する樹脂表面の光沢は消え，つや消し状の粗い表面になる。樹脂表面の外観から，エッチング処理を粗化処理ともいう。エッチング処理で形成した空孔の形状がめっき皮膜の付着性に影響する。ただ単に空孔が形成しただけでは形状によってはアンカー効果を期待できない。上述したように，空孔が"蛸壺"状でなければならない。このような空孔内部および樹脂表面にPdなどのめっき触媒を吸着させる（図1(c)）。吸着した触媒を基点に無電解めっき反応が進行して導電層を形成する。導電化した空孔を通してめっき皮膜をさらに成長させると，萎んだ空孔の入口がアンカーとして作用する（図1(d)）。このような析出構造が樹脂表面とめっき皮膜の付着性を確かなものにする。プラスチックめっき技術は図1に示す状態にどのようにして近づけるかが鍵になる。

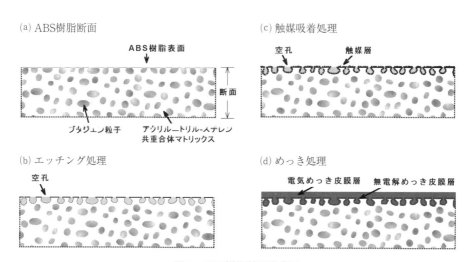

図1　ABS樹脂断面模式図

3.5 樹脂成形条件とめっき皮膜の付着性[1～3)]

ABS樹脂におけるめっきの不具合は樹脂成形に関係することがある。エッチング不良，変形，めっき皮膜の付着性低下やクラックの発生などの現象が現れる。多くの場合，めっき処理の不具合として見なされ，めっき処理の条件変更で不具合を対応することが多い。めっき技術者にとって樹脂成形に起因する不具合はブラックボックスになる。

3.5.1 射出成形法

ABS樹脂のような熱可塑性樹脂は加熱すると結晶質（または非晶質）の固体領域からガラス転移領域を経て溶融領域に達し，粘性が低下して流動性を示す。溶融した樹脂を金型に流し込んで固化（冷却）させ，目的とする形状の製品を成形する。原理的にはチョコレートを型に流し込んで作るのと同じである。このような一連の過程を自動化したのが成形機と呼ばれる装置である。成形法には種々の方法があるが，ABS樹脂を成形する場合，射出成形法が一般に用いられる。射出成形はスクリューを備えたシリンダーの先端にペレット状の樹脂を溶融させて貯め，スクリューを一挙に前進させて先端ノズルから金型キャビティー（金型の隙間）に樹脂を充填し，成形する方法である。成形条件として成形温度，樹脂温度，金型温度，射出速度，射出圧力，射出時間，型締め圧力，および冷却保持時間などのパラメータがあり，成形した樹脂製品の物性を支配する。

3.5.2 射出成形する際の樹脂相組織に及ぼす樹脂冷却の効果

溶融した樹脂は固化する際，樹脂の流動層と固化層（スキン層）の境界で流動層の流れ方向に樹脂分子が配向し，分子が引き延ばされる（分子配向現象）。金型温度が樹脂の冷却速度（固化速度）を決める。金型表面では冷却速度が速く，成形品の中心部に近いほど遅い。冷却速度が異なると樹脂の相組織（結晶相）の大きさが異なる。一般に，冷却速度が速いと相組織が小さくなって延性が良くなり，冷却速度が遅いと相組織が大きくなって（結晶化度が上がる）強度は増すが，脆性化傾向を示す。

射出成形の場合，溶融した樹脂は金型表面で冷却・固化されながら金型キャビティーに充満するので，分子配向現象が流動方向に生じる。もう少し詳しく述べると，溶融して噴出される樹脂の流動先端をメルトフロントと呼ぶが，メルトフロントは噴水のように四方に飛び散り（噴水効果），金型表面で固化する。このため，金型表面で固化層と流動層界面を生じて分子配向現象が起こる。このような挙動はABS樹脂表面のエッチング特性を変化させる可能性がある。めっき皮膜の付着性に及ぼす成形条件の影響は，ABS樹脂の成形厚みが厚く，金型温度（および樹脂温度）が高いほど，さらに低速の射出速度であると付着性に優れる。これらのことは，分子配向現象を抑制してABS樹脂が本来持つ相組織状態で成形しなければならないことを示唆している。

通常，ABS樹脂の相組織状態は透過電子顕微鏡で観察される。最近，低加電圧（0.5～1 kV）で観察できる走査型電子顕微鏡が開発されて威力を発揮している[4)]。低加速電圧のIn-lensシステ

第3章　塗装・めっき・植毛・真空成膜

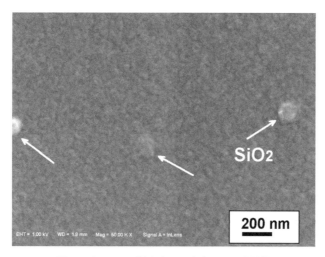

図2　ポリイミド樹脂表面の走査電子顕微鏡像
加速電圧1kV，無蒸着で観察した。図中の矢印はシリカ粒子（SiO_2）を示す。

ムによってポリイミドフィルム表面を無蒸着で観察した例を図2に示す。ポリイミドは誘電率が高いので無蒸着では観察できないが，適切な加速電圧を選択することでフィルム表面に分散したシリカ粒子も明瞭に観察できる。このような走査顕微鏡を用いてABS樹脂にめっきした断面を観察すると，樹脂／めっき皮膜界面だけでなく，ABS樹脂に分散するブタジエン粒子も見ることができ，的確な不良解析が期待できる。また，ABS樹脂には添加剤として酸化防止剤，潤滑剤（スリップ防止剤）などを配合すると共に，成形する際にも離型剤などの薬剤を用いる。これらの添加剤や薬剤がプラスチックめっき条件に影響する場合もある。プラスチックめっきは樹脂材料，成形，金型などの知識を持つことが重要となる。さらに詳細は専門書を参照して頂きたい。

3.6　プラスチックめっきプロセス―ABS樹脂へのめっき

　成形されたABS樹脂部品は冶具に取り付けられ，めっき処理される。図3はABS樹脂のめっき工程とその概要を整理したものである。めっき処理工程は［薬剤処理］→［水洗］が一つの単位工程を構成し，このような単位工程を処理目的に応じて連続的に配置したものである。例えば，図3の最初に示した［脱脂］→［水洗］が単位工程になる。このような単位工程の組み合わせは表面処理する際に独自の役割を果たす。以下に，プラスチックめっきを操作するために，重要な単位工程の役割を説明する。

プラスチック加飾技術の最新動向

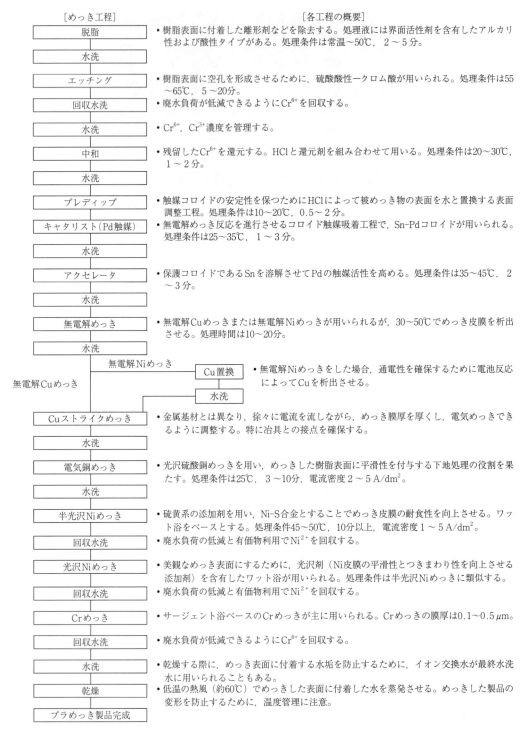

図3　ABS樹脂めっき工程

第3章　塗装・めっき・植毛・真空成膜

3.6.1　冶具

めっき用冶具は銅平角材を構造材とし，それにバネ性のあるステンレス鋼線をろう付けして塩化ビニル製のコーティング材で絶縁被覆したものが用いられる（図4(a)）。現場用語で冶具は"ラック"，または"タコ"と呼ばれることもある。図4(b)に示すように，電気めっきをする際に必要な電気接点を確実に取るために，製品は先端の尖った鋼線でバネを効かせてしっかり固定する。通常，鋼線の先端を尖らせるが，製品の形状によっては鋼線で挟み込むように固定する。電気接点部はめっき外観が劣るため，意匠面でない部位を用いる。エアーポケットになるような形状の製品ではポケットができないように液面に水平に固定する。固定状態が悪いと，めっき処理の途中で落下することがあり，めっき液などの処理液が不具合を生じる原因になる。また，鋼線のバネが効き過ぎると，処理液の温度によって樹脂製品が変形して寸法精度に影響することもある。冶具はめっきする製品に合わせて設計しなければならない。

一般に，冶具は一連のめっき操作が終了すると，接点に析出しためっき皮膜を剥離（電解剥離する）して再使用する。このような剥離操作を繰り返したり，クロム酸系のエッチングなどを通過すると，徐々に絶縁コーティング材が劣化する。特に，冶具の接点である鋼線とコーティングの間に隙間ができると，処理液が浸透して他の処理液を汚染する原因になる。冶具管理は品質管理として重要で，定期的に保守することが望まれる。

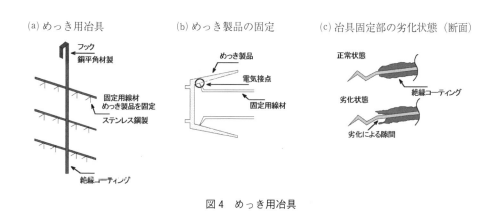

図4　めっき用冶具

3.6.2　脱脂工程

金属材料に比べて成形した樹脂表面は清浄な状態であるが，成形する際の離型剤が樹脂表面に付着している。また，移動や冶具に固定する際に手で触ったり，場合によっては大気雰囲気によって汚染されたりする。離型剤や指紋が付着した状態でABS樹脂製品をエッチング液に浸漬すると，

樹脂表面の濡れ性が均一でないために，不均一なエッチング状態になる。このような現象を回避するために脱脂を行う。一般に，脱脂剤はアルカリ性であるが，表面がある程度清浄であるため，金属とは異なり，酸性タイプを用いることもある。脱脂効率を上げるために，加温，循環，ろ過などの設備が必要になる。

3.6.3 エッチング工程

ABS樹脂表面に存在するブタジエン成分を酸化溶解すると（プラスチックめっきでは樹脂が酸化溶解することをエッチングと呼んでいる），無数の空孔が表面に生じる。工業的には，無水クロム酸として35〜40 $wt.$%を含有する高クロム酸系エッチング液が用いられ，エッチング速度が速いのが特長である。クロム酸系以外に，りん酸系および高硫酸系があり，高硫酸系のエッチング液は成形で生じる配向現象の影響を受けやすく，りん酸系はエッチング力が弱いので大量生産には不向きである。

高クロム酸エッチング液によるABS樹脂表面のエッチングの機構は，クロム酸のCr^{6+}がCr^{3+}に還元されると同時に，相手反応としてブタジエン成分が酸化されると考えられている。エッチング液はエッチングが進行すると，褐色から緑黄色に変化してCr^{3+}が生成することがわかり，Cr^{3+}濃度が増加するに従ってエッチング力は低下する。一般には，Cr^{3+}濃度を30 g/l以下で管理する。鉛電極は選択的にCr^{3+}をCr^{6+}電解酸化することができ，これをシステム化してCr^{3+}濃度を管理する電解装置が市販されている。また，溶解した樹脂成分によって液の粘度も上昇する。

ABS樹脂表面のエッチング状態は，クロム酸と硫酸の濃度以外に，温度と時間が大きく影響する。60℃の高クロム酸エッチング液でエッチングしたABS樹脂表面の経時変化を図5に示す。図から，樹脂表面に多くの空孔が形成していることがわかる。図5(b)の像（7.5 min）がほぼ適正なエッチング状態である。エッチング時間が10 minを超えると，表面が急速に粗化し，この状態をオーバーエッチングと称している。エッチングに及ぼす温度の効果も類似しており，1℃程度の温度差でエッチング状態が極端に変化する。したがって，エッチング液の温度は極めて厳密に制

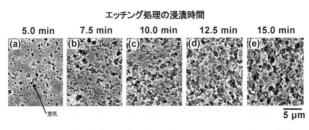

図5 ABS樹脂表面形態に及ぼすエッチング処理時間の影響
エッチング温度は60℃。

第3章 塗装・めっき・植毛・真空成膜

御しなければならない。さらに，エッチングを均一に行うためには撹拌が必要で，ポンプによる循環撹拌または空気による気泡撹拌が行われる。一方，エッチング工程を補助するために，プリエッチング工程をこの工程の前に設置する方法もある。プリエッチング工程は配向層を溶解して次工程でのエッチングを効率的にさせることを目的にしている。

クロム酸の回収システムは工業的には確立された技術で，イオン交換樹脂法による回収操作が主流である。工場運営者が秩序とモラルを持ってクロム酸を用いれば，廃水などへの環境負荷問題はない。しかしながら，近年，環境問題からクロム酸の使用が敬遠されている。ABS樹脂をエッチングするための酸化剤（酸化剤自体は還元する）として，クロム酸以外に有望な物質は重クロム酸と過マンガン酸である。この内，過マンガン酸を用いたエッチング液の開発が進行している。過マンガン酸は自己分解して非常に不安定で経時変化が激しいため，開発された過マンガン酸エッチング液は自己分解を抑制してエッチング能を高める工夫を行っている[5]。ABS樹脂のブタジエン成分は骨格に二重結合を，また，スチレンはベンゼン環に二重結合を持っている。このため，紫外線に対して耐光性が乏しい。耐光性試験で劣化した樹脂表面は図5の表面形態に酷似している。酸化チタンは紫外線域のバンドギャップを持つので光触媒性がある。ABS樹脂表面に酸化チタンを担持してUV光照射し，樹脂表面を改質する方法も検討されている[6]。

3.6.4 中和工程

図5に示すように，エッチングで粗化したABS樹脂表面は多孔質化しているので，水洗工程で孔内のCr^{6+}は完全には洗浄できない。また，治具の劣化によって浸透したCr^{6+}も問題になる。キャタリスト工程や無電解めっき液に強力な酸化剤であるCr^{6+}が混入すると，これらの工程の処理液を分解する可能性がある。このような問題を対策するために，塩酸酸性下で還元剤を用いてCr^{6+} → Cr^{3+}に還元する。還元剤にはヒドラジン系化合物が用いられる。

3.6.5 導電化の前処理―キャタリスト工程とアクセレータ工程

一般に，無電解めっきはめっき液の安定性を保つために還元剤の酸化反応が低く抑えられており，Pd，Ag，Ni，Cuなどのめっき触媒が必要になる。ABS樹脂表面で無電解めっき反応を効率よく開始できるように，めっき触媒をABS樹脂表面に吸着させなければならない。プラスチックめっきではめっき触媒としてPd化合物が一般に用いられる。ABS樹脂を導電化する準備工程としてキャタリスト工程とアクセレータ工程が触媒処理に相当する。

歴史的には触媒の吸着処理は大別すると二つある。一つはセンシタイジンク処理→アクチベーション処理で，もう一つは上述したキャタリスト処理→アクセレータ処理である。現在では特殊な場合を除いて，ABS樹脂めっきにはキャタリスト処理→アクセレータ処理が主に用いられる。

(1) センシタイジンク処理→アクチベーション処理

センシタイジンク処理液は塩化第一スズ（$SnCl_2$，5〜20 g/l）と塩酸（HCl，2〜10 ml/l）を

混合した溶液で，アクチベーション処理液は塩化パラジウム（$PdCl_2$, 0.2〜0.4 g/l）と塩酸（HCl, 1〜3 ml/l）を混合した溶液である。センシタイジング処理するために，エッチング処理したABS樹脂を30℃のセンシタイジング処理液に3 min浸漬し，$SnCl_2$を吸着させる。その後，40℃のアクチベーション処理に5 min浸漬すると，SnとPdが置換してPdが吸着した樹脂表面になる。この処理はPdの吸着量が少ないので，無電解ニッケルめっきする際にめっき皮膜が均一に析出せず，また，治具に吸着しやすい欠点が挙げられる。このような欠点を補う方法がキャタリスト処理→アクセレータ処理である。

(2) キャタリスト処理→アクセレータ処理

キャタリスト処理液は塩化パラジウム（0.2〜0.3 g/l），塩化第一スズ（10〜40 g/l），および塩酸（100〜200 ml/l）を混合し，80℃で数時間加熱して調製する。このPd-Snキャタリストの性状についてコロイド説[7]と錯体説[8,9]の二つがあるが，コロイド説が有力になった。コロイド説では，塩化パラジウムに比べて過剰の塩化第一スズを加えると，最初に多核体のPd-Sn錯体を形成してPd-Sn合金に還元され，さらに，このPd-Sn合金が殻となり，Sn^{2+}が安定化保護層としてその殻の周囲を取り囲んでPd-Snコロイドゾル粒子になる。図6に示すように，Pd-Sn触媒の透過電子顕微鏡（TEM）像から，粒子径2〜3 nmのコロイドであることがわかる。したがって，キャタリスト処理液はPd-Sn合金（Pd_3Sn）によるコロイド状のナノ粒子から構成され（以後Pd-Sn触媒と示す），正電荷を帯びた状態であると推測される。エッチング工程においてABS樹脂表面ではアクリロニトリル－スチレンマトリックスが酸化されてカルボキシル基（-COOH基）を形成することがX線光電子分光（XPS）と赤外線吸収の測定によって確かめられている[10]。おそらく，

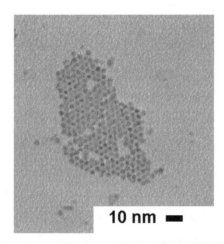

図6 Pd-Sn触媒コロイド粒子の透過電子顕微鏡像
マイクログリッドにコロイド粒子を担持して観察した。

第3章　塗装・めっき・植毛・真空成膜

正電荷を帯びたPd-Sn触媒は表面に生成したカルボキシル基などの負電荷の部位に吸着すると考えられる。図7はPd-Sn触媒がポリイミド樹脂に吸着した状態を示す。図の黒斑点がPd-Sn触媒で，20〜30 nmの凝集体として吸着することがわかり，同様な結果がTEMでも確認されている[11]。

キャタリスト処理したABS樹脂表面をXPS分析した。図8はSurvey scanスペクトルである。ABS樹脂からはC 1s，N 1sが得られた。Sn，Pd，およびClの光電子ピークはキャタリスト処理による。O 1sピークは比較的大きいが，そのピークの起源は樹脂と触媒層とによる。XPSは最表面から5 nm程度の厚みを分析することができる。図から明らかなように，ABS樹脂成分であるN 1sピークが現れるので，触媒層の厚みは5 nm程度と推定される。触媒層はXPSスペクトルでSn 3dピークが主で，Pd 3dピークは小さい。これはキャタリスト溶液に含まれる遊離したSn^{2+}がその後の水洗工程で水酸化スズとして表面に付着するためである。

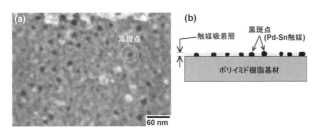

図7　(a)ポリイミド樹脂表面に吸着したPd-Sn触媒層の走査電子顕微鏡像，および(b)その模式図

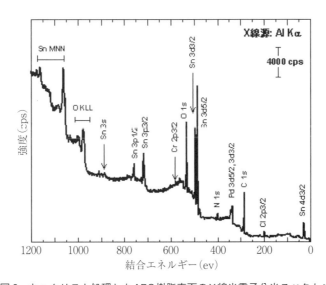

図8　キャタリスト処理したABS樹脂表面のX線光電子分光スペクトル

このようにキャタリスト処理液によって形成したPd-Sn触媒層で水酸化スズはPdのめっき触媒活性を抑制するので，そのままでは無電解めっき反応が充分な速度で開始しない。アクセレータ処理でPd-Sn触媒層のSnを溶解してPdを主成分とするようにPd触媒を活性化する。この処理によって最終的に無電解めっきに適した表面が調整される。アクセラレータ処理液組成として5〜10 $wt.$%硫酸，5〜10 $wt.$%塩酸，またはそれらの混合酸，硼ふっ酸などを用いる。他のめっき触媒としてはPd-Cuコロイド，Agコロイドなどが研究されPd-Sn触媒の代替として提案されている[12, 13]。

3.6.6 導電化処理―無電解めっき

3.1で述べたように，無電解めっきは，めっき液に加えた還元剤が酸化分解し，その際に放出される電子を金属イオンが受け取り（すなわち，還元が起こり），金属皮膜が析出する。この間，酸化と還元が同じ表面で起こる。このように，無電解めっきは，皮膜析出に外部電源を用いず，溶液内での酸化還元反応で進行するので，化学めっきとも呼ばれる。めっき反応を一度開始すると，めっき皮膜が還元剤の酸化触媒になって析出反応が継続する。無電解めっき液は，めっきする製品が液に浸漬された場合に限って析出反応が進行するように設計され，金属の析出は自発的に起こらない。したがって，めっき液は化学的に安定で，めっき触媒が必要になる。無電解めっき皮膜は触媒が吸着した樹脂表面に均一に析出するので皮膜の付きまわり性に優れるが，析出速度が電気めっきに比べて遅いのが欠点になっている。

プラスチックめっきに用いる無電解めっきの種類は銅またはニッケルめっきで，前者にはホルマリン，後者には次亜りん酸ナトリウムが還元剤として用いられる。一般に，還元剤の酸化反応は高温条件または高pH条件で促進される。例えば，一般の無電解ニッケル液はpHが約5で，皮膜の析出温度は90℃である。ABS樹脂は70〜80℃程度で熱変形が起こるので，高温で操作する無電解めっき液を用いることができない。プラスチックめっきでは皮膜が60℃以下で析出する無電解めっき液を用い，めっき液のpHを高くして反応性を確保している。電気めっきに比べると，無電解めっき皮膜の析出速度は遅いので，導電化する際にはめっき皮膜の厚みは0.2〜0.3 μmである。このような膜厚で電気めっきを施すことが可能になる。無電解めっきではそれ以上に，樹脂表面を均一な膜厚で被覆することが重要になる。

現在，工業的によく用いられるのは無電解ニッケルめっき液である。無電解銅めっきと比べると，無電解ニッケルめっきは液の安定性（自己分解しない）がよく，めっき欠陥が少ない。しかしながら，めっき層間での付着性がやや劣り，腐食によるめっきのふくれが発生しやすい欠点もある。

第3章 塗装・めっき・植毛・真空成膜

3.6.7 電気めっき処理

(1) 電気めっきの基礎

電気めっきの基礎知識を最初に述べる。金属の析出量は流れた電気量（電流と時間の積）に比例し，これをFaradayの法則という。実際の金属析出量がこの法則の理論値に一致する場合に，電流効率は100％と定義される。電流効率はめっき液の種類で異なり，電流効率とめっきする際の電流密度がわかれば，めっき皮膜の膜厚を見積もることができる。銅およびニッケルめっきは電流効率がそれぞれ100％，クロムめっきは約10％である。Faradayの法則とこれらの電流効率を組み合わせてめっきの析出速度はCuで0.211，Niで0.205，Crで0.077 $\mu m \cdot min \cdot (A/dm^2)$ となる。めっきで最もやっかいな問題は電流分布である。電流分布が不均一であるとめっき皮膜の膜厚分布はそれに応じて変化する。電流は尖った部分に集中する性質があり，このような部位はその他の部位に比べて電流密度が増大する。電流分布の影響によって一つの冶具の中では外側に電流が集中して電流密度が高くなり，冶具の中央に向かうに従って低くなる。また，陽極に面する部位は電流密度が高くなり，反対の部位では低くなる。したがって，樹脂部品を取り付ける接点の数，間隔，また，陽極の配置など工夫する必要があり，場合によっては遮蔽板や補助陽極などを用いて電流分布を均一に改善する。なお，最近ではめっき膜厚に及ぼす電流分布の影響をコンピュータによってシミュレーションすることができる[14]。

電気めっき前のABS樹脂表面はエッチングで粗化された表面形状を維持している。このような表面に電気めっきを施す場合，めっきを単に行っても光沢が良く，平滑な皮膜は得られない。表1に示すように，添加剤と呼ばれる薬剤を適量添加しなければならない。めっき用添加剤は，別名として光沢剤とも呼ばれる。字のごとくめっき液に加えると格段に光沢に優れるめっき皮膜が得られる。添加剤には1次系または2次系と呼ばれる2種類があり，それらが相乗的に作用して平滑で光沢性に優れためっき皮膜を得る。めっき皮膜が低電流密度から高電流密度までの範囲で被覆できる能力を付きまわり性（スローイングパワー）と呼ぶ。1次系添加剤はめっき皮膜の応力を緩和し，付きまわり性を改善するが，光沢を付与する能力はほとんどない。凹凸のある表面を平滑にすることをレベリングというが，2次系添加剤はレベラーとも称され，その役割は平滑で光沢のあるめっき皮膜を形成する作用である。2次系添加剤は，凹凸のある表面において凸部に吸着してめっき皮膜の析出を抑制するので，結果として凹部で析出が促進されることになる。2次系添加剤の欠点はめっき皮膜を脆化し，付きまわり性を低下させる。したがって，1次系および2次系添加剤を最適な添加量で管理しなければならない。適切な添加量の添加剤を含んだめっき液において添加剤は過電圧（めっきが析出する電位で，平衡電位との電位差を示す）の電流密度依存性を小さくするので，光沢のある平滑なめっき皮膜が広い電流密度範囲で得られる。

表1 代表的な電気めっき液組成とそのめっき条件

成分	電気めっき浴組成					
	硫酸銅めっき浴		Niめっき浴		Crめっき浴	
	標準濃度	管理濃度	標準濃度	管理濃度	標準濃度	管理濃度
$CuSO_4 \cdot 5H_2O$	200 g/l	150〜300 g/l				
H_2SO_4	50 g/l	30〜100 g/l				
Cl^-	50 mg/l	40〜120 mg/l				
$NiSO_4 \cdot 6H_2O$			280 g/l	225〜300 g/l		
$NiCl_2 \cdot 6H_2O$	—		45 g/l	37〜53 g/l	—	
H_3BO_4			40 g/l	30〜45 g/l		
CrO_3					200 g/l	100〜300 g/l
SO_4^{2-} または F^-	—		—		1 g/l	1〜5 g/l
pH	<2.0	<2.0	4.2	3.5〜4.5	<1.0	<1.0
添加剤	適量		適量		—	
めっき条件						
温度	25℃	20〜30℃	50℃	45〜65℃	40℃	35〜50℃
電流密度	3 A/dm^2	2〜7.5 A/dm^2	3 A/dm^2	2〜11 A/dm^2	5 A/dm^2	3〜15 A/dm^2

(2) 銅ストライクめっき

導電化処理した樹脂表面に大きな電流をいきなり流すと，それが過電流となって冶具との接点部分がスパークする。これを防ぐために，導体の厚みを増すことを目的にストライクめっきを行う。ストライクめっきは時間と共に電流値を徐々に増加させるソフトスタート法，または低い電流密度で電解する低電流電解法で行う。ABS樹脂製品と冶具の接点は意匠面を避けるために，部品の裏面に取る場合が多い。一つの製品の中で，接点部は低電流密度の部位になる。硫酸銅めっき液は皮膜が析出する過電圧が小さく，硫酸濃度によって液の電導度を高められるので，比較的低い電流密度から皮膜析出を開始する。このような特性のために硫酸銅めっき液がストライクめっきに用いられる（表1）。なお，プラスチックで行われるストライクめっきは，鉄素材や亜鉛ダイカストなどで行われるストライクめっき（基材表面の洗浄とめっき皮膜の付着性を改善するためのめっき方法）と全く条件が異なることに注意して頂きたい。

(3) 電気めっき工程─銅，ニッケル，クロムめっき

プラスチックめっきでは電気めっきとしてCu-Ni-Crの三層めっきが一般に用いられる。表1に代表的な電気めっき液とその条件を示す。電気めっき以降の工程はプラスチックめっきに独特ではなく，金属の電気めっき工程と全く同じである。クロムめっきは環境問題で見直しされる動向があり，色調などの問題からCr^{6+}濃度を抑えたCr^{6+}-Cr^{3+}のクロムめっき浴などが採用されつつある[15]。なお，意匠性を重視する場合，金めっき，梨地めっき，黒色合金めっきなどがクロム

第3章 塗装・めっき・植毛・真空成膜

めっき工程に代わって施される。また，場合によってはUV型やウレタン系の塗膜がめっきの保護としてさらに施される。

ABS樹脂めっきは意匠性を重視するので，めっき皮膜の不具合は致命的になる。図9はABS樹脂製品をめっきした際に発生した不具合例である。めっき皮膜のクラックは樹脂の歪みによって発生する場合，またはめっき皮膜の応力によって発生する場合がある。図9(a)の場合は，おそらく，樹脂の歪みによって発生したと推定される。図9(b)に示しためっき表面を触診すると，"ざらざら"といった感覚を与える。このような現象を"ざら"と現場用語では呼んでいる。同じように見える"ざら"でも原因が異なり，例えば，めっき液に浮遊する粒子が原因する場合，またはめっき皮膜の異常析出に原因する場合などがある。図9(b)は断面像から銅めっき皮膜で異常が発生したことがわかる。的確に原因を調べてそれに対応した不具合対策を行わなければならない。このように，プラスチックめっきでは成形からめっき技術までのプロセス全体を把握しなければならない。

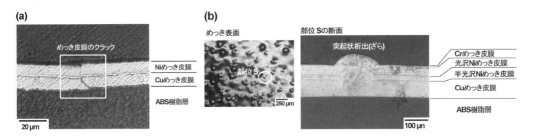

図9 プラスチックめっきで発生するめっき皮膜の不具合例

3.7 おわりに

プラスチックめっきはめっき技術の中で最も難しい技術である。表面処理には「1級外観」，または「2級外観」といった現場用語がある。1級外観は明るい場所（太陽光）で表面処理した製品表面を斜めからすかして見上げ，外観欠陥が全くない状態を意味する。当然，評価する際の目線は製品表面とほぼ同じ位置に取る。プラスチックめっきした部品は自動車のエンブレム，グリル，またはオーディオ機器のパネル，つまみなどの外観部品で，当然，求められるのは「1級外観」である。高度な要求から，プラスチックめっきは不良率が高く，簡単に2～3割に達する。めっき技術者は樹脂材料の特性，成形技術からめっき技術まで幅広い知識を要求され，広範な知識が必要になる。

文　献

1) 井出文雄,実用プラスチック辞典,実用プラスチック辞典編集委員会編,産業調査会,p.721（1994）
2) 有方広洋,射出成形加工の不良対策,日刊工業新聞社,p.1（2003）
3) 有方広洋,プラスチック成形加工基礎と実務,日刊工業新聞社,p.111（2005）
4) 清水健一,立花繁明,三谷智明,幅崎浩樹,表面技術,**57**,622（2006）
5) 吉兼祐介,長尾敏光,吉川純二,佐藤一也,第115回表面技術講演大会予稿集,71（2007）
6) 別所毅,田代雄彦,杉本将治,本間英夫,エレクトロニクス実装学会誌,**9**,147（2006）
7) R. L. Cohen, K. W. West, *J. Electrochem. Soc.*, **120**, 502（1973）
8) A. Rantell, A. Holtzman, *Plating*, **61**, 326（1974）
9) Y. H. Wang, C. C. Won, *Plating and surface Finishing*, **69**(8), 59（1982）
10) 吉川純二,長尾敏光,吉兼祐介,村田俊也,小林靖之,藤原裕,第117回表面技術講演大会予稿集,285（2008）
11) T. Osaka, H. Takematsu, *J. Electrochem. Soc.*, **127**(5), 1021（1980）
12) S. H.-Y. Lo, Y.-Y. Wang, C.-C. Wan, *Electrochimica Acta*, **54**, 727（2008）
13) Y. Fujiwara, Y. Kobayashi, K. Kita, R. Kakehashi, M.Noro, J.-i. Katayama, K. Otsuka, *J. Electrochem. Soc.*, **155**, D377（2008）
14) 小原勝彦,表面技術,**50**,416（1999）
15) T. Murakami, *Plating & Surface Finishing*, **96**(6), 36（2009）

プラスチックめっきおよび金属めっきに関する書籍

川崎元雄,小西三郎,土肥信康,中川融,林忠夫,光村武男,実用電気めっき,日刊工業新聞社（1980）
神戸徳藏,伊勢秀夫,無電解メッキ・電鋳,槙書店（1972）
青谷薫,今井雄一,河合慧,プラスチックメッキ,槙書店（1974）
春山志郎,技術者のための電気化学,丸善（2001）
電気鍍金研究会,次世代めっき技術―表面技術におけるプロセス・イノベーション,日刊工業新聞社（2004）
電気鍍金研究会,めっき・表面処理無電解めっき―基礎と応用,日刊工業新聞社（1994）
電気鍍金研究会,機能めっき皮膜の物性,日刊工業新聞社（1986）
電気鍍金研究会,環境調和型めっき技術―表面技術におけるマテリアル・イノベーション,日刊工業新聞社（2004）
めっき技術マニュアル編集委員会,めっき技術マニュアル　JIS使い方シリーズ,日本規格協会（1987）
榎本英彦,小見崇,合金めっき,日刊工業新聞社（1987）
榎本英彦,中村恒,電子部品のめっき技術,日刊工業新聞社（2002）
D. Pletcher, "Industrial Electrochemistry", Chapman & Hall（1984）
M. Schlesinger, M. Paunovic, "Modern Electroplating", 4th Edition, Wiley-Interscience（2000）
L. J. Durney, "Electroplating Engineering Handbook", Chapman & Hall（1996）

F. A. Lowenheim, "Electroplating: Fundamentals of Surface Finishing", Mcgraw-Hill（1977）
M. Paunovic, M. Schlesinger, "Fundamentals of Electrochemical Deposition", Wiley-Interscience（1998）
Canning, "The Canning Handbook Surface Finishing Technology", E. & F. N.Spon Ltd（1982）
例えばR. E. Tucker, "74 th Guidebook and Directory", Metal finishing（2006）

4 真空成膜による加飾

千葉 忍*

4.1 はじめに

真空成膜技術は，我々の身近なところで様々に応用されている。加飾分野においては，携帯電話，デジタルカメラ，デジタルオーディオプレイヤー，カーナビなどのデジタル電子機器の部品に応用されている。真空成膜技術は加飾分野で以前より活用はされているが，最近では単なる加飾だけではなく，「加飾＋加飾以外の付加価値」が求められるケースが多くなっている。ここでは，真空成膜技術がどのようなところに応用されているか，その機能と併せて紹介する。

4.2 真空成膜技術

真空成膜技術には，PVD（物理気相成長：Physical Vapor Deposition）法とCVD（化学的気相成長：Chemical Vapor Deposition）法がある。PVD法は真空中で中性またはイオン化された粒子を基板上に凝縮させ，薄膜を形成する方法である。一方CVD法は，気体の化合物を，熱，プラズマ，光エネルギーを与えることで，分解，化合，重合などの化学反応により薄膜を形成する方法である。図1にこれらの代表的な成膜方法の分類を示す。ここでは，PVD法に着目し，その成膜方法を紹介する。

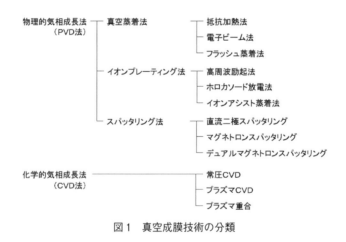

図1 真空成膜技術の分類

---

* Shinobu Chiba　CBC㈱　CBCイングスカンパニー　製造本部　三島事業部　OPT Labo. 課長

第3章　塗装・めっき・植毛・真空成膜

4.2.1　真空蒸着法

　真空蒸着法は薄膜材料に熱エネルギーを加え，蒸発または昇華させて基板上へ凝縮により薄膜を形成する方法である。図2に真空蒸着装置の概略図を示す。真空蒸着装置は，主に真空槽，真空ポンプ，蒸発源，シャッター，基板ホルダーから成っており，その用途によって，それぞれ設計して製作している。

　薄膜材料を加熱する方法は，抵抗加熱法と電子ビーム法が主流となっている。抵抗加熱法は，タングステンやモリブデンなどを蒸発源ヒーターとして用い，そこに電流を流すことによって蒸発させる方法である。この蒸発源ヒーターには，ボート型やフィラメント型など様々な形状があり，蒸発材料の種類とその量によって選択される。一方電子ビーム法は，熱電子を加速して蒸発材料に衝突させ，電子の運動エネルギーを熱に変換して蒸発させる方法である。この電子ビーム法は，不純物の混入が少なく，高融点材料の蒸発が可能であるというメリットがあるが，抵抗加熱法に比べコストが高くなってしまう。

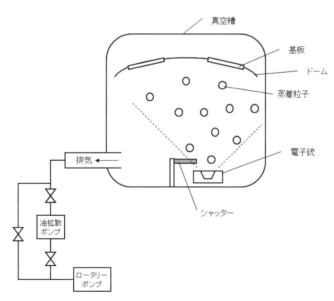

図2　真空蒸着装置の概略図

4.2.2　イオンプレーティング法

　イオンプレーティング法は真空中でプラズマを発生させ，そのプラズマ中で蒸着する方法である。このイオンプレーティング法は1964年にアメリカのMattoxらによって考案された成膜法であ

る。彼らはアルゴンプラズマ中で金属を真空蒸着することにより，通常の真空蒸着法で形成される膜よりも緻密で且つ付着力の強い膜が形成されることを見出した。真空中でイオン化された蒸発粒子は，基板に到達したときに運動エネルギーの大きさによって，基板表面を自由に動き回ったり，イオンの衝突によって基板上の原子や分子を飛び出させたり（スパッタリング現象），イオンとなって基板の中に入り込んだり（イオン注入現象），様々な現象を引き起こす。そしてこのイオンプレーティング法は，蒸発粒子がプラズマ化することにより，蒸着中に化学反応が起こり，蒸発材料が金属でも酸化物や窒化物などの化合物薄膜を形成することができる。すなわち，酸素プラズマや窒素プラズマ中で金属材料を蒸着すれば酸化化合物，窒化化合物が成膜できる。これを反応性イオンプレーティング法と呼び，広く利用されている。イオンプレーティング法には，高周波プラズマを発生させる高周波励起法（RF法），HCD（Hollow Cathode Discharge）型電子銃を用いたホロカソード放電法（HCD法），イオン源により基板表面にガスイオンを照射させながら蒸着を行うイオンアシスト蒸着法（IAD法）などがある。

4.2.3 スパッタリング法

　図3に基本的な直流（二極）スパッタリングの動作原理を示す。スパッタリング法は高エネルギーの粒子を薄膜の母材（ターゲット）にたたきつけることにより，母材の構成原子や分子がターゲット表面からたたき出され，それらを基板表面上に堆積させる方法である。真空槽内にアル

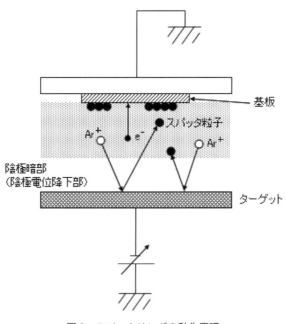

図3　スパッタリングの動作原理

ゴンなどのスパッタガスを導入してプラズマを発生させると，アルゴンイオンが生成されこれが高エネルギー粒子となる。

　スパッタリング法にはこの直流二極スパッタリングの他，代表的なものとして高周波スパッタリング法やマグネトロンスパッタリング法，デュアルマグネトロンスパッタリング（DMS）法がある。高周波スパッタリングは高周波電源（13.56 MHz）を用いて放電する方法で，直流スパッタではスパッタすることのできない絶縁物材料のスパッタリングが可能である。マグネトロンスパッタリング法は，ターゲットの裏側に磁石を装着してターゲット表面に漏洩磁界を発生させてスパッタリングを行う方法である。そうすることによりターゲット表面からたたき出された二次電子は，ローレンツ力によってターゲット表面をドリフト運動し，磁場の影響によって電子の寿命が長くなり，低圧力で高速スパッタリングが可能になる。また，デュアルマグネトロンスパッタリング法は，2つのカソードを持ち，各々がアノードの役割をすることで酸化物や窒化物の高速成膜が可能である。

4.3　真空成膜を利用した加飾技術
4.3.1　膜の種類
(1)　金属膜

　加飾に利用される金属膜はAl，Crが主流である。これら以外にも利用される用途に応じて，金属膜の特性や金属の色感を考慮して他の金属膜が使われることもある。特にAl膜は可視光域において一様に反射率が高いため好まれて使われるケースが多い。またこの金属膜の場合，その使われる場所のデザイン性から光を透過しないミラーと光を透過するハーフミラーとがある。ハーフミラーの場合はLEDなどを裏側に設けることにより，点灯時にのみ光が透過するようなデザインで使われる。また，LEDではなくカメラを搭載することで，防犯目的として利用されるケースもある。

(2)　不連続膜

　不連続膜とは，基板表面に形成される膜が連続していない膜のことを言う。写真1にSn不連続膜の走査型電子顕微鏡（SEM）の表面像を示す。表面を拡大してみると，このように一連の"膜"ではなく無数の"島"が存在している。これを島状構造と呼ぶ。この島状構造には島と島の間に隙間があるために，見かけ上は金属のコーティングをしているように見えるが，表面の導電性がないという特徴がある。また光も多少透過するのでハーフミラー調となる。この不連続膜に使われる材料はSn，Inがほとんどで，静電破壊による内部基板の損傷を防ぐため電子機器のキーボタンや，電波特性に悪影響を及ぼさないとして携帯電話の部品に多く採用されている。

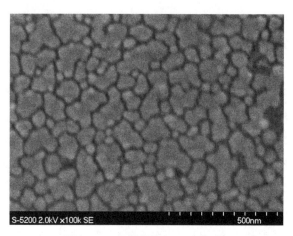

写真1　Sn不連続膜のSEM表面像

(3) 光学多層膜

光学多層膜には，反射防止膜，ダイクロイックミラー，近赤外線カットフィルターなどがある。TiO_2やZrO_2などの高屈折率材料薄膜とSiO_2などの低屈折率材料薄膜を交互に積層することで，ある一定の波長範囲の透過率・反射率を制御する技術である。

光は電磁波の一種で，人の目で唯一見える光が可視光である。可視光の波長は380〜780 nmの範囲で，その波長によって光の色が決まっている。図4に光の波長と色の関係を示す。一般的に光というと白色光であるが，この白色光は各色の波長が合成されていて光が白色に見えることから白色光と言われている。この光学多層膜の技術を利用して，白色光が物質に当たったときの反射する光を制御すれば，その反射光に色が人の目で認識され，それが物質の色として見える。具体的に言うと，白色光が物質にあたったときに，青色の光を反射すれば，その反射光は青いので物質が青く見えるということである。

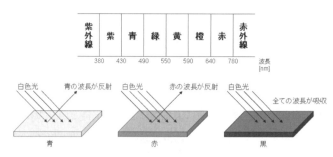

図4　光の波長と色の関係

第3章　塗装・めっき・植毛・真空成膜

4.3.2　プラスチックへの加飾

　加飾するプラスチック部品は，人の見える箇所で人の手に触れる場所に使われるケースがほとんどである。したがってさらなるデザイン性，機能性を向上させるために真空成膜技術の他に，塗装技術やレーザー技術，印刷技術，切削技術などを複合してプラスチック部品を加飾加工することがほとんどである。真空成膜される膜は数nm～数百nmと非常に薄く，加飾膜の耐久性を保つには特に塗装技術は重要となってくる。塗装といっても様々な方式があるが，真空成膜技術を用いた加飾分野では，紫外線（UV）硬化型の塗装が主流となっている。またこの塗装技術の役割は耐久性を保つためのオーバーコート以外にも，基材との密着性や光沢感を向上させるためのアンダーコート，メタリック調のカラーリングやレーザー加工時の保護膜としてのミドルコートの役割も重要になっている。

4.4　応用事例

　図5に加工例を，写真2にプラスチック加飾したサンプルを示す。

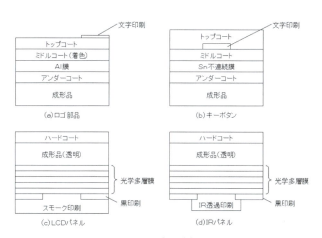

図5　加工例

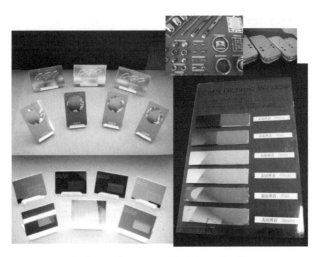

写真2　プラスチック加飾サンプル例

4.4.1　キーボタン

キーボタンは携帯電話機やオーディオプレイヤーなどの操作キーで，メタリック調の加飾が人気である。キーボタンの下には電子基板回路が組み込まれているので，静電破壊を防止するため不連続膜が採用されている。

4.4.2　LCDパネル

従来のLCDパネルは透明なものが大半であるが，携帯電話機などの背面液晶部分については，機器全体のデザイン性を重視して，ボディーカラーに合わせた加飾を施すケースが増えている。

4.4.3　IRパネル

IRパネルは携帯電話機などの赤外線通信部に使われる部品のことである。従来は赤外線透過樹脂を成形して作られるが，その色調は青黒くカラーのバリエーションがなかった。しかし最近では透明樹脂を利用し，機器のボディーカラーに合わせてカラーリングが可能になった。この部品は通信帯となる赤外域は透過させる必要があるため，光学多層膜の技術を利用して加飾している。

5 静電気植毛加工による加飾

小池幸徳*

5.1 はじめに

皆さんは静電気植毛加工（植毛塗装）とはどの様な加工技術かご存知だろうか？加工技術の名前からして人間の頭に植える植毛と同じと思われないだろうか。実は人間の頭に植える植毛ではなくプラスティック，金属，木材などの基材に高密度で毛を植える技術のことである。人間の頭髪の密度は1cm^{2}当たり数百本と言われているが，静電気を利用した静電気植毛加工技術を用いれば，プラスティック，金属，木材などの基材の表面に対し1本の0.3mm～4.0mmの短繊維（パイル）を直立して植えることが可能になる結果，植毛密度は1cm^{2}当たり数千本に達する。

植毛製品には多数のパイルが直立して植えられているために，素材自身では得られない繊維独特の風合いや触感および効能が付与され，自動車内装部品，装飾品などの製品に広く利用されている。ここでは静電植毛加工技術の原理，プロセス，応用製品について解説する。

5.2 静電植毛加工の原理

植毛加工品は図1に示すように，被植毛物体，接着剤，パイル（短繊維）から構成されている。よって静電植毛加工とは，被植毛物体に対し接着剤を塗布し，これに強い電界を掛けてパイルを植え付けビロード状の仕上がりを得る表面加工技術である。静電植毛で，数万ボルトの強い電界を利用してパイルを植毛する様子が，プラスティックの下敷きなどを擦って起こる静電気にて小さなゴミが吸いつけられる現象と同じ原理によって行われることから，静電気植毛加工（FLOCK）とも呼ばれる。

パイルを直立して植えるためには，図2に示すように，接着剤が塗布された被植毛物体を電極板の上方にセットした後，高電圧を印加して電界を形成させる必要がある。電極板上に載せたパ

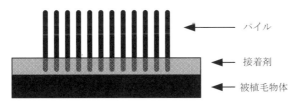

図1　静電気植毛加工品の構造

---

*　Yukinori Koike　㈱三和セイデン　代表取締役

プラスチック加飾技術の最新動向

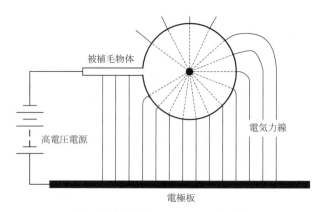

図2　静電植毛加工における電気力線

イルは，電源により荷電された後，電界中でクーロン力を受け，上方へと飛翔し始める。飛翔過程において，電気力線に沿うような姿勢で，被植毛物体へと向かって行き，接着剤層に垂直方向に植えられる。したがって，植毛加工品においては，図1に示すように，パイルが規則正しく整列することになる。

5.2.1　クーロンの法則

全ての物質の最小単位である原子は，＋電荷の原子核と－電荷の電子によって構成され，電気的に安定した状態を保っている。

この電荷を持ったもの同士が引き合ったり，反発しあったりする力をクーロン力といい，式(1)で表す。

$$F = 9 \times 10^9 \times Q_1 Q_2 / r^2 \ (N) \tag{1}$$

これは，「2つの電荷の間に働く静電気力（F）ニュートンは，電荷量（Q_1, Q_2）クーロンの積に比例し，距離（r）メートルの二乗に反比例する」ことを表す。

電荷は電界を形成し，電界はその電界内にある物体に静電気力を及ぼす。この力は式(2)で求めることができる。

$$F = QE \ (N) \tag{2}$$

これは，電荷量 Q（C）の帯電物体が電界 E（V/m）の中で受ける力 F（N）を表す。

5.2.2 電気力線，静電誘導，分極

静電気植毛加工は「電気力線は導体の表面に垂直に出入りする」という性質を最大限に利用した技術である。

電界中にあるパイルは，図3のように静電誘導によって分極し，電気力線に沿って飛翔する。

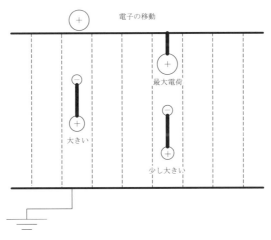

図3　電気力線，分極

5.3　静電植毛加工プロセス

静電植毛加工プロセスを図4に示す。治具に取り付けた被植毛物体に，スプレーガンなどで接着剤を塗布する。この際，接着剤の密着性を向上させるために，被植毛物体の表面処理を行うこともある。また，植毛加工したくない部分にはマスキング処理を行う。接着剤塗布の直後に植毛槽の中で植毛加工を行う。パイルを飛翔，植毛させるために，50 kV前後の直流高電圧を使用する。植毛加工後に乾燥工程に送り，温風やヒーターにより接着剤の加熱硬化を行う。加熱後，接着剤層に植毛されずに植毛加工表面に付着していた余剰パイルを加振やエアーブラシにて除去する。その後，マスキング処理，または治具に取り付けられた製品を外し，ブラシ掛けによりパイ

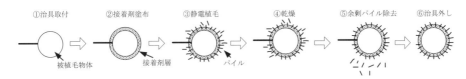

図4　静電植毛加工プロセス

ルを除去して製品が完成する。

5.3.1 接着剤塗布

接着剤の塗布には，大別してスプレーコート，プリントコート，ロールコートの三通りの方法がある。

(1) スプレーコート

スプレーガンを用い立体的な対象物に対して行われる塗布方法である。部分的に植毛加工をしたくない部分がある場合は，その部分にマスキングテープを貼ったり，マスキング治具を当てたりして塗布する方法である。

(2) プリントコート

平板な対象物に対して行われる塗布方法で，ポスターなどの絵柄を植毛する場合に，スクリーン印刷の技法によって接着剤を塗布し，その塗布された部位にだけ静電植毛が施される方法である。

(3) ロールコート

棒状の対象物の特定の部位にだけ接着剤を塗布するための比較的小型のロールコーターと，平面広幅長尺の対象物全体に接着剤を塗布する大型のものがある。

5.3.2 静電気植毛に利用される接着剤

静電気植毛加工の品質における最も重要な要件である接着強度は，被対象物に対する皮膜形成後の接着強度である。したがって，接着剤の選定が重要なポイントになる。ポリプロピレンなど接着強度の得にくい対象に対しては，事前にプライマー塗布などの前処理が行われる。また，紙や木などの水分を吸収しやすい対象物に対してはニスの下塗りなどをして接着剤の吸収を防ぎ植毛強度の低下を防ぐ。被対象物と接着剤の接着強度と同時に重要なファクターが植毛強度である。植毛強度は接着剤の皮膜に投錨されたパイルが強く固定されていることを示す。まず第一に，接着剤とパイルの相性を確認しなければならないが，ここで重要なことは，接着剤塗布から植毛作業に要する時間である。接着剤には，水溶性と溶剤系があるが，何れの場合も水分の蒸発，あるいは溶剤の揮発に伴って接着剤層の表面に，塗布直後から表皮の皮膜形成が始まる。したがって，接着剤塗布から植毛加工作業までの時間はできる限り短くしなければならない。しかし，対象物が大きいなど，この間の時間を要する場合は，皮膜形成の遅い接着剤を選定するか，遅乾剤を添加するなどの方法をとる。

植毛加工に利用される接着剤は，このように被対象物との密着，パイルとの相性，塗布後の皮膜形成時間などの条件を満たした接着剤を選定して利用されている。

(1) 静電気植毛における接着剤の特徴

接着剤で接着させるもの同士のことを被着材という。静電植毛用の接着剤は被対象物とパイル

の2つの被着材を接着させるのが目的である。静電気植毛における接着剤は次の点で通常の接着剤とは異なる。

① 接着後，2つの被着材同士に圧力がかけられない。
② 平面物の基材に立体物のパイルを接着させるので，接着剤塗布後の膜厚が多くなるように粘度が高い。
③ 接着剤の表面が皮張りしてパイルの突き刺さりが悪くなるのを防ぐため，接着剤塗布後はただちにパイルを投錨する必要があり，接着剤も皮張りの遅いタイプでなければならない。
④ パイルの投錨中には，接着剤の表面にイオン風が当たり，接着剤の表面が皮張りしやすく，上記③同様に皮張りの遅いタイプでなければならない。
⑤ 接着剤塗布後の膜厚を厚くできないタイプは，接着不良のみならずパイルの密集度が悪くなる。
⑥ 接着剤塗布後の膜厚を厚くできるタイプでも，接着剤がパイルに染み上がるなど，問題のあるタイプは利用できない。

(2) 溶剤型接着剤と水溶性接着剤

静電気植毛用の接着剤には，溶剤型と水溶性とがある。

溶剤型接着剤には，ウレタン系とエポキシ系とがあり，いずれも極めて高い耐久性が要求される静電気植毛加工に適している。ウレタン系接着剤は主に，塩ビ，TPO，EPT，SBR素材などの柔らかい材質で植毛強度を要求される部分に利用されている。また，エポキシ系接着剤は主に，金属，ABSなど硬い材質でウレタン系同様，植毛強度を要求される部分に利用されている。

水溶性接着剤には，アクリルエマルジョン型の接着剤が利用されている。エマルジョンとは，水に溶けない粒子（接着剤成分）を水の中に均一に分散させたものの意味で，静電気植毛業界では，圧倒的にこのタイプの接着剤が利用されている。

(3) アクリル系エマルジョンの特色

① 塩ビ，ABS，金属，布などの素材に強力に密着する。
② 耐水性，耐溶剤性が良く，カルボジイミドを1～5％添加するとこの性能がさらに向上する。
③ 耐候性，耐光性が良い。
④ 室温乾燥でも良好な性能が得られる。
⑤ スプレーガン適性が良い。
⑥ 硬い皮膜から柔らかい皮膜までがある。
⑦ 粘度を上げるのが比較的容易である。

5.3.3 静電植毛

静電植毛加工には，パイルの飛翔方向によって，大別して4種類の加工方法があり，加工基材の形状や加工される部位などによって選択される。

(1) ダウン式

この方式は，最も多用されている方式である。図5のように，パイルを上方から下方に飛翔させ加工する方式である。この方式では，被植毛物体の加工形状が平面状の場合に向いている方式である。

また，大量生産に用いられるコンベヤー式の植毛装置にはダウン式が最も多く利用されている。

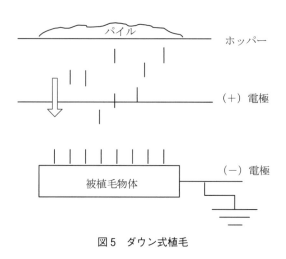

図5　ダウン式植毛

(2) アップ式

この方式は，パイルの色換えが最も容易な方式である。図6のように，パイルを下方より上方に飛翔させる方式である。この方式では，サンプルの作成などの少量の立体的な被植毛物体の加工に向いている方式である。

この方式は作業者にパイルが飛来して多量のパイルをかぶることになるので，作業環境は良くないのであるが，準備が簡単なので小ロットの加工に向いており多くの工場で用いられている。

(3) 送風式

この方式は，パイル送風型の小型植毛機を用いる方法である。この植毛機には図7のように高圧発生器とパイル自動供給機が組み込まれていて，ジャバラホースの先端付近に高圧電極があり，送風排出されたパイルが帯電される仕組みになっているので，接着剤が塗布された被植毛物体に

第3章　塗装・めっき・植毛・真空成膜

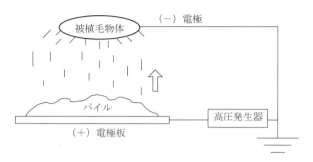

図6　アップ式

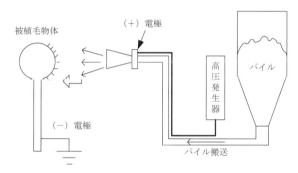

図7　送風式

送風口を向けることで植毛ができる。

　この方式の利点として，短く細いパイルの植毛が可能になり，通常の植毛加工品とは違った風合いを得られる。また，通常の植毛加工では難しいとされる凹面内部の植毛が可能であるが，欠点として長いパイルの加工は不向きで，噴出したパイルを回収する装置を用意し併用しなければならない。回収装置がない場合，大量のパイルを捨てることになる。

(4) **アップダウン式**

　この方式は，アップ式とダウン式を一緒にした方式である。図8のように，パイルを上方より下方に飛翔させ下方になったパイルを再度，下方から上方に飛翔させる方式である。

　この方式では，立体的な被植毛物体の全面に植毛加工をしなければならない場合，被植毛物体を一気に植毛できるため，非常に量産性に優れている。

5.3.4　静電植毛加工に用いられているパイル

　静電植毛に用いられるパイルの素材となる繊維はその特殊な加工条件のために限定されている。使用できる繊維の材質は主にナイロン・レーヨンが主流であるが，特殊な用途では綿・ポリエステル・アクリル・炭素繊維などもある。

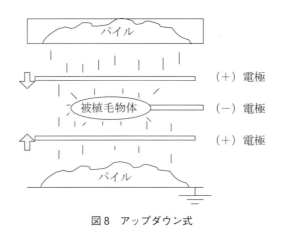

図8 アップダウン式

(1) パイルの条件
① 細かくカットするのに適した硬度があること。
② カットする時に,カット面が融着しないこと。
③ 染色時にカールしないこと。
④ 電着処理が容易で安定していること。
この他にも細かな条件はあるが大別して上記4項目となる。

(2) パイルの材質と特徴
静電気植毛加工に利用されているパイルの材質は,主にナイロン・レーヨンになるが,その他にも各種材質のパイルが利用されており,要求される性能によって使い分けされている。

① ナイロンパイル

ナイロンパイルは,耐摩耗性や弾性回復力に優れており,工業部品の植毛加工品に多く利用されている。ナイロンパイルの欠点は,ナイロンが疎水性繊維であるため吸湿性が悪く,植毛加工現場において繰り返して使用すると乾燥してしまい電気抵抗値が上がり,飛翔性が悪くなりがちなことである。

② レーヨンパイル

レーヨンパイルを使用して植毛加工した場合,ソフトな風合いに仕上がるため,衣料用途の部品に多く利用されている。レーヨンパイルの欠点として,繊維の弾性回復力が弱いため植毛加工品を指などで押したりするとパイルが倒れてしまい,その部分が白く見えてしまうことである。

(3) パイルの太さと長さの関係

パイルの太さはデニール(d)という単位で表示する。フィラメントの断面は真円でないので一定の長さに対する重量によって表す。1デニールは9000メートルの長さで1グラムの重量を持

第3章　塗装・めっき・植毛・真空成膜

つフィラメントの太さを表す。パイルのカット長は通常，0.3～3.0mm程度の範囲で使用されることが多い。同じ種類の繊維であれば，太さが細く，カットの長いパイルのほうが風合いが良いが，その傾向が極端すぎるとパイル同士の絡みが発生し，均一の加工面を得られず不具合が発生しやすい。したがって，一定の太さについて最大のカット長はある程度制限されることになる。

(4) パイルの製造工程

パイルは次のような工程にて製造されている。

① カット

トウ（tow）と呼ばれる10～50万本の長繊維を束ねたロープ状の糸をギロチン式カッターで決められた長さに繊維をカットする。

② 染色

カットした短繊維を染料で染める。パイルは希望の色に染めることができる。一般にはカット後に染色を行う後染め法にて染色される。後染め法は染浴中にてパイルがカールしやすい欠点があるが，植毛加工はパイルの断面の色相に大きく影響される。断面に均一に染色するために後染め法を行う。また，加工品の用途によって染料の種類を選択するので，洗濯，日光，摩擦などの堅牢度のスペックを明確にしていただく必要がある。

③ 電着処理

繊維をただカットしただけでは植毛加工はできない。界面活性剤，シリカ，アルミナなどの薬品で処理し，電気抵抗値や水分をコントロールして，飛翔性を良くしている。またパイルは一本一本パラパラになって飛ぶ必要があるので分散処理をして分散性を上げる。これらの処理を電着処理と呼んでいる。

ナイロン繊維の電気抵抗値は約$10^{15}\Omega$，レーヨン繊維は約$10^9\Omega$であるが，パイルの飛翔性を良くするために電着処理を行うことにより水分を保持させて，電気抵抗値を$10^6\Omega$～$10^8\Omega$に下げて飛翔性を良くしている。

パイルの電気抵抗値が$10^9\Omega$以上になると飛翔性が悪くなり，加工品の植毛密集度が低くなったり，接着剤層への投錨が浅くなったり，摩耗強度が弱くなる。

④ 乾燥

電着処理をしたパイルを熱風乾燥機の中などで乾燥させる。

⑤ 選別

乾燥したパイルを回転式のふるいにかけるなどして，所定の長さ以上のパイルを取り除く。

(5) パイルの導電性と飛翔性

パイルは前述したように電着処理を施してある。この処理をすることによって，高電圧の電極の近辺に投入されたパイルは，クーロンの力によって電極に引き付けられ，パイルが電極に触れ

た瞬間に電極と同電位に帯電され，クーロンの力によって弾かれる。この弾かれたパイルは高い電位を付与されているので，アースに向かって高速で飛翔して行く。アースに到着したパイルは電位を失い，再び電極に吸い寄せられていき，電荷を与えられて再びアースに向かって飛翔する。このように，植毛機の中に投入されたパイルは飛翔運動を繰り返す。

(6) 静電気植毛の状態

上記の状態で，アースに接着剤が塗られていれば，パイルは接着剤層に突き刺さる。これを投錨といい，静電気植毛の原理となる。

静電気植毛されたパイルは理論上，すべて垂直に投錨できるはずだが，実際はすべてが垂直に投錨されている訳ではない。なぜならば，すべてのパイルが同時に一瞬で投錨されるのではなく，早くても数秒の時間をかけて植毛密度が100％になるからである。即ち，近くにあったパイルから順番に投錨されて，ある程度密度が上がってくると，その後に飛来してきたパイルは先に投錨されたパイルの電界影響を受けて，垂直に投錨することができなくなるからである。

5.3.5 乾燥

静電植毛における乾燥とは，水や溶剤中に分散させた高分子化合物である接着剤の水分あるいは溶剤を揮発させ，高分子の化学結合を促進，終了させることを指す。乾燥装置はバッチ式乾燥炉とコンベヤー式乾燥炉があり，熱源は熱風式と電熱式に大別され，それぞれの用途によって選択されている。

5.3.6 仕上げ（余剰パイル除去）

静電気植毛加工における仕上げとは，接着剤層に投錨されなかったパイルを乾燥後，除去する作業である。前述したように，植毛加工状態は垂直に投錨されたパイルだけではないので，その後から飛来してくるパイルは斜めに植わったパイルに邪魔され，接着剤層に到達することができず，植毛パイルの間に絡んだ状態になる。さらに，植毛に用いられるパイルには電着処理が施されているため，かなりべたつきを持っているので，この絡んだパイルを除去することは，容易ではない。したがって，植毛製品の仕上げ作業は，ブラッシングなど強制的に荷重をかけ擦るなどしてパイルをかき出し，その後，強力なエアーブローで余剰パイルを取り除かなければならない。

なお，仕上げ作業では完全なる余剰パイルの除去ができないため，光学・医療用途などは仕上げ作業後にアフターコーティング（皮膜の柔らかい樹脂を薄く植毛面に塗布する）を施して，毛抜け防止をする。

5.4 静電気植毛加工によって得られる効果

植毛品の特徴は，多数のパイルが接着剤層に投錨されていることであり，その結果，得られる意匠性および機能性である。

意匠性は，短繊維を静電植毛することによって，金属部品，樹脂部品に繊維独特の柔らかさを付加でき，美観的には宝石箱，ディスプレー台，自動車内装部品などに加工されている。

機能性については，低摩擦性，断熱性，吸光性，低反射性，防振性，吸水性，通気性の機能が付加される。植毛したことによって得られる機能を利用した部品は数多くある。

断熱性については，基材が熱くなった場合でもパイルが垂直に投錨されて植わっているため，手などが当たる部分は毛の上面の点の部分が当たり熱く感じない断熱効果が得られ，コタツのアンカ部分，OA機発熱部品周り，ヒーターガードなどに加工されている。吸水性については，毛と毛の間に隙間があることによって，水分などが入った場合，その間に水を保水し落とさない保水効果があり，エアコンの結露しやすい部分などに加工されている。通気性については，毛と毛の間が開いていることによって，空気の層ができており，前述したように，毛の上面の点部分が手などに当たるため，蒸れない通気性効果が得られゴム手袋内面などに利用されている。吸光性については，光が植毛面に当たった場合，反射させず毛と毛の間に入ってしまい，反射しづらく吸収しやすくなる遮光効果が得られ，カメラフード内面，カメラ顕頭内面，メーターパネル内面などに加工されている。低摩擦性については，毛の上面を物が滑っていく場合，面ではなくパイルの上面の点部分にて当たっていき磨耗が少なくより良い制動効果が得られ，擦れる部分が少ないことによって静電気対策にもなっている。複合的な効果として，植毛加工部品に加重がかかると品物が軟質の場合，毛が食い込むことによっての押さえ込み効果が得られ，水分などがついた品物の場合，水分は毛の間に入り水分があっても押さえ込み効果は得られ，精密部品搬送部，ローラーパーツ，パソコンのポインティングデバイスキャップ部分，グリップなどの部品に加工されている。また，植毛は曲面部など複雑な形状の部品への加工も容易である。したがって，植毛加工部品は各種工業部品にも利用されている。

5.5 静電気植毛加工製品の将来展望

静電気植毛加工製品が工業用製品に利用されるようになった背景には，接着剤の品質が著しく向上し，耐久性に富んだものが製造できるようになったことが挙げられる。

パイルや接着剤に，耐熱性，導電性などを付与させたものを用いることによって，従来製品にはなかった機能を有する植毛製品の開発が可能になる。

静電気植毛で得られる効能，機能についても，まだまだ皆さんの知らなかったことがあったかと思われる。前述したように，意匠性のみではなく，機能性に特化した製品も数多く開発されてきている。意外にも，私たちの知らない部品に機能性用途にて使われていたことなどは珍しくはない。今後も，各メーカーの開発者の方と共に新規部品に静電気植毛加工が採用されるように取り組んでいく。

第4章 印刷

1 印刷技術を用いた加飾技術総論

阿竹浩之[*]

1.1 はじめに

プラスチックに対し印刷技術を用いた加飾方法を紹介する。別節にそれぞれの工法については，詳しい説明があるので，ここでは各工法の選び方や適性について述べる。

一般的に，加飾方法としては次のようなものがある。シルク印刷・パッド印刷，インクジェットプリント，ホットスタンプ，インモールド転写，真空・圧空成形，カールフィット®（水圧転写方式），フィルムインサート，サーモジェクト®などである。

印刷技術を適応するにあたって，まず選択肢としてあるのが，直接印刷するのか，一旦フィルムに印刷後，そのフィルムを使いプラスチックへ転写，貼り合わせをするのか，である。

上記工法の内，シルク印刷・パッド印刷，インクジェットプリントの工法が直接印刷に分類される。その他の工法は，一旦フィルムに印刷し，それをプラスチック基材にそれぞれの工法を用いて加飾する，いってみれば間接印刷工法になる。

表1にこの間接印刷工法をまとめた。

また，加飾をどのタイミングで行うかで分けることもできる。即ち，プラスチックを成形する際に同時に加飾する成形同時加飾方法とプラスチック基材に後から加飾する後加飾方法に分けられる。インモールド転写，フィルムインサート，サーモジェクト®が成形同時加飾工法であり，一方シルク印刷・パッド印刷，インクジェットプリント，ホットスタンプ，真空・圧空成形，カールフィット®が後加飾工法である。

成形同時加飾工法は，専用の射出金型や，フィルムインサートの場合は，真空成形型を必要とするため，金型の償却費が製品にかかってくる。しかしながら射出成形と同時に加飾が終了するので，工程が簡略化できるメリットがある。

後加飾は，当然専用の金型などを必要とせず，小回りの効く，少量多品種のアイテムに向いている。

加飾フィルムを供給する立場からすると，射出成形同時加飾方法は，溶融樹脂の熱と圧力がフ

---

[*] Hiroyuki Atake 大日本印刷㈱ 住空間マテリアル事業部 住空間マテリアル研究所 主席研究員

第4章 印刷

表1 プラスチックへの加飾方法

工法	代表的な工法	内容	特徴	絵付けタイミング	形状制限	代表的な製品
ホットスタンプ	ホットスタンプ	転写箔をシリコンロールなどで加熱しながら成形品に押し当て絵柄を転写する。	一般化された技術で加工費などが比較的安価。	後絵付け	1	エアコン筐体,テレビ筐体
インモールド工法	インモールド転写	転写箔を位置合わせして,射出成形金型へ挿入する。射出溶融樹脂の固化により絵柄が転移する。	文字の位置合わせ可能。	射出成形同時絵付け	2	携帯電話
	インモールドラミ	熱成形で形状を作ったフィルムを金型内に位置合わせをして挿入し射出成形	文字の位置合わせ可能。スイッチを一体成形可能。	射出成形同時絵付け	2	炊飯器,洗濯機などの操作パネル
	フィルムインサート（位置合わせ無し）	あらかじめ真空成形金型で予備成形を行った後,射出成形金型に挿入し成形品とラミネートする。	装置が簡便。部分加飾が可能。パーティングラインを超えての加飾も場合により可能。	射出成形同時絵付け	4	自動車内装トリム
	フィルムインサート（位置合わせ有り）	PCシートを用いて,高圧圧空真空成形を行った後,射出成形金型に挿入し成形品とラミネートする。	文字の位置合わせ可能。深絞り可能。	射出成形同時絵付け	3	自動車内装空調パネル,スピードメーターパネル
	サーモジェクト	射出成形の金型内でフィルムを予備成形し,射出成形してラミネート,もしくは転写する。	深絞り性有利。真空,射出成形が一工程で行えるのでゴミかみが少ない。	射出成形同時絵付け	3	自動車内装トリム
真空成形	真空成形シート	1mm程度のアクリルシートを真空成形後トリムを行い,その後成形品上に粘着テープなどを利用し貼り合わせる。	小ロット生産が可能。	後絵付け	4	自動車内装トリムオプション部品
	真空圧空成形	フィルムで仕切られた上下チャンバーを,真空引きすると同時にフィルムを加熱する。その後上チャンバーを加圧し,下チャンバー内のテーブル上の成形品に押し当てラミネートもしくは転写を行う。	深絞りが可能。	後絵付け	4	エアコン筐体,テレビ筐体
水圧転写	カールフィット	水溶性の転写紙を水に浮かべ水面に浮かんだ絵柄の上面より基材を押し入れる。転写後フィルムを溶解除去し,表面塗装する。	形状の自由度が大きい。	後絵付け	5	自動車内装トリム

形状制限：1 制限が多い→5 制限少ない

ィルムにかかるため,密着させやすい工法である。

　後加飾工法を採用する場合は,加飾工程における熱や圧力の影響が製品のそりなどに影響しないか,また製品に必要な密着性をフィルムが満たしているかなどの確認が必要である。

　これらの加飾工法の内,印刷表現の自由度が高い間接印刷工法であるカールフィット®(水圧転写方式),インモールド,フィルムインサート,サーモジェクト®の工法について,比較を試みる。

　インモールド転写(図1)は,携帯電話の筐体や,パソコンなどに多く使われる工法である。メリットとしては,フィルムを金型内に位置決めして挿入し成形するために,文字や柄のパターンを所定の位置に位置決めできるということである。したがって,通常加飾した後に,パッド印刷などで文字をさらに印刷するなどの工程が不要になり,コストメリットが非常に高い工法である。

　ただし,位置決めという特徴から,形状に制限があり,三次元方向への絞りは,コーナーの曲率半径(R)と同程度しか絞れない。インモールド転写工法は,非常に有用な加飾手段ではあるが,使用する際には,形状の検討が非常に重要となる。

　複雑な形状を持つ,加飾が必要な製品の代表例としては,自動車内装部品がある。自動車内装部品は製品自体の形状が複雑であることに加えて,製品の抜き角がアッセンブリー状態を考慮して決められることが多く,金型のキャビティの掘り込みが,製品単体より深くなることが多い。したがって,インモールドやサーモジェクトなどの射出成形型を利用してフィルムを伸ばす工法に関しては,形状単体だけでなく,金型キャビティの形状をも考慮して適応を考えなければならない。

　以下では,形状の自由度が大きく,自動車トリム部品に多く採用されているカールフィット,フィルムインサート,サーモジェクトの3工法を中心に説明をする。また,上記間接印刷工法に

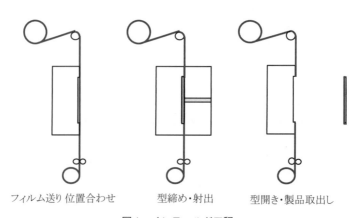

フィルム送り・位置合わせ　　型締め・射出　　型開き・製品取出し

図1　インモールド工程

第 4 章　印刷

用いられるグラビア印刷手法に関しても簡単に説明をする。

1.2　グラビア印刷技術

　外装のデザインは車を選択する重要なファクターであるが，一度所有した後に，所有者が長時間目にするのは内装となる。したがって，内装の色やトリムのパターン，成形品の品質は自動車メーカーにとって非常に重要な要素となる。このことから，車両内装は1つの住空間であり，要求される意匠は住宅内装に近い。また，製品の性能についても，自動車，住宅ともに長い年月使用されるものであり，数年単位で買い替えが行われる携帯電話やパソコンなどに比べ必要な性能が異なってくる。

　大日本印刷㈱では，これらの要求を満たし，高意匠を表現するために，グラビア印刷技術を使用している（図2）。グラビアは凹版印刷ともよばれ，シリンダーに形成したセルと呼ばれる凹部にインキを保持し，フィルムをゴムロールによってシリンダーに押しつけることにより，凹部のインキをフィルム上に転移させる。セルの幅や深さをコントロールすることによりフィルムに転移するインキの量を調整できることから他の印刷方法に比べ意匠表現の幅が大きくなるのが特徴である。

　建材車両用途に使用される柄にはどこをとっても継ぎ目がないことが要求される（エンドレス製版）。また，一般の雑誌の印刷などとは違い，黄・赤・藍・黒などの4色刷りではなく，木目であれば導管部，木肌などを表現する版に対し，黒や茶色などをあらかじめ調色したインキを用いて印刷し意匠を高めているのが特徴である。また場合によっては本木の照りを表現するためにパール顔料を使用した版を用いることも行われる。射出樹脂への貼り合わせ時に接着剤が必要な場合は柄印刷と同工程で接着剤をフィルムに塗布する。

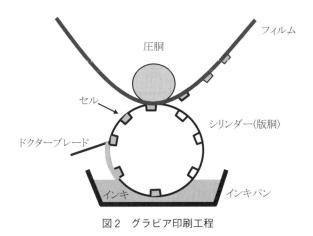

図2　グラビア印刷工程

1.3 カールフィット

カールフィットは，古くから行われていた墨流し法という絵付け方法を改良したものである。墨流し方法は，水面上に水とは混合しない油膜状のパターンを形成し上面より成形品を押しつけて成形品表面に墨流し模様を転写させる方法である。この方法を用いれば，立体成形品に絵付けすることは可能であるが，多色刷りの柄が表現できず，また，絵柄の再現性に乏しい。カールフィットは，水溶性のフィルムを用いることによりこの欠点を克服した方法である。

1.3.1 カールフィットの工程

図3にカールフィットの工程図を示す。

1.3.2 転写フィルム

先ず最初に，転写フィルムを準備する。転写フィルムとしては水溶性のものが用いられる。もちろん水に溶ければ何でもいい訳ではなく，水面上にフロートさせてから実際に転写されるまでの間，絵柄を保持する程度の溶解力にとどめておくような設計が必要である。絵柄は，グラビア印刷を用いて印刷される。このフィルムをそのまま水に浮かべただけでは，インキが溶解しないためフィルムの延伸が阻害される。このため，転写する際には，再度インキを溶解しなければならない。インキを溶解するために，水面にフロートする前に，活性剤と呼ばれる溶剤を転写フィルムの印刷面に塗布する。またこの活性剤が，いわゆる接着剤の役割も兼ねている。インキを再度溶解するだけであるならば，種々様々な溶剤が使用可能であるが，フィルムが水面上で膨潤し

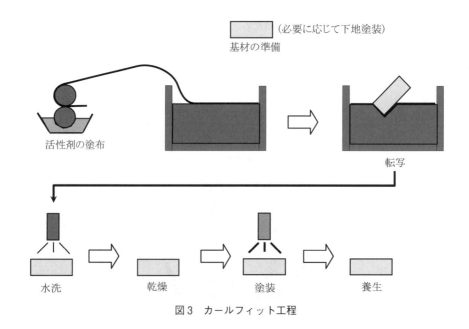

図3 カールフィット工程

成形品が挿入されるまでの間乾燥しないことが必要条件となる。このため，印刷に使用されるインキ樹脂並びに活性剤の溶剤配合の組み合わせがこの技術の大きなポイントとなっている。

1.3.3　転写基材

転写基材はプラスチックだけでなく以下のような様々なものに適応できる。

① 　プラスチック：ABS　PS　PC　PP　アクリル　塩化ビニール　FRPなど

② 　金属；鉄　アルミ

③ 　その他；木質基材　ガラス

もちろんものによっては，脱脂処理，プライマー処理が必要であり，吸湿性の基材に対しては目止め処理が必須である。形状に関しては，非常に自由度の大きい転写方法であり水が回るところであれば基本的には転写が可能である。しかしながら，基材とフィルムの間に空気だまりなどができ易い形状（例えば凹面）の場合には空気ぬきの穴をあけるなどの工夫が必要である。

本工法の形状の自由度を表すものとしては，自動車ステアリング部分への加飾も多く採用になっている。

1.3.4　転写

転写する際には前述したように再度インキを溶解するために活性剤を塗布する。この塗布もグラビア法を使い行われる。活性剤を塗布されたフィルムを水面上に浮かべ，膨潤した転写フィルムは，水面上で自由に変形し得る状態となるため，この状態で上面より成形品を押し入れれば転写フィルムは自由に延伸変形し成形品にまとわりつく。もちろんこの時点でも絵柄を保持しているため，転写フィルムは完全には溶解せず残っている。基材を押し入れる際にも転写フィルムと基材間の空気を押し出すことのできるような転写角度，スピードを基材形状に合わせ設定する。

1.3.5　水洗

上記転写の際に残った転写フィルムを除去するため，水洗を行う。これにより水溶性フィルムは完全に除去される。この後，乾燥を行い水分および活性剤中溶剤の除去を行う。

1.3.6　トップコート

カールフィットは，インキ組成や活性剤などの設計に制約が多いため，成形品への密着強度，耐摩耗性などが不足する。したがって，トップコートとしてクリア塗装を行い物性を確保する必要がある。即ち，塗料がインキ層を透過し，基材と密着することにより必要とする物性を得る。

1.3.7　まとめ

カールフィットは，その形状適応の広さや転写基材の自由度によりありとあらゆるものに応用されているが，数量的に多いものは車両内装である。他の工法に比べ，形状の自由度が高いことや，通常の金型で成形したものに後から加飾できることが大きな違いとなる。

1.4 フィルムインサート

フィルムインサートは，北米などで，現在もっとも使用されている加飾方法である。この工法の特徴は，真空成形と射出成形の2工程を使用することである。したがって，射出成形工程の際に，真空成形パックの寸法が丁度よくなるように，真空成形金型，真空成形条件を調整することがポイントとなる。北米では，真空パックをアップリケ（Applique）と呼ぶことが多い。北米などでは，真空成形工程だけを行う専門の会社もあり，射出成形型の寸法に合わせ，真空型を製作し，真空成形パックをモールダーに対し供給している。

フィルムインサートの利点は，後述するパーティングラインを超えての加飾が可能であることと部分加飾が可能であることである。

1.4.1 フィルムインサート工程

フィルムインサート工程を図4に示す。前述したように，真空成形工程と射出成形工程が別会社で行われる場合もある。

1.4.2 フィルムインサート用真空成形機および真空成形金型

フィルムインサート成形用真空成形機として必要な特性は，フィルムを安定して加熱できることである。色々なメーカーから色々な温度調整機構つきの装置が発売されているが，最低限必要なことは両面加熱ができることである。インサート成形に使用されるフィルムは，0.5mm厚前後が標準であり，このフィルムを均一に加熱するために，両面加熱が重要なポイントとなる。

生産量が多い北米などでは，ロール供給の真空成形装置が多く使われている。ロールで供給されたフィルムは，両サイドをピンチで挟まれ，加熱ゾーン，真空成形ゾーン，ラフトリムゾーン

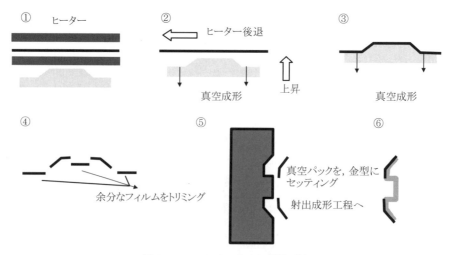

図4 フィルムインサート成形工程

を通って排出される。フィルムの幅は，調整可能になっており，加飾部品のサイズに合わせて，取り数がよくなるように選ばれる。

フィルムインサート成形金型は，通常雄引きとなる。したがって，製品で凸状になる部分はあまり伸びないので，意匠的には有利な工法である。金型は，合成木材などでも充分対応できるが，量産時には，熱収縮率の安定性が重要なポイントとなるため，アルミで作り，温度調節を行う。真空成形工程の真空引きは製品の際に設けた真空成形孔から行うが，形状によっては，ポーラス材を使用した金型を使用することもある。

真空成形後のトリミングは，ダイカット金型で行われるのが普通である。また，アンダーカット部分がある場合は，エアシリンダーなどを利用してのカットも行われる。

1.4.3 射出成形工程

射出成形金型は，基本的に通常の金型と違いはない。真空成形パックを，キャビティにはめ込むので，絞りが深い形状の方がかえって楽に装着できる。平面部分の多い製品などでは，パックを保持するのが難しく，固定用のピンを設置し固定する場合もある。この場合，射出成形後に固定用のフィルム部分をカットすることが必要になるため，製品上目立たない位置に持っていくことを考慮しなければならない。

装着の際に，ゴミの付着，パックのずれを無くすことが良品率向上のポイントである。

1.4.4 フィルムインサート用フィルム

図5に大日本印刷㈱の一般的なインサート用フィルムの構成を示す。フィルムインサートは，真空成形工程と，射出成形工程が別なため，真空成形後にその形状を保持することが必要となる。したがって，フィルムもある程度の厚みが必要となり，0.5mm程度の厚みのフィルムを使用する

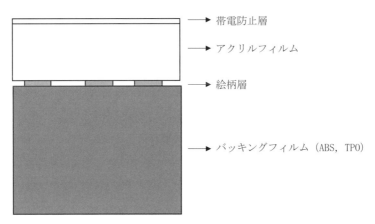

図5　フィルムインサート用フィルム断面

ことが多い。また，真空成形後にフィルムが冷却されるとともに，収縮をしていくが，収縮率を低く押さえると同時に，トップとバッキングの収縮率を近くしパックの形状を安定させる工夫もフィルムに織り込まれている。表面はアクリルフィルムを使用し，バッキングシートと呼ばれる層は，射出成形樹脂に合わせて選択される（ABS，TPOなど）。

1.4.5 フィルムインサートの特徴

フィルムインサートの形状対応であるが，一般にはフィルムの伸びが100～150%程度になるまで絞ることが可能である。当然フィルムとしては，もっと伸ばすことも可能であるが，フィルムの厚みが薄くなることにより，射出成形の樹脂の流れにフィルムが動いてしわが発生するなどの問題がおきやすくなる。フィルムの伸びが大きいと予想される場合には，フィルムの厚みを厚くする対応を取ることもある。またフィルムが伸びるということは，当然柄も一緒に引き伸ばされるので，意匠的な問題も考慮することが必要である。

フィルムインサートの大きな特徴として，パーティングラインを超えての加飾と部分加飾の2点がある。これは，真空成形工程と射出成形工程が別工程であることを利用した本工法独自の利点である。

射出成形金型は，前述したように成形後の製品のアッセンブリを考慮して抜き角などが決まる。インモールド転写やサーモジェクト工法など射出成形型上で全て加飾工程を終わらすような工法では，この抜き角により，フィルムの伸ばされ方が大きく影響を受ける場合がある。一方，フィルムインサートの場合，真空成形型を別に作製するので，射出成形型の抜き角とは別に，真空成形が有利なように真空成形型の製品レイアウトを決定することができる。例えば，射出成形形状ではアンダーカット形状であっても，真空成形形状ではアンダーで無くすことも場合により可能である。

また，フィルムも真空成形直後は柔軟性があるので，真空成形型上でアンダーであっても引き抜き可能なことも多い。特に製品の玉ぶち形状程度であれば十分にアンダーを形成できる。

もう一方の特徴である部分加飾であるが，これも製品上加飾が必要のない部分をあらかじめ真空成形工程後にカットし，射出樹脂を表面に出すことにより行われる。

例えば，パワーウインドスイッチなどでは，スイッチ近傍は黒色でその他を加飾したいとの要望が多くある。カールフィットなどでこれを行う場合，まず全面を加飾した後，スイッチ近傍を黒塗装するなどの工夫が必要となる。インサートの場合は，真空成形した後，加飾を希望しない部分をトリムし，射出成形型に挿入するだけで，この部分加飾された成形品を得ることができる。

また，最近では，2種類（木目調とシルバーなど）のフィルムを使用し，それぞれのフィルムを別々に真空成形，トリム後，1つの射出成形型に一度に挿入することにより，あたかも2種類の別部品を組み合わせたような成形品が量産されている。当然2種類の柄の見切りには，溝など

を設ける必要がある。

1.5 サーモジェクト

サーモジェクトは，従来行われてきたフィルムインサート成形の真空成形工程と射出成形工程を1つにしたものである。フィルムインサート成形はあらかじめ射出成形金型形状に真空成形したフィルムを，金型内に設置した後，金型を閉じて，射出成形するものである。この方法では，工程が複雑になるだけでなく，真空成形型と射出成形型の寸法のずれ，または，成形後のフィルムの収縮によりフィルムの破断などの問題が生じる。サーモジェクトは，射出成形金型を用いて真空成形を行うものであり上記の欠点を解決している。また，インモールド転写に真空成形工程を加えたものともいえる。

1.5.1 サーモジェクトの工程

サーモジェクトの工程を図6に示す。ラミネートタイプの場合，射出成形後にトリム工程が必要となる。トリムはダイカットやブラストショットなどの方法で行われることが多い。転写タイプでは文字通り，フィルムを剥がすだけで加飾が終了する。

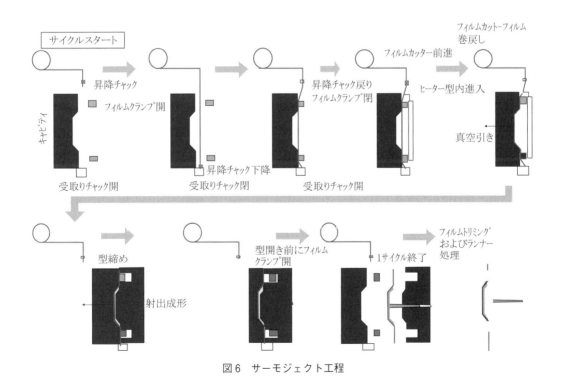

図6 サーモジェクト工程

1.5.2 サーモジェクト装置

装置は箔送り装置，ヒーター，真空引き機構の3部からなる。標準タイプの箔送り装置はフィルムを金型上で枚葉にカットする方式となっている。箔送り装置は成形機の上部に設置する。ヒーターは成形機の反操作側に設置するのが一般的である。フィルムを金型内に送り込んだ後，ヒーターが金型内に入り，非接触でフィルムを加熱する。加熱後金型キャビティから真空引きを行いフィルムを成形，型締めの後射出成形をする。したがって基本的には，一般の射出成形と違い，キャビティに真空引き機構をもち，キャビティが可動側，コアが固定側となる。

1.5.3 金型

サーモジェクトシステムにおいて重要なのは金型である。キャビティにはフィルムを固定するためのクランプ機構と真空引き機構が備わる。箔送り装置によって送られたフィルムはクランプによって金型に固定される。これにより金型とフィルム間で閉じた空間ができ真空引きが行えるようになる。その後キャビティ，コア間にヒーターが挿入されフィルムが加熱される。加熱時間は成形形状やフィルムの材種によって決定される。真空引き孔は，成形品表面に現れない端面外側や穴部内側に設けられる。成形品の絞りが大きい部分については，入れ子を使用し，その間隙から真空引きすることも行われる。

フィルムインサートと違い，サーモジェクトの場合は，射出成形型を真空成形型として用いるため，成形品自体の形状だけでなく，成形品の抜き角まで注意を払う必要がある。また，キャビティ全てを，フィルムが覆うため，加飾が必要のない部分の形状もフィルムの成形性に影響を及ぼすことを忘れてはならない。

1.5.4 サーモジェクト用フィルム

図7に，サーモジェクト用フィルムの断面図を示す。単純にアクリルフィルム裏面に絵柄と樹脂との接着剤を印刷したものである。しかしながら，この特殊な加工方法に適するように，フィルムにはノウハウが盛り込まれている。

フィルム基材についてまず必要な性能は，真空成形性である。真空成形性だけであるならば，様々なフィルムが条件を満たすことができる。しかしながら，印刷性，真空成形性，射出成形時

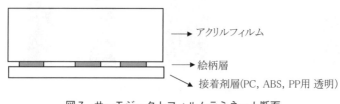

図7　サーモジェクトフィルムラミネート断面

の熱圧に耐えるなどの条件を満たすものはきわめて少ない。理想的なフィルムとは，温度の低いときには伸びず，高いときには弱い力で伸びるものである。つまり，ヒーターで加熱した温度では伸び，射出成形時には伸びないフィルムである。

ラミネートタイプのフィルムには，一般的にアクリルフィルムの裏面に柄を印刷したものが使用される。

また，後述する転写タイプのフィルムには，上記サーモジェクト特性を満たすように，新規開発したフィルムが用いられる。

1.5.5 サーモジェクト化のポイント

ここでは，サーモジェクトを採用するにあたってのポイントについて述べる。サーモジェクトは，射出成形金型が真空成形金型を兼ねるため，製品の形状にある程度の制限がある。

(1) 製品デザイン

サーモジェクトが可能な形状について一般的な注意点を述べる。フィルムの最大延伸率だけでいえば，インサートと同様に100〜150％の伸びが可能である。当然，印刷された絵柄も一緒に伸びることから，150％まで伸ばすと意匠的に見苦しいものとなる。意匠性も考慮に入れると，目立つ部分で，100％程度まで，局所的に伸ばされる場所で150〜200％倍程度になるように製品の形状を決めるのが好ましい。絞り方向の具体的な数字では，絞り方向のコーナーRが5mmであれば40mm程度の絞りは可能である。当然コーナーのRがきつくなれば絞れる深さも浅くなってくる。R1程度のコーナーでは10mm程度までとなる。またこのような場合，コーナーのRエンドに入れ子による真空引きが当然必要となる。入れ子位置は，真空成形性だけを考慮するならば金型の底（製品で表面）が理想であるが，製品としてインパネなどに組みつけられる場合，入れ子の跡が目立つため，サイド部分に入れることが普通である。

最近の製品は，Rが小さくなる傾向にあり0.3Rへの適応例なども出てきている。

(2) 金型デザイン

サーモジェクトは，キャビティ上でフィルムを真空成形するために，フィルム固定用のクランプをキャビティ側に設ける。したがって，通常の成形に比べて，金型サイズが一回り大きくなる。したがって成形機サイズも1ランク上のサイズとなることが多い。理想的には，大きめのタイバーと，小さめのシリンダーを持つ成形機が適している。キャビティの形状はなるべくシンプルなほうがよい。したがって，通常はキャビティで形成するような取りつけ用の部分を，コア側に，傾斜ピンを利用して作ることも多い。

アクリルフィルムを利用して，グロス感のある製品を製作するためには，金型側からのアプローチも必要となる。すなわち，成形後の鏡面性を保つため，金型キャビティ面を研磨することが必要となる。通常は＃1500か＃3000程度で研磨を行っている。逆に金型のシボを転写することも

可能である。

(3) 成形条件

サーモジェクト成形を実際に行う際の手順は以下の通りとなる。まず，フィルムを挿入せずに一般成形を行う。一般成形で良品をとることが第一歩である。ウエルドライン，コールドスラグなどの不良は，フィルムを挿入しても，外観に現れるためこの段階で対策を打っておくことが必要となる。

一般成形で良品条件が出た後，サーモジェクト成形に移る。真空成形条件は，フィルムが金型に密着するような温度，時間の条件を設定する。金型からフィルムが浮いていたり，真空がもれていると射出成形後にしわなどが発生する。基本的には，真空成形を完全に行うことがポイントとなる。

その後，サーモジェクト成形と射出成形を連続して行う。この際，一般成形時と大きく違うポイントとしては，キャビティからのガスの抜けが不可能となることが挙げられる（キャビティ面はフィルムで覆われているため）。ガス抜けなどの問題が出た際は，パーティング面の当たり調整などが必要となる。また，キャビティの面の転写性を上げるために，金型温度は，40～60℃程度に設定をする。

1.5.6 新たな展開

ここ最近まで，サーモジェクトはアクリルをベースとしたラミネートタイプが多く使用されてきた。アクリルの透明性を生かすことにより，塗装工程を省いて高光沢の高意匠製品を作ることが可能である。しかし，一方では各社コストダウンへの取組みが多くなり，アクリルラミネートタイプで必要となるトリミング工程を無くすことができる転写タイプへの要求が高まってきている。この市場の要求にこたえるべく，大日本印刷㈱では新たにサーモジェクト用の転写フィルムをリリースした（図8）。過去にも，転写タイプのフィルムが量産化されたこともあるが，形状への対応性ということでは，アクリルラミネートタイプには及ばないものしかなかった。今回，転写仕様のベースとなるPET系フィルムを，サーモジェクト成形に最適な特性を持つよう開発を行い，アクリルとほぼ同等な成形性を持つ転写フィルムをリリースし，車両内装への採用が始まっ

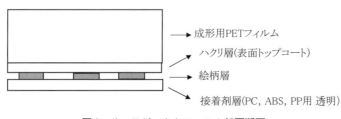

図8 サーモジェクトフィルム転写断面

第4章 印刷

ている。

　この転写タイプに使用する設備，金型は今までのラミネートタイプ用と同じであり，フィルムを入れ替えるだけで，基本的にはラミネート，転写どちらでも製作可能である。

　転写フィルムを使用した加飾部品は，ほぼアクリルと見分けがつかないグロスのものから，アクリル同様艶消しタイプまで適応可能である。

　また，さらなる高意匠化という要求も厳しさを増すばかりである。木目意匠では，本物の木が持つ照りといわれる表現をフィルムに落とし込むことも可能になってきている。本物の木は，細かい繊維質が光を乱反射させるため，見る角度によりその表情を変化させる。サーモジェクト用フィルムでこれを実現させるため，本物の木の繊維質の表現をデータとして取り入れ，その微細な凹凸をフィルム上に再現させることにより，本物と同じような表情の変化を持つフィルムが開発されている。また，この手法を金属表現に応用する事により，表面はフラットながら，見る角度により三次元に見えるような立体感のあるデザインを施すことが可能で，この仕様も量産が既に始まっている。

　アルミのパネルに，ヘアライン加工やエッチング加工を施したパネルなどが，高級車に用いられることも多い。例えば上記金属表現フィルムを利用し，高意匠感は保ったままコストダウンすることも可能である。

　また表面に凸凹感を要求される場合には，フィルム裏面ではなく，表面に凹凸を表現させ，金属のエッチング加工を模することも可能になっている。

1.6　加飾工法の課題および今後

　フィルムインサート，サーモジェクトのいわゆるフィルム工法は，塗装に比べ，加工時に大気中に放出される溶剤量が極めて少ない。このことから北米などでは，木目柄や抽象柄だけでなく，塗装の代わりとして単色のフィルムを使用することも増えてきている。

　また，様々な加工先で塗装される部品の色合わせが，フィルムの場合は一箇所で印刷されることから，色管理が容易になるなどの利点もある。

　しかしながら，単純にコスト面だけを比較すると，塗装に対し，フィルム工法はまだまだ及ばないところもあり，加工システムを含めたコストダウンがさらに要求されている。

　また，意匠と同時に耐傷つき性などの性能のさらなるアップも課題としてある。

　以上に述べたように「カールフィット」「サーモジェクト」「フィルムインサート」はグラビア印刷技術を用いた画期的な三次元曲面への加飾方法である。現在では，カールフィット，サーモジェクトおよびフィルムインサート，それぞれのメリットを生かして，一台の車の中につけ合わされて使われる場合が多くある。この場合，最終製品での意匠を合わすため，大日本印刷㈱では，

同一の原稿から,カールフィット,サーモジェクト,フィルムインサート用の柄を起こし印刷をして最終的な柄合わせも行っている。

　大日本印刷㈱では,これら3手法全てを供給できる唯一のソースとして,立体成形品への加飾に対して,環境対応・低コスト化・高意匠化・商品差別化を図るべく,さらに進んだシステムの開発に努めていきたい。

2 ホットスタンプ・コールドスタンプによる加飾

森田善彦[*1],権野 隆[*2]

2.1 ホットスタンプ
2.1.1 ホットスタンプ箔の構造

ホットスタンプ箔（転写箔）は，複数の機能層がポリエステルフィルム上に積層された構造になっている。まずフィルムには，極めて薄い離型層が塗布され，その次に，保護層，装飾層（金属蒸着やホログラムエンボス，顔料層など）が続き，最後にホットメルト接着層が塗布される。ベースとなるポリエステルフィルムには，転写方法などに応じて異なる厚みのタイプが使用される（12～50ミクロン）（図1）。

ホットスタンプ（転写）時，フィルム上から熱と圧力を負荷することで，箔接着層を活性化させ，被転写材に融着させた後，離型層がフィルムから保護層・装飾層・接着層を分離してホットスタンプが完了する。転写後，表面に露出する保護層は，装飾層をキズ，汚染などから守る役割を果たす。

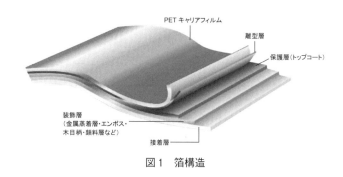

図1 箔構造

2.1.2 ホットスタンプ箔におけるデザイン性

箔装飾層には，グラビア・シルク印刷や真空蒸着技術，またその組み合わせで，多彩なデザイン表現が可能である。このような加飾箔を，前処理無しで短時間のうちに転写できることが，ホットスタンプ箔の魅力の1つである。下記にその一例を記す。

① アルミ・クロム調：アルミ，クロムなどの金属を真空蒸着で箔に付着，薄膜を形成させ，

---

*1 Yoshihiko Morita クルツジャパン㈱ 東京支店 営業部 係長
*2 Takashi Gonno クルツジャパン㈱ 大阪営業部 課長

金属と同様の輝度感を表現。また箔接着層を透明にした裏面用箔（透明材向け）もある。

② ヘアライン：ベースフィルムをヘアライン調にブラッシングし，箔を製造。ホットスタンプ時，フィルムの凹凸が箔表面にエンボスされ，非常に繊細なヘアラインを表現。またこの手法以外では，ヘアライン柄を印刷で表現し，類似のデザインを再現することも可能。

③ ホログラム：主にアルミ蒸着を使用し，蒸着層に微細なエンボスを施し，光の乱反射を利用してホログラムを表現。偽造防止用途でも使用される。

④ 各種印刷柄：印刷で様々な柄や色彩を施す。センサーマーク付き単一柄であれば，目的のイメージを位置決めして被転写材にホットスタンプすることが可能。

⑤ 各種顔料：単色顔料箔は，文字・数字のナンバリング，目盛りに使用されるなど，意匠性のみならず機能性目的でも使用される。また，アルミ粉末，パール顔料などを使用することも可能。

表1 一般的なプラスチックのグループとそのスタンプ特性

ポリスチレン（PS） スチレン・アクリルニトリル（SAN） アクリルニトリル・ブタジエン・スチレン（ABS） 塩化ビニル（PVC） セルロースアセテート（CA） ポリアセタール（POM）	汎用タイプの接着剤を使用した，一般的なホットスタンプ箔で，充分な密着性が得られる。
ポリカーボネート（PC） ポリアクリル樹脂 ポリメタクリル酸メチル（PMMA） ポリウレタン（非発泡）	上記グループより軟化点が高いため，高温度耐性のホットスタンプ箔の使用が望ましい。
低密度ポリエチレン（LDPE） 高密度ポリエチレン（HDPE） ポリプロピレン（PP） ポリアミド（PA） エチレン，プロピレン，ブタジエン	汎用タイプの箔接着剤では密着が困難なため，各素材ごとに適した特殊ホットスタンプ箔が必要。
熱硬化性樹脂 フェノール樹脂 メラミン樹脂 ラッカー塗装 各種金属・ガラス	熱硬化性樹脂は表面が可塑化しないため，接着層の接着力によってのみ密着させる必要がある。 別途接着剤（プライマー）を塗布してからホットスタンプを行う方法もあるが，この場合，厚み30ミクロン程度の接着剤の塗布が望ましい。

2.1.3　被転写材の種類

　被転写材とホットスタンプ箔の密着性は，転写プロセスでの熱・加圧によって可塑化した被転写材と箔ホットメルト接着層の結合によって生じる。したがってホットスタンプの温度は，被転写材が可塑化するような温度を必要とする。ほとんどの熱可塑性プラスチックでは軟化点が90～180℃の範囲内であり，これがホットスタンプ温度の参考値となる。最近のホットスタンプ箔の接着層は汎用性が高く，一般的な熱可塑性プラスチックであれば，ほとんどの樹脂に対して，優れた密着性を示す（表1）。

2.1.4　ホットスタンプ箔の転写方法

　転写方法はいくつかのバリエーションがあり，被転写材ならびに加飾エリアの形状や面積，要求される意匠，物性などにより選択される。

(1) アップダウン・ホットスタンプ方式

　被転写材に対し，垂直方向に上下運動する金属刻印（真鍮製など）・シリコンラバー刻印により，ホットスタンプ箔が加熱・加圧され，転写される。使用例としては，文字・数字のナンバリング，ブランドロゴ，化粧品や家電製品の加飾などが挙げられる（図2）。特徴は下記の通り。

① 生産サイクルが早い（1ショットのプレスタイプは，通常約1～2秒程度）。
② 被転写材の形状から型取りした刻印を使用することで，ある程度の2～3次元曲面も加飾可能。
③ ベタ面，広い加飾エリアは，エアー・異物混入などの生産歩留り，スタンプ設備容量の問題を検証する必要あり。

① アップダウン・ホットスタンプ機

- 手動式スタンプ機（スタンプ圧：0.8～6トン）：テスト用手動スタンプ機。スタンプ温度管理も装備されているものがほとんど。
- 電気空圧式スタンプ機（スタンプ圧：0.3～4トン）：空圧により作動するため，被転写材の厚みばらつきを補う利点がある。加圧時間，圧力，温度を事前に設定し，一定のスタンプ条件を保つことができる。温度はサーモスタットによりコントロールされ，上昇，下降運動のサイクルは電気的にコントロールされる。
- トグル付き空圧式スタンプ機（スタンプ圧：3～10トン）：高いホットスタンプ圧が得られるホットスタンプ機（最高10トン程度）で，エアーシリンダーによって機械が動き，トグルによって空圧をホットスタンプ圧へと変換する。

(2) ロールオン・ホットスタンプ方式

　ロールオン方式では，加熱した円筒状シリコンロール／金属ロールを，被転写材に押し付け，回転移動させて転写する。アップダウン方式と同様，圧力，温度，加圧時間によって，スタンプ

条件を調整。ロールオン方式の加圧時間は，ロールが移動するスピードで調整する。使用例は，化粧品ボトルキャップ，弱電・家電製品の意匠面，家具・建材製品など（図3）。特徴は下記の通り。

① ホットスタンプの諸条件（圧力など）調整が容易。
② 加飾エリアは，幅方向は設備のロール幅に限定されるが，流れ方向（ロールの進行方向）は，エンドレスな転写も可能。
③ 一般的にはフラット（もしくは幅方向に対してわずかな曲面）な製品への加飾向け。ただし，被転写材を回転させたり，設備に特殊機構を設計することで，各種キャップの円周，異形押出材の湾曲面などへの加飾も可能。

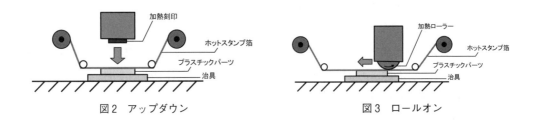

図2　アップダウン　　　　　　　　　図3　ロールオン

① ロールオンホットスタンプ機
  ・連続ロールオンホットスタンプ機：連続ロールオンホットスタンプ機では，被転写材がベルトコンベアなどにより加熱ロール下に送られる。このタイプは，治具を必要としない平らな製品向け。

② 往復運動のテーブル付きロールオンホットスタンプ機
被転写材を固定したテーブルが加熱ロールの下を水平に動くことで，ホットスタンプ箔が転写される。箔が転写された後，テーブルが作業者の元に戻ってくる。

③ 円周ホットスタンプ機
円周形状をホットスタンプする際に使用。製品をセットした治具が，回転しながら加熱ローラーに製品を押し付け，箔が転写される。このホットスタンプ機では，丸形状のパーツだけではなく，角が鋭角になったプラスチックパーツもホットスタンプすることができる。

(3) 3DHS工法（3次元装飾ホットスタンプ）
3DHS工法は，従来の技術では対応できない3次元曲面形状のパーツを加飾するために開発された加飾工法である。箔クランプ，箔と成型品の間の真空吸引，成型シリコンラバーによるアップダウンスタンプを組み合わせた，特殊箔押機を用いる画期的なホットスタンプ工法となる。3DHS

第 4 章　印刷

工法は，伸張性の高い特殊ホットスタンプ箔，特殊ホットスタンプ機，成型ラバー，製品受治具が一体となり達成される，高い加工技術と関連ノウハウの組み合わせで成立する表面加飾技術である（図4）。

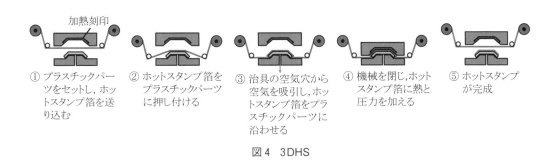

図4　3DHS

(4)　インモールド

インモールドは，樹脂成型とホットスタンプを1つの工程にまとめた技術である。樹脂成型時にホットスタンプを行うことで，二次加工に付帯する各種工程を省くことができ，製造コストを大幅に抑えることが可能となる。樹脂成型機に箔送り装置を取り付け，箔を金型内に送り，成型樹脂を射出することで，ホットスタンプ箔が金型内で転写される。成型後，ベースフィルムから箔が転写された成型品が剥離され，工程が完了する（図5）。

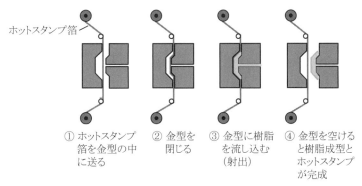

図5　インモールド

(5) インサートモールディング

ホットスタンプ，インモールドでは達成できない3次元形状への加飾に対して，採用される加工技術である。インサートモールディングは，ホットスタンプ，真空成型，射出成型技術の組み合わせにより成立し，使用される箔も，非常に伸張性の高い特殊な箔となる（図6）。

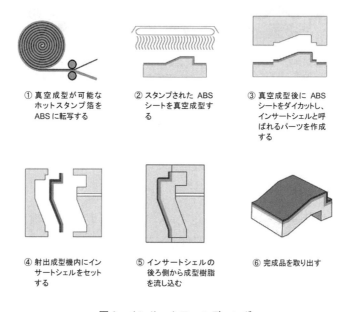

① 真空成型が可能なホットスタンプ箔をABSに転写する
② スタンプされたABSシートを真空成型する
③ 真空成型後にABSシートをダイカットし、インサートシェルと呼ばれるパーツを作成する
④ 射出成型機内にインサートシェルをセットする
⑤ インサートシェルの後ろ側から成型樹脂を流し込む
⑥ 完成品を取り出す

図6 インサートモールディング

2.1.5 ホットスタンプ加飾の利点

ホットスタンプは仕組みが簡単で，省エネルギーも期待できる技術であることから，従来の装飾技術が，ホットスタンプへ切り替えられることが多くなっている。プラスチック業界で期待できるホットスタンプの利点は次の通り。

(1) 経費の節減

加工方法としては，溶剤を使用しない乾式装飾のため段取りの煩雑さがなく，機械寸法が小さいことから，省エネルギー・省スペースにもつながる。また材料としてのホットスタンプ箔も，高速で印刷，蒸着を付与する高い生産性により，コストが安価である。

(2) 乾式装飾であること

ホットスタンプ工程では，印刷インクなどの溶液・溶剤を使用しないため，次のような特徴がある。

① 印刷インクの粘度調整などが不要なため，作業の準備時間や段取り時間が短い。
② 乾燥時間が不要なため，装飾後すぐに移動や次の加工が行える。
③ ホットスタンプ箔を交換するだけで，他の色・デザインへ容易に交換できる。
④ 使用済み廃液による水質汚染・公害対策が不要。
⑤ 溶剤や蒸気の除去も不要。

(3) 高いデザイン性

蒸着箔を使用する場合，金属と同等の輝度が得られ，またホットスタンプ箔のオリジナリティの1つである，繊細なヘアライン表現も可能。また，クロム蒸着を施したホットスタンプ箔を使用すれば，クロムメッキやクロムスパッタリングにも負けないクロム金属光沢を得ることができ，経費の節減はもちろん，廃液による水質汚染防止にもつながる。

(4) 強い表面耐性

ホットスタンプ箔の表層には保護層（トップラッカー）が構成されており，強い物理的・化学的耐性を発揮する。これにより，自動車・家電製品・化粧品業界などの規格にも適応できるようになり，テールライト，フロントラジエーターグリルやエンブレムといった外装部品にもホットスタンプ箔が採用されている。

2.2 コールドスタンプ

2.2.1 コールドスタンプとは

コールドスタンプ（コールド転写）は，もともと紙の印刷業界で開発された技術で，コールド転写ユニット付きのオフセット印刷機，フレキソ印刷機，凸版印刷機などを用いて，メタリック／ホログラム加飾のインライン加工が主に行われている。加工スピードが通常の箔押しに比べ速く，インライン作業のメリットとの相乗効果で作業効率の向上が見込める技術である。近年欧米では，この工法により，ポスター，ラベル，インモールドラベル（IML），シール，パッケージ，雑誌，歯磨きチューブの本体へのフォイル加飾など新しいビジネスが生まれており，また国内においても前述のアプリケーション以外にシュリンクフィルム，サーマル紙，セキュリティラベルへの採用や軟包材への展開が試みられている。

コールド転写加工では，第一に，コールド転写を行いたい部分に専用の接着剤を印刷し，その上にコールド用箔を転写する。その後，箔上へカラー印刷やニス加工を行うことも可能である。接着剤を塗布するための刷版は必要となるが，ホットスタンプで用いる高価な金属刻印やシリコンラバー刻印は，この工法においては必要がない。この点がコールドスタンプとホットスタンプの大きな違いの1つである。

2.2.2 コールドスタンプの主な加工方法

コールドスタンプの加工は，大きく分けて2つの方法がある。1つはフレキソ印刷（またはレタープレス）やオフセット印刷によるナローウェブ方式と，もう1つの方法は，枚葉オフセット印刷によるシートフェッド方式である。

(1) ナローウェブ方式（例としてフレキソ印刷）

この方式では，フリーラジカル型のUV接着剤を使用したモデルであり，UV照射をした時点で，フォイルの転写加工が完成する（図7）。

先ず，左方向から被転写材が印刷ユニットへ送られて，UV硬化型（フリーラジカル型）の接着剤が印刷される。次にニップローラーによってフォイルと接着剤が塗布された被転写材が圧着（ラミネート）される。圧着された基材はUV照射ユニットでフォイルの表面からUV光が照射され，UV硬化型の接着剤が完全に硬化することによって基材上へフォイルが転写される。UVの照射後，不要になったフォイルのキャリアーフィルムが剥がされるとともに上方へ巻き取られ，スタンプされた基材は右方向へ送り出される。

基本的にフォイルの送り，フォイルと基材をラミネート（圧着）するニップローラー，UV照射のユニットおよびフォイルの巻き取りなどが，図のような構造で配置できれば，ナローウェブにおいてコールドスタンプの加工は可能となる。

次にナローウェブ方式におけるコールドスタンプ工法のメリットを述べる。

① 当技術のための特別な経験は不要。
② 通常の印刷用の刷版で接着剤の塗布加工が可能。
③ コールドスタンプの加工機であるとともに，通常の印刷機としても使用できる。
④ インライン機の場合，スタンプ面と印刷との同調精度が高い。
⑤ 印刷方式のため，複雑なデザインの転写が可能であり，デザインの幅が広がる。

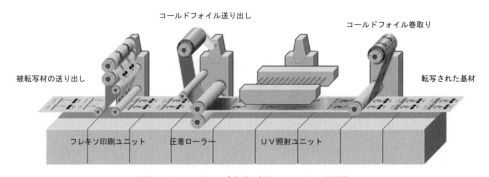

図7 ナローウェブ方式（例 フレキソ印刷）

第4章 印刷

⑥ オーバープリントを行うことで，様々な色調のメタリック効果が実現できる。
⑦ 最大120m／分までの高速スタンプが可能。
⑧ 比較的小さなロットから，大量ロットまで柔軟性のある加工ができる。
⑨ 熱や圧をかけられない素材への転写加工も可能。
⑩ フォイルのタイプを集約化できる。

(2) シートフェッド方式（例として　枚葉オフセット印刷）

シートフェッドによる加工方法は，図8の丸で囲まれた1番目の印刷ユニットで接着剤（油性またはUVタイプ）を印刷，続く2番目の印刷ユニットでフォイルを圧着した後，不要なフォイルのキャリアーフィルムを剥がし巻き取る。インラインの場合は，フォイル転写後に複数の印刷ユニットへフォイル転写されたシートが送られて順次オーバープリント（油性，UVおよびハイブリッドインキ）されていく（図8）。

シートフェッド方式におけるコールドスタンプ工法のメリットは，
① オフセット印刷による高生産性
② 一般的なオフセット用印刷プレート＝低いコスト＋優れた柔軟性
③ 短時間のジョブ切り替え＝コスト削減
④ 特別な技能が不要＝オフセット印刷
⑤ 印刷領域面への完全なフォイル転写
⑥ 高速運転における全面フォイル転写

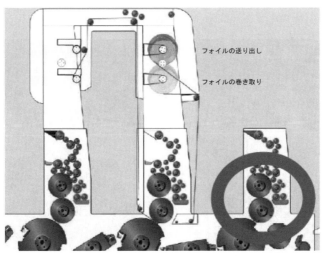

通常の印刷ユニット　　2番目の印刷ユニット／圧着加工　　1番目の印刷ユニット／接着剤塗布

図8　シートフェッドによる加工法（例　枚葉オフセット印刷機）

⑦　ハーフトーンなど網点が可能＝印刷領域への完全なフォイル転写
⑧　フォイル表面における良好な印刷適性
⑨　インラインとオフラインが可能
⑩　用紙の非変形＝非圧力，非加熱
⑪　機能強化されたパフォーマンスによる新しいビジネスの展開

2.2.3　プラスチック加飾としての可能性

　コールドスタンプのプラスチック用途への活用例として，透明クリアーケースや，プラスチック軟包材，シュリンクフィルム，インモールドラベル（IML）などが挙げられる。今までホットスタンプのような熱加圧による加飾が難しい，または不可能であった素材に対しても，蒸着箔を使用した輝度の高いメタリック，またオリジナリティのあるホログラムの加飾が可能となり，デザイン面での可能性が大きく広がることとなった。具体的には，食品業界における一般ラベル，インモールドラベル，シュリンクフィルム，また化粧品や生活雑貨業界では，インモールドラベル，PETクリアーケース，ラミネートチューブでの採用例がある（図9，10）。

　また，ベタと微細な線や文字およびグラデーションとの組み合わせ，基材への全面転写，シルバー色のフォイルさえあればオーバープリントにより，様々な色調のメタリックを作り出すことができること，被転写材の種類によって様々なタイプのフォイルを用意する必要がある熱転写と違い，基本的に1種類のフォイルとUV接着剤で対応できること，などが挙げられる。

　これらは，高付加価値を生み出すとともに加工材料であるフォイルのストックを集約化して，経済効率を上げる手段ともなる。

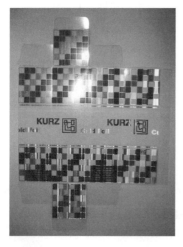

図9　PETクリアーケース

図10　ラミネートチューブ

第 4 章　印刷

　加えて，未だ市場では具体的に試みられてはいないが，UVシルクスクリーンやパッド印刷による加飾の可能性も期待できる。

　一方，コールド転写加工のデメリットも全くない訳ではない。まず，コールド転写では，被転写物の流れ方向に対して，同量のコールド箔が消費される。つまり，箔を使用するエリアが小さなデザインであっても，ほぼ全面を覆うようなデザインであっても，箔の使用量は同じとなり，間欠送りによる箔節約が可能なホットスタンプと，全く考え方が異なる。ナローウェブの分野では，国内機械メーカーが独自のシステムにより間欠送りが可能となった。また，ホットスタンプ箔を用いた外観に対して，コールドスタンプ箔は輝度感に若干差が見られるが，この点は，今後も改善がなされるものと考えている。

2.3　おわりに

　今から半世紀ほど前に誕生した転写箔技術は，環境対策，さらなるコストパフォーマンス，多彩な意匠性が要望される現在のプラスチック業界において，強い脚光を浴びている。インモールドやインサートモールド，またコールドスタンプが射出，真空成型また印刷技術との組み合わせであるように，現在も転写箔技術は，様々な加工方法，加飾技術との協力を模索しており，エンドユーザーからの高まる要求次元に応えようと，新たな取り組みがなされている。ゴールドリーフ（金箔）製作メーカーとして発祥した歴史を持つ当社も，プラスチック業界のさらなる発展に寄与できるよう，日々の開発に取り組んでいく所存である。

3 パッド印刷とシルクスクリーン印刷による加飾

石塚　勝*

3.1 パッド印刷総論

　パッド（PAD）印刷とは，平版のスクリーン印刷では印刷が困難な形状面の加工や微細パターン（ロゴや模様など）を表現するときに利用する印刷方法であり，スクリーンのような紗によるギザつきがなくよりシャープなパターンの稜線が得られる。

　予め用意された版下からのフィルムにより，平滑な金属板や樹脂板にエッチング法により形成した印刷パターンの凹面にインキを充填し，ブレードにより余分なインキを掻き切った版面からシリコンゴムで成形したパッドにインキを移し取り，被印刷物に転写する。エッチングの深さには限度があり，インキの全量を転写に使えるわけではないため，スクリーン印刷に比べインキの膜厚は少ない。

3.2 パッド印刷手順

　印刷の手順は次の通りであるが，曲面形状の樹脂成形品（ワーク）に印刷することを仮定して基本手法を説明することにする。通常はインキ充填から転写までを自動的に行う半自動機を使用する（図1）。

① インキ皿の中央部に版を装着する。樹脂版（後述）は薄いため平らな台が必要である。

② 版に適したブレード（刃）とインキ返しを装着し，固定された版全面に刃先が平均にあたり，版面に被せられたインキをきれいに掻ける位置に調節する。刃は変形するほど押しつけることなく，顔のひげを剃るがごとく軽いあて方が望ましい。

③ 次にワークに適した形状のパッドを装着する。パッドの頂点が印刷パターンの中のエッチングされていない部分を狙って降りてくるよう，かつパッドが押しつぶされた時に印刷パターン全部を覆うことができる位置に調節し固定する（図2）。

④ パッドをワーク位置まで移動させ，次にワークの印刷部に降ろしてあたり具合を調節する（インキの乗ってくる部分がワークの所定の位置にあたるようにする）。パッドが前述の版面およびワークにあたりつぶされる際に，できるだけつぶれ量が少ないことが望ましい。このつぶれ量の調節はテーブルを上下させて行う。

⑤ インキ返しとブレードが作動する際に掻きながら運べる程度の量のインキをインキ皿に流し込み，十分に往復させ粘度調整しながら撹拌する。

＊　Masaru Ishizuka　ダイヤ工芸㈱　代表取締役社長

第4章　印刷

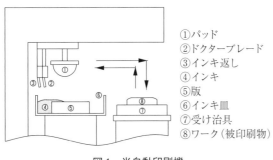

①パッド
②ドクターブレード
③インキ返し
④インキ
⑤版
⑥インキ皿
⑦受け治具
⑧ワーク(被印刷物)

図1　半自動印刷機　　　　　　　　　　　　図2　パッドの位置決め

⑥　ここで原点から機械を作動させるが，セットされたワークの曲面に合わせ普通紙を置き，ずらしながら数回印刷を試みる。印刷具合を確認しきれいに印刷されるようになったら，ワークの曲面に直接印刷を行う。

⑦　うまく印刷できたら，所定の位置に規定通りに位置決めできるまで微調整を行う。受け治具とテーブルの間にXY方向に動く調整盤があると便利である。

⑧　すべて確認の上作業に入るが，印刷後は自然乾燥か強制乾燥により仕上げを行い，剥離テストなど表面物性やカスレ，ニジミ，線切れなどがないかの確認を行う。

3.3　パッド印刷用機材

ここに使われる諸機材について個々に概略を述べることとする。

3.3.1　パッド印刷用版の作成

パッド版の素材は，通常よく研磨された鋼鉄が使われるが，ポリエステル製の樹脂板も使われる。後者は軟らかく耐久性に欠けるが印刷量の少ないロットには都合がよい。

①　版下の作成
②　ポジフィルムの作成
③　エッチング加工による製版

ポジフィルムを紫外線で処理された版面に焼付けてから洗浄，乾燥させ再度紫外線にあて加熱してから酸性液でパターン部分を腐蝕させ彫込みを形成する。

①，②についてはスクリーン印刷の項で述べているのでご参照いただきたい。

3.3.2　インキ

インキを決める時は，きれいで素材に適正な接着性のあるものが仕上がりの決め手となる。

一液型のインキとしてはスチレン系，アクリル系，ポリエステル系，ビニール系などがあり二液型としてはエポキシ系，ウレタン系などがあるが，専門の代理店に相談することが望ましい。

インキは，作業時に糸が引かず切れがよく，乾きが速いことが条件なので基本的にスクリーン印刷用とは異なる。

紫外線照射で硬化させるUVインキや有機溶剤を使わない水性インキも使われる。

3.3.3 溶剤

インキの希釈，版やインキ皿などの洗浄に使われるが，必ず使用するインキに適合した溶剤を使わなければならない。インキの希釈は硬すぎや，緩かすぎることのないよう注意深く行う。望む色調が得られなくなるからである（スクリーン印刷の溶剤の項も参照されたい）。

3.3.4 ドクターブレード（Doctor Blade）

ブレードは耐刷性や作業性を高め，仕上がり品質を確保するために極めて重要な要素であり，ブレードの材質には鋼鉄製，ファインセラミックス製などがある。また厚さも数種類あるので使用される版の材質やパターン（印刷線画）によって使い分ける。

- 選択の目安（一例）
  ① 鋼鉄製版 ⇒ 鋼鉄製ブレード，セラミックス製ブレード
  ② 樹脂（ポリエステルなど）版 ⇒ セラミックス製ブレード
  ③ 文字や線画が太く（0.5mm～）ベタ部の多いパターンの版 ⇒ 厚みのあるブレード
  ④ 文字や線画が繊細なパターンの版 ⇒ うす目のブレード

3.3.5 パッド（Pad）

この印刷手法の名称のもとになるもので，手触りのよい軟らかさをもったシリコンゴム製の成形品（型に流し込んで作る）である。

素材の印刷加工面の形状や大きさに合う適正な形のパッドを選択できるよう，メーカーには硬めのものや軟らかめのものも含め相当種類のパッドが用意されている（図3）。パッドの選択も重要な要素である。

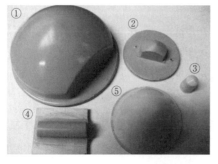

写真のパッドの使用例
①⑤：ワーク印刷面に凸起がなく大きめのパターンを印刷する時
（①の切落部はワークの凸起を逃げるために加工したもの）
②③：凸起物が印刷部周辺にある時や小さいパターンを印刷する時
④　：断面が舟の底の形状をしており横長の文字列や線を印刷するのに適している
全てのパッドに頂点があることに注意

図3　パッドの色々な形状写真

第4章　印刷

3.3.6　受け治具

受け治具はスクリーン印刷の項の説明と重複するが，パッド印刷用受け治具として特に注意を要する項目を述べる。

① ワーク面のヘリに近い部分に印刷がかかる時：頂点がワーク面から外れるので，直近に頂点が落ち着く適当な高さの平面部を設ける（面の中の大きな開口部近くの印刷も同じ）。

② パターンよりパッド頂点が大きすぎる時

③ パッドがつぶされた時：パッド本体が歪まないための対策をしておく（パッド本体の歪みやねじれがあると本来のパターンが変形して印刷される）。

3.4　パッド印刷の実際

ここでは色々な印刷面への対応を考えたい。

重要なことは，版からパッドがインキを拾う時，パッドの先端（頂点）が極力版のパターンに掛からないよう頂点直近の腹にインキを乗せることである。頂点のとがった部分でインキを拾うと，版上のインキが充填された部分を押し込むことになるので，インキがつぶされ，はみ出したインキをも拾うことになる。

また，パッドが版やワークに繰り返し接触するので，静電気の発生により印刷面に障害（文字に細かいヒゲが出るなど）が出ることも否めないので対応策も必要である。

(1) **ゴルフボールのような球面への印刷（図4）**

パッドは緩やかな球面で，ディンプル穴にも入り込むように少し軟らかめのものを選択する。ボールは位置決めが必要な時は，所定の場所を頂上にして固定できる受け治具を用意する。パッドの頂点とボールのそれとを合わせないよう，パッドの頂点の側面にインキが乗ってくるように版からインキを拾う。

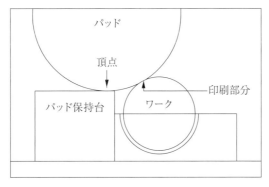

図4　パッド保持図解

したがってパッドに押されてボールが少しでも動いたら美麗な印刷ができない。

(2) 印刷したいところの直近に突起や壁があるような場所への印刷

転写時,障害物に触れないようパッドの一部を切り取るのが一般的だが,この場合はゆがみ防止のためにやや硬めのパッドを選ぶとよい。適するパッドが入手できないときは頂点直近の側面にインキを乗せることを考慮して接触懸念部分の切り取り加工を行う(図3の①)。

(3) 一列の長いパターンを印刷

パッドは舟形と称する,断面が船の底の形をした棒状のパッドを選び,その斜辺にインキを乗せてくる。なおパターンが横長のベタ線状のものであれば,製版の時やや斜めにエッチングしておけば,ブレードが引っ掛かりインキが掘り返されないため,きれいな印刷が望める(図3の④)。

(4) 断面が台形形状の緩やかな斜面へリング状に印刷

この場合パッドの頂点が邪魔になるので,平らでかつ,中がえぐられたドーナツ状のパッドを選ぶ。いわゆるこれの外輪山を頂点としその側面にインキを乗せてくる。

(5) すり鉢状の緩い内面に印刷

転写時,パッドの周囲がうまくすり鉢内面に触れあうサイズのものを選ぶ。頂点が底に当たるようであれば適当に切り落とす。

3.5　パッド印刷による加飾傾向

プラスチック素材では実際にどんなところに活用されているか。

(1) ロゴ(文字)や柄をつける一般的印刷

凸曲面部や凹曲面部に威力を発揮するので,ゴルフボールのような球体や円筒物の一部や変則曲面部に加飾することができる。ただしパッドのつぶれの限界があるから,円筒の場合は断面の30%程度の円周面に限られる。

(2) ツマミ,ボタン,玩具,文房具など小物類

パッド印刷の概略を述べてきたが,様々な形状を体験し,工夫次第では思いもよらない形状面への印刷も可能になるので挑戦してみていただきたい。

3.6　シルクスクリーン印刷総論

シルクスクリーン印刷とは,「絹糸」によって編まれた布(紗)を,アルミ製などの枠に適度の張力を保たせて張ったスクリーン状の版を使用して行う印刷法の呼称である。

近年は絹糸に代わって合成繊維のナイロンやテトロンが主流となり,用途によってはステンレスなどの微細な金属網も使用されている。

スクリーン版裏面に乳剤(感光材)を塗布し,後述の方法で印刷したいロゴや模様(パターン)

第4章 印刷

を形成し（製版），完成した版はこれらのパターンの部分にだけインキが通過できるように網目状になっている。したがって「スクリーン印刷」と呼ぶことが多い。

他の印刷法に比べ印刷の膜厚を8ミクロンから1ミリ程度までつけられるのが特徴である。ここではスクリーン印刷の概略について述べたい。

3.7 シルクスクリーン印刷手順

印刷の方法は次の通りであるが，平らな樹脂製の板に印刷することを仮定して基本手法を説明することにする。作業台に版を支える二本の支柱を建て，版の片方を蝶つがいで固定，版が上方へ開けるようにした手動式の装置で作業する（図5）。

① まず，この樹脂板を作業台の上に位置決めした受け治具（被印刷物が着脱可能な固定具）にセットし，印刷面と版のインキ通過部分にわずかな隙間ができるように版を調節する（すきま調整）。
② 使用するインキを適量，版のパターン部分を避けた印刷スタート部近くに流し込む。
③ インキの一部をスキージー（版のパターン部分から押し出すためのゴム製ヘラ）で，軽く通過部分（パターン部分）全面に均一に塗りつける。
④ 版を手などでしっかり押さえ，スキージーをスタート部から最後まで，インキを押し出せる程度の圧力（印圧）で押しつけ，適度の速さで引いていく。
この際，途中でスキージーを止めたり浮かしたり，印圧を変えると失敗するから注意を要する。
⑤ 最後までスキージーが走ったのを見届けたら，ゆっくり版を浮かし運んできたインキを逆の方向に均一に塗りつけながら元のところへ戻す。
⑥ 樹脂板の印刷された部分に触れないように受け治具から外し，乾燥するところへ。
⑦ 印刷位置が規定どおりになるよう受け治具を動かしながら調製する。
⑧ 印刷の仕上がり状態を確認し条件を整える。

手動式による印刷の手順を述べたが，実際に印刷作業をする時は，この工程を自動的に行う半自動機を使用することが望ましい。

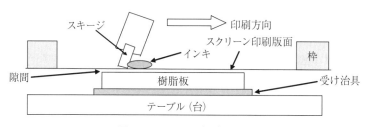

図5　スクリーン印刷の原理

3.8 スクリーン印刷用機材
3.8.1 版の作成
版の枠は木枠，鉄枠，アルミ枠などがあるがアルミ枠が一般的と思われる。

スクリーンを形成する素材は，プラスチック印刷で一般的なのはナイロン，テトロンであり，メッシュや張り強度などを決め製版業者に依頼することが望ましい。

(1) 版下

製版する際のパターンは先ず手書きや機械的方法による版下（清刷）を用意するが，印刷の元になるものなので鮮明で歪みがなく，輪郭のしっかりした物でなければならない。また裏刷り（透明素材に裏から印刷して表から見るもの），表刷り（三文判式）かも注意して作成する。

(2) ポジフィルム作成

できた版下を専用の製版カメラにかけて撮影しネガフィルムを得，それを反転させてポジフィルムを作る。ネガフィルムとポジフィルムは白黒部が反対になる。

(3) 感光製版

感光製版法には直接法と間接法があり，前者は乳剤（感光材）を塗布した版面にポジフィルムを密着させて焼付け，現像製版する。この方法は感光材がスクリーンの繊維糸を包みこむため，膜厚を加減でき，こすりにも強い版ができる。

後者は別の部分に画像を構成してスクリーン面に転写，製版する方法で前者より，より精密なパターンを作りやすいが強度がないのが弱点。

直接法は製版費も安くすむので一般的であり，この感光剤はPVA（ポリビニールアルコール）などのコロイド溶液で重クロム酸塩を加えて感光させる。フィルムと密着させ焼付けてから水洗いで現像すると，版のパターンの部分は光が当たっていないので硬化せず，その部分が溶け去りスクリーンの目が開き，インキが通るようになる。

3.8.2 インキ
印刷用インキは顔料，染料などの着色剤と植物油，溶剤，樹脂成分および乾燥剤，界面活性剤，可塑剤，ワックスなどの助剤を練り合わせ，溶解させて作り種々ある被印刷物の材質ごとに色調，密着性能，作業性，仕上がり精度などを勘案しながら溶剤で調製する。それ故粘度の調整や，版洗浄には使用インキに適正な溶剤を選択しなければならない。

プラスチックはその用途や特質により，材質が相当多岐にわたるため，インキの選定には最大限の注意を払わなければならない。インキの種類も相当多岐にわたるのでまず被印刷物の材質を見極めることから始めて，求める仕上がりの物性を引き出すインキを絞りこまなければならない。代理店は豊富にあるので，素人考えは慎んだ方が無難である。なお，用途により適正な溶剤や添加剤と併用することで次のようなインキも調製することができる。

① 速乾性，標準，遅乾性のインキが調製できる。
② 印刷仕上がり表面の光沢度合いや艶消しなどを任意に調製できる。
③ 各種金属調の色調も調製できる。
④ 硬化剤と一定割合で混合して印刷仕上がり表面の耐摩耗性，耐熱性，耐光性（退色性），耐薬品性を高めることができる。（二液対応型）

また，主なプラスチック材により，次のようなインキの大別方法もある。
- スチロール用インキ　・塩ビ用インキ　・ポリエチレン用インキ
- アクリル用インキ　・PP用インキ　・PET用インキなど（以上一液型）
- ウレタン系インキ，エポキシ系インキ（二液型）

さらに表面硬度が必要な印刷には紫外線照射によって硬化させるUVインキがある。

紙面の都合で，インキの種類，成分，用途などは代理店や専門書を利用されたい。

なお，調色（望む色調を作る）する場合は，直射日光の当たらない場所で行い，色の確認作業は蛍光灯などの人工光源下は避け，北側などの安定した光線が得られる所で見本などと比べながら行うが，精度を上げるには鋭敏な色彩感覚が求められる。

3.8.3　溶剤（Solution）

スクリーン印刷では溶剤はインキ同様重要な要素であり，かつ種類は複雑多岐にわたるため専門家の指示に頼るのが賢明である。

溶剤の中にはそれぞれ用途に適した成分が溶かし込まれている（有機溶剤）。これら成分が作業性能を高め，被印刷物の表面の着色される部分を溶かし，素材分子と一体化しパターンを密着させるなど多様な働きをする。したがって溶剤の選択と使用方法は作業効率や仕上がり品質を決定づけることになる。

インキの希釈にも適正な溶剤を加えるが，調色とともにステンレス製などの汚れのないヘラを使用し，まんべんなく撹拌することが大事である。

なお印刷後，乾燥工程においてこれらの溶剤を蒸発させなければならない。ほどなく印刷表面は固まるが膜厚の中は溶剤分が密封されるため，そのまま放置して硬化させる場合もあるが，必要に応じ専用の乾燥窯やコンベア式乾燥機で送風加熱をする。二液対応型の場合は種類ごとにこの加熱温度と加熱時間が指定されているから守らなければならない。

インキ，溶剤の取り扱い上の重要事項

一般に使用されているインキや溶剤はほとんどが石油系の有機化合物であり，引火・爆発性であり，かつ毒性があり，臭気も強く無毒な溶剤はきわめて少ない。したがって使用時は次のような厳重な注意をするよう消防法，劇毒物取締法などで定められている。

① 消防法で危険物とされる溶剤：メチルエチルケトン，アルコール，エーテル，クロルベン

ゾール，アセトン酢酸エステル，第一および第二石油類など
② 劇毒物取締法で指定されている溶剤：クロロホルム，クロルエチル，アニリン類，四塩化炭素，ニトロベンゾールなど
③ 有機溶剤中毒予防規則：第一種溶剤（上記のクロロホルム他）から第二種（アセトン，酢酸ブチルなど多数），第三種溶剤（ガソリン，テレピン油など）まで相当種類の溶剤類

3.8.4 スキージー（ゴムヘラ：Sqeezee）

インキや溶剤に耐えるウレタンゴム製などが一般的であり，ホルダーを介してある一定の角度で加圧摺動させ，版のパターン部のスクリーン目を通してインキを外側に押し出す道具である（図5）。

ゴムの厚みのエッジの部分を使うが，先端を刃物形状に尖らせて使うこともある。

このエッジや先端の精度が印刷仕上がり品質に大きく影響する。ゴムの硬さには硬軟数種あるが被印刷物の表面の状態や膜厚を加減することなどに使い分ける。

3.8.5 受け治具

被印刷物（ワーク）を印刷台に固定するために受け治具が必要になる。受け治具として重要なことは，印刷精度を確保するために印刷面を確実にガタがなく，版に平行に固定できなければならない。その上，繰り返しワークをスムースに着脱できるように篏合に配慮し固定部分が欠けたり，摩耗しない材質を用いる。

3.9 スクリーン印刷の実際

平らな面への印刷の基本動作については3.7項で述べたので，ここでは変則的な印刷面に対する印刷法や最新技術について述べたい。

(1) ワークの印刷したい部分の近くに突起物がある時

版を破損するため，直接に突起のある面には版を被せてはいけない。

突起部分を避けるためスクリーンの枠の一辺を突起と印刷ヘリの間に入る薄目（2～3mm）の枠にする（特枠）。

スクリーンは強い張力で張られているので，枠を薄くするにはアルミ製はゆがむので不向きであり，鋼材を溶接して使うのが一般的である。またスクリーンと枠は接着されているのでいくぶんそのノリ部分が版面にはみだしている。したがって突起物と印刷パターンのヘリの距離は5ミリ前後はなれていることが必要である。

(2) 湾曲（凹面）への印刷

スクリーン印刷の版は平面であるから，凹凸面への印刷には不向きである。

わずかな湾曲面であれば，スクリーンの張り（テンション）を弱くして行う場合がある。印刷

仕上がりに支障のない程度まで緩めた版で強めにスキージーにてこする。

(3) **湾曲（凸面）への印刷**

小さいカーブの凸面のとき，スキージーの動きに連れワークの頂点付近の印刷部分が版でこすられインキがにじむことになる。この場合は版の両中心部分を支点とする二重枠として，本版がシーソーのような動きができるようにする。

(4) **円周面への印刷**

平面版を使って円筒状の外周に印刷するときはワークテーブルを取り外し，版と連動して回転する受け治具にしなければならない（円周用機械）。

(5) **多面体や楕円体への印刷**

最近は数値制御方式機械装置と印刷機を合体させ，一工程でこれらの外周に自在に印刷できる独自技術が確立され"一発印刷"として話題をよんでいる。

3.10 スクリーン印刷による加飾傾向

プラスチック素材で実際にどんなところに活用されているか

(1) **ロゴ（文字）や柄をつける一般的印刷**

匡体や部品（携帯電話や家電品などの射出成形されたケース類や部品類），パネルや表示板（機器操作部分のパネル類や表示板，表示部透明パネル，目盛板など），小物類（ボタンやツマミ類，アクセサリー，ボールペン，POP用品など）

(2) **機能膜的活用**

電磁用接点，マスキング，導光板，電磁波用微細配線，遮蔽や反射，キズ防止など

(3) **工芸的活用**

絵画や工芸デザインによる多色刷印刷

スクリーン印刷は仕上がりに質感があり，摩耗に強く美麗で用途により多様なインキが揃っているので，今やあらゆる分野で利用されている。近年は有機溶剤の問題もあり水性インキも使われつつある。

4 インクジェットプリンタによる加飾技術

大西　勝*

4.1　はじめに

　インクジェット技術の特徴の1つに非接触でプリントできる特性がある。この特徴を活かし，凹凸のあるメディアへのプリントに既に使用されている。しかし，インクジェット方式による立体物へのプリントには技術的な壁がある。それは，高解像度画像をプリントするには，ノズルとメディアの間のギャップが空気抵抗の影響でmmのオーダに制限されることである。

　従来から，さらに大きな凹凸を伴う立体物へのプリントは印刷技術と組み合わせてインサートフィルム成形などの加飾技術に使われてきた。近年，種々の加飾フィルムとの組み合わせでインクジェットプリンタによる新しい加飾方式が登場してきた。

　インクジェットプリンタを使った加飾技術には，従来の印刷技術で形成していた加飾画像を単にインクジェットプリンタでプリントする物から，インクジェット特有の性質を活かした新しい加飾技術と言えるものまで幅広く検討や実用化が進みつつある。本節では，インクジェットプリンタを使う最近の加飾技術について紹介する。

4.2　加飾技術の分類

　3次元の成形品の加飾法には様々な方法が実用化されている。加飾技術は，成形時に加飾を同時に行う1次加飾と，成形後の成形品への加飾や製品や機械加工部品への加飾や追記および縫製後の布地やTシャツへのプリントなどのように構造ができ上がったものに加飾する2次加飾に大別される。

　インクジェット方式による加飾は非接触の特徴を活かした2次加飾から実用化が始まった。表1にインクジェットに使用できる，あるいは今後使用される可能性のある加飾方法を分類して示す。

　インクジェットプリンタでは確かに，非接触でプリントできるが，ノズルからメディアの表面までのギャップ長に制約があり，cmを超える大きな凹凸のあるメディアに直接高精細画像をプリントすることはできない。そこで，インクジェットプリンタを加飾に使う場合でも，従来の印刷技術を使うものと同じように一旦フィルムにプリントしてから，一体成形（1次加飾）や転写（1次加飾または2次加飾）により，大きな凹凸や曲面を持つ3次元構造物への加飾を行っている。

　以下，インクジェットプリンタを使用する加飾技術につき，順次説明する。

＊　Masaru Ohnishi　㈱ミマキエンジニアリング　技術本部　技術顧問

第4章　印刷

表1　インクジェットプリンタに関連する加飾技術の分類

分類	方法	方法の説明
1次加飾	フィルム一体成形	インクジェットプリンタで記録した成形用フィルムを金型に入れ，樹脂と一体成形する。
	インモールド転写	フィルムにプリントされたインク画像を，成形時の熱で成形樹脂側に昇華あるいは熱溶融転写する方法。
2次加飾	直接プリント	インクジェットプリンタで，成形後などの構造物や縫製後のTシャツやバッグに直接プリントする方法。
	転写法	転写紙や転写フィルム上の画像を被転写物に圧力や真空引きの大気圧で加圧し加熱転写する方法。
	インクジェットパッド印刷	パッド印刷の鋼板にインクジェットプリントした画像をパッド印刷の手法で一旦パッドに転写後，メディアに再転写する方法。

4.3　1次加飾
4.3.1　フィルム一体成形加飾

　射出成形金型にインクジェット法で加飾したフィルムをベースフィルムごと，樹脂と一体的に成形する方法である。図1にフィルム一体成形加飾用のフィルムの構成例と一体成形加飾の方法を簡略化して示す。

　図1(a)のように，一般的にインクジェット方式によるフィルム一体成形加飾の場合には，インクジェットインクを受容する目的と一体成形樹脂との接着性を確保する目的で，受像接着層が形成されている。

　次に図1(b)のように，インクジェットプリンタで加飾画像が形成される。この時のプリンタはソルベントインクプリンタかUVインクプリンタである。UVインクの方がより多くのメディアにプリントできる特徴があるが，成形時の伸びに対応するためにインクに200％程度まで割れずに伸びるインクを選ぶ必要がある。後述のように，ミマキエンジニアリングではフィルム一体成形加飾用に柔らかいインクF-200（メタルハライドランプ用）およびLF-200（UV-LED用）を提供している。

　その後，図1(c)のように成形用金型に入れ，型押しした後に，成形樹脂を流し込み樹脂と一体的に射出成形すると，図1(d)のように表面に加飾画像が形成された樹脂成形物が完成する。

　フィルム一体成形加飾は，フィルムにプリントすれば良いので，インクジェットプリンタにとって比較的簡単に適応できる方法の1つである。

　従来，加飾画像の形成は印刷技術により行われている。この方法は，自動車部品，携帯電話あるいは炊飯器，洗濯機などの水回りで使用するメンブレムスイッチなどに用いられている。インクジェット方式の応用は現在のところまだ十分に広がっておらず，加飾デザインの種類の多いイ

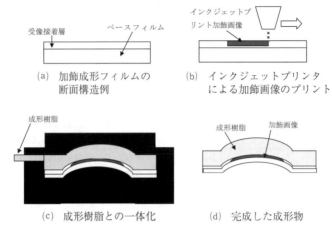

図1　フィルム一体成形加飾

ンストルメントパネルやオペレーションパネルの少量生産や各種イベント用の記念品などの少量生産用に一部使用されている。印刷のように，刷版の作製が不要なので，少量他品種の生産用には低コストと短納期のメリットが発揮できる方法である。

インクジェットフィルム加飾に使用されるインクはUV硬化インクあるいはソルベントインクである。UV硬化インクには，インク層の成形時の伸びに対応できる柔らかいインクの採用が必要となる。UVインクジェット用に，既に200％程度までの伸びに対応できるインクが実用化されている。

一方，ソルベントインクの場合はインク層が薄く200％程度の伸びでインク層が割れることはないが，ソルベント用の柔らかい受容層を形成した専用の加飾フィルムの使用が必要となる。

また，インクでプリントした部分とメディアとの接着性を確保する目的で，メディアに接着層を設けることも必要な場合がある。

4.3.2　インモールド転写成形

この方法は，一旦フィルム上に形成した加飾画像をベースフィルムごと成形物と一体化するのでなく，成形物の表面にプリント画像やメタリック層のみを転写して加飾する方法である。

図2(a)にインク層転写フィルムの原理的構成例を示す。ベースフィルムの上に離形層を介してインクの受像と成形樹脂との接着力強化の役割を果たす受像接着層が設けられている。図2(a)はあくまでも原理説明用の図であり，実際に使用されている転写フィルムは目的に応じて構成が工夫され，新たな機能層が追加され変更されているものが多い。例えば，加飾インク層の保護などの目的で設けることの多いクリア層などの表面保護層もこの図では省略してある。

図2(b)のように受像接着層にインクジェットプリンタで加飾画像がプリントされる。

第4章　印刷

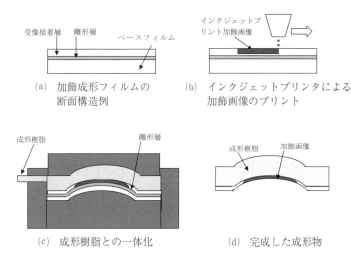

図2　フィルム転写加飾成形

次に，図2(c)のように樹脂を流しこみ一体成形後，ベースフィルムを離形層と共に外すと，図2(d)のように加飾画像層のみ成形樹脂表面に残り，加飾が完了する。

4.4　2次加飾

立体物への2次加飾の方法も次に示すような種々の方法が考えられている。その内，②～⑤はインクジェットプリンタを使っているあるいは使える方式である。

① 塗装や手書き加飾
② インクジェットプリンタでのダイレクトデジタル加飾
③ 水圧転写：図柄を形成した水溶性フィルムを水に浮かべてその上に被転写材を載せて水圧で被転写材に転写する。
④ パッド印刷：グラビア印刷と同じ凹版に形成したインク像を，柔らかいパッド状のゴムに転写し，さらに被転写物に押し付けてインク像を形成する。タンポ印刷と同じ。
⑤ 3D曲面昇華転写システム（IDT Systems社）
⑥ シルクスクリーン印刷やオフセット印刷
⑦ 熱転写：転写フィルムをサーマルヘッドや半導体レーザーで加熱し，インク層を溶融転写または昇華転写する。
⑧ ホットスタンプ

がその代表例である。

以下はインクジェットプリンタを使う2次加飾法である②のダイレクトデジタル加飾と④のパ

ッド印刷および⑤のIDT Systems社に代表される３Ｄ曲面転写の方法について紹介する。

4.4.1　ダイレクトデジタル加飾

　インクジェット方式は，種々のプリント方式の中で，レーザーマーキングと並んで数少ない非接触でプリントできる方法である。レーザーマーキングではメディアであらかじめ設定した表面被覆層をレーザー除去し地色を出す方法や，レーザー加熱による発色あるいはレーザー加熱による蒸発痕跡や焦げ跡による単色の色しか出せない。一方，インクジェットはフルカラープリント可能であり，高精細カラー画像の非接触加飾手段としては唯一の方式である。なお，インクジェットとよく似た特徴を持つバルブの開閉でインクの吐出を制御するバルブジェット方式があるが，数dpiから50 dpi程度の低解像度のプリントしかできないため，画質的に本節の目的の高画質加飾技術として採用できないので，除外している。

　成形物にダイレクトにプリントするのに最も適したプリンタは，受像層の形成が不要なUVインクジェットプリンタである。受像層が形成できる構造の成形物であれば，ソルベントインクや水性インクを使うプリンタでもプリント可能であるが，受像層の追加形成や溶剤の乾燥の手段や時間の追加の必要なことを考慮すると，ソルベントプリンタは用途が限られる。

　インクジェットプリンタは非接触でプリントできることから，凹凸のある成形物に直接プリントし加飾することができる。ただし，高精細画像がプリント可能なギャップ長には制限があり，インクジェットヘッドのノズルからメディアまでの最大のギャップ長Lmaxを一定値以下に抑える必要がある。Lmaxの値は，プリントモードにより異なり，インク液滴の重さ（サイズ）が小さく短くなる。これは以下のように説明できる。

　インク滴の速度をvとすると運動エネルギーEは次式で表わされる。

$$E = (1/2)mv^2 \\
= (2/3)\pi r^3 \rho v^2 \tag{1}$$

　ここで，$m = (4/3)\pi r^3 \rho$，mはインク滴の質量，ρはインク滴の密度，rはインク滴の半径である。

　一方，インク滴の飛翔時に働く空気抵抗Rは，インク滴のサイズの大きい時はインク滴の断面積に比例して，次式のように増加する。

$$R \propto r^2 \tag{2}$$

　(1)と(2)式の関係から，液滴の半径が小さくなると運動エネルギーが急速に小さくなり，空気抵

第4章　印刷

抗の影響を受け易くなることがわかる。このために，小さな液滴を使う高精細プリンタほど，インク滴の減速が早くなり，ギャップを空けてプリントすることが難しくなる。

またさらに，ヘッドはY軸上を通常0.5 m/secから1 m/sec程度の高速で移動しているために気流が発生している。初速度数m/secから十数m/sec程度で吐出されるインク滴の速度が，空気抵抗を受けて遅くなると気流に流されて着弾が不正確になる問題や，インク滴がメディア到着できずにミスト化して正常なプリントができなくなる問題を生じる。

この小液滴ほど大きくなる空気抵抗の影響で，通常の最小数ピコリットルの液滴を使うインクジェットプリンタでは，高精細プリントのできるギャップ長は2 mmから4 mm程度である。それ以上のギャップを空けてプリントする場合には，大幅な画質低下やミストによる吐出不良を生じ易くなる問題がある。

しかし，インクジェットプリンタの非接触プリントの特徴を活かし，インクジェットプリンタによるダイレクトデジタル加飾は多少凹凸のある立体物に数多く適用されている。以下，実例で説明する。

図3は日東ボタン㈱により実用化された，ボタンのデジタル加飾の例である。使用しているプリンタはUVインクジェットプリンタである。成形された多少の凹凸のある標準形状のボタンの表面に従来の樹脂の混合などでは達成できない，変化に富んだオリジナルな柄をプリントし，特徴的，個性的なボタンを少量から生産できる特徴がある。例えば，ボタンの模様を服地の柄に合わせたり，一着の服のボタンの模様を一個ずつ変えたり，文字やペットなどの写真を入れたりすることも容易である。

図4は，UVインクジェットプリンタで立体物に直接プリントした例を示す。図4(a)は自動販売機のダミー缶のプリントサンプルであり，この場合はフィルムにプリントしてプラスチックの枠型に丸めて入れて設置しているので，プリント自体は立体物へのプリントではない。図4(b)は

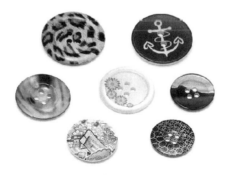

図3　UVインクジェットプリンタによるボタンの加飾の例

IDカードの例であり，ICなどがあり多少凹凸があってもプリントできる特徴がある。図4(c)は携帯電話の外装内面の凹面側から，UVインクジェットプリンタでプリントして加飾した例である。図4(d)はパチンコ台などのアミューズメント機器の立体部品にUVインクジェットプリンタで加飾した例である。図4(e)は拡販ツールなどに使用されるボールペンに社名と製品名をUVインクジェットプリンタで入れた例である。図4(f)は楕円上表面に加飾した例である。このように，多少の凹凸のある立体物にダイレクトに位置精度よくプリントできる特徴を活かした用途が広がってきている。

図5はホテルなどのビルの避難経路の表示(a)と地下鉄の路線案内の例(b)であり，いずれもUVインクジェットプリンタを使用している。このような用途は各階や駅ごとに表示の内容を変える必要があるために，版を必要とせずかつ色々なプラスチック材料にプリントできるUVインクジェットプリンタの使用が適する。

(a) ダミー缶　　(b) IDカード　　(c) 携帯電話

(d) アミューズメント部品　(e) ボールペン　(f) ノベルティ品

図4　UVインクジェットプリンタによるダイレクトプリント加飾の例

(a) 避難経路の表示　　(b) 地下鉄の路線案内

図5　UVインクジェットプリンタによるダイレクトプリント加飾の例

以上のように，UVインクジェットプリンタでダイレクトにプリントするのが最も簡単な加飾の方法であるが，先に述べたようにインクジェットプリンタの原理的な制約から，凹凸が一定の距離を超えると着弾が不正確になりかつ着弾するインク滴サイズが小さくなるために，画像が乱れたり，筋ムラが発生したり，色が変化したりする不具合が生じる。このために，大きな凹凸や曲面にプリントする時は，フィルムなどにプリントした後に立体物に転写する以下に紹介するような方法が採用される。

4.4.2 転写法

転写方式は一旦フィルムや紙にプリントしたインク画像を被加飾物に熱と圧力を加え転写する物である。転写の方式には，加飾インク層だけを転写する方式と，加飾画像を形成する昇華染料のみを転写して非加飾成形物の表面を染色して発色する昇華転写方式とがある。

(1) 立体物への昇華転写方式

英国のIDT Systems社の開発した2次加飾の方式であり，3次元曲面昇華転写システム[1]として販売されている。この方式は，熱可塑性を有しかつ昇華染料インクに対するインク受像層を備えた3D熱転写フィルムにプリントされた昇華染料インク像を，立体物に熱と真空引きによる大気圧で加圧して熱転写するものである。

加飾は次のステップで行われる。

① 図6(a)のような熱可塑性のフィルムと受像層を形成した3D熱転写フィルムを使用する。
② 図6(b)のように熱可塑性の3D熱転写フィルムに昇華染料インク画像をインクジェットプリンタでプリントする。
③ 図6(c)のように，昇華性インク画像を乾燥後，真空減圧できる装置に被転写物と昇華インクのプリント画像が対峙するようにセットし，予熱しながら減圧して柔らかくなった3D熱転写フィルムを被転写物に大気圧で圧接する。
④ 非転写立体物にそって図6(d)のように密着させた状態で，昇華転写温度まで加熱することにより，インク画像の昇華染料が受像層から被転写物に拡散転写される。
⑤ 冷却後減圧を解除し，3D熱転写フィルムを被転写物から外すと，図6(e)のように加飾が完了する。

この方法の優れた点は，加圧が熱可塑性の柔らかい3D熱転写フィルムを通じて大気圧で行われる点に由来する。すなわち，減圧するだけで圧力が成形物の形状に関係なく均等にかけられるので，2次加飾できる成形物の形状の自由度が大きい点である。反面この方式では，昇華性染料で発色するポリエステルやナイロンなどの素材にしか適用できないため，それ以外の素材を使用する時は受像層を設ける必要がある問題点がある。

よく似た方式にTOM工法（3次元表面加飾技術）[2]がある。この方式は，布施工業㈱で開発さ

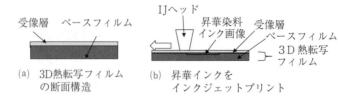
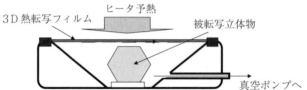
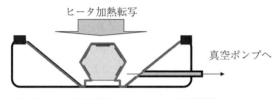

図6　3次元曲面昇華転写方式加飾の基本工程

れた[3〜6]加飾画像のプリント印刷技術であり，インクが昇華型インクでなく通常の印刷インクであることが，昇華転写でインク画像を転写するIDT Systems社の技術と異なっている。

4.4.3　インクジェットプリンタを使うパッド印刷

㈱秀峰により，実用化された方式[7,8]である。従来のパッド印刷では，グラビア刷版と同じ凹状のインク溜めの窪みを写真製版で形成した刷版（凹版）を作製する必要があった。インクジェットプリンタを使う曲面印刷方式では，凹板を作製せず，平板上にインクジェットプリンタで画像を形成してパッド印刷に適した粘度に粘度調整した後に，軟質パッドにインク像を転写し，さらにパッドから被加飾物に再転写する方式である。この方式の加飾プロセスは次の順序で行われる。

① 平版にUVインクジェットプリンタで画像をプリントする。
② インクの濃度をUV光で転写可能な粘度に調整する。
③ 高粘度化したUVインク画像をパッドに転写する。
④ さらに，パッドからインク画像を被加飾物に再転写する。

第4章　印刷

⑤　被転写物上でインク画像を完全UV硬化定着させて完了となる。

　この方式は従来のパッド印刷の長所である曲面印刷の適性の良さと，インクジェットプリンタのオンデマンド性の長所を合わせ持つ特徴を有している。使用するインクジェットインクには，UV硬化型インクが適している。

4.5　ダイレクト加飾に使用できるUVインクジェットプリンタの例
4.5.1　UJV-160

　UJV-160はロールとリジッドメディアの双方に対応できるハイブリット型のUVインクジェットプリンタである。硬化UV光源としてUV-LEDを採用している。このため，ランプだけなら従来機の10分の1以下，装置としても3分の1以下の消費電力までの省エネ化を達成している。

　このプリンタはサイングラフィクス用途やメンブレムスイッチフィルムや一体成形用の加飾フィルムプリント分野での使用を想定して開発したプリンタである。

　図7に，その外観図を示す。図7(a)はロールメディア対応に，図7(b)はディスプレイボードなどのリジッドメディア対応に各々セットした状態を示す。最大1,620 mm幅のロールメディアに対応しており，塩ビフィルム，透明PET，ガラス用フィルム，タイベック，合成紙，和紙などの各種素材へのプリントが可能である。

　また，最大幅1,600 mm，最大厚さ10 mm，重量12 kgまでのリジッドメディアに対応可能である。成形加飾フィルムのように柔軟性の必要なものとリジッドメディア用インク対応の，軟質（LFインク）と硬質（LHインク）の2種類のインクを使用できるようにしている。アルミ複合板，アクリル板，スチレンボード，ダンボール，プラスチックダンボールなどに直接プリント可能である。ただし，安定した接着力を得るにはメディアの表面処理やプライマーの塗布が必要なことがあるので注意が必要である。

　図8に示したように，中間調の再現力を高めるために，大（L），中（M），小（S）のドットにより4値（4階調）のバリアブルドットで多値ディザの手法を使い中間調再現性を高め，1,200 dpi，

(a)　　　　　　　　　　　(b)

図7　ロールメディア(a)と板状リジッドメディア(b)にプリント可能なUV-LED方式のUJV-160プリンタ

600 dpi の最高解像度プリントと合わせて高画質化を実現している。

UJV-160 の主要仕様を表2に示す。

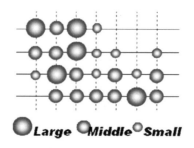

図8　UJV-160の3サイズのバリアブルドットプリント

表2　UJV-160の主要仕様

ヘッド		オンデマンドピエゾヘッド
印刷分解能		600 dpi, 1,200 dpi
インク	種類	UV硬化型柔軟インク（C, M, Y, K, Wの5色）
		UV硬化型硬質インク（C, M, Y, K, Wの5色）
	容量	1,200 cc（600 cc×2カートリッジ）/色　4色時
最大プリント幅		ロール：1,610 mm　リジッド：1,600 mm
最少プリント幅		ロール：210 mm
メディア仕様	最大セット可能幅	1,620 mm
	厚さ	最大10 mm
	重量	ロール：25 kg以下　リジッド：12 kg以下
	紙管内径／ロール外径	2インチ・3インチ／Φ180 mm以下
メディア裁断		操作者による手動カット
UV装置		UV-LEDランプ装置　2灯標準実装
メディアヒーター		プリヒーター，プリントヒーター
巻き取り装置		自動巻き取り装置　内巻／外巻　2インチ・3インチ紙管
インターフェイス		USB2.0
適合規格		VCCIクラスA, UL60950-1, FCCIクラスA, CEマーキング（EMC指令，低電圧指令），CBレポート，RoHS指令適合
電源・消費電力		AC100 V〜120 V, 200〜240 V±10％, 50・60 Hz±1 Hz, 1.68 KVA以下
動作環境		15℃〜30℃，35〜65％Rh（結露しないこと）
外形寸法（W×D×H）	本体	W：3,300 mm×D：780 mm×H：1,290 mm
	本体+支持台	W：3,300 mm×D：4,300 mm×H：1,290 mm（支持台のサポートワイヤを伸ばした時の最大長）
重量		本体　260 kg 支持台　50 kg以下×2台

第4章 印刷

4.5.2 JFX-1631

図9にJFX-1631の外観図を示す。最大プリント幅1,602 mm，送り方向長さ3,100 mm，最大厚み50 mmまでの建材などの大きなメディアにプリント可能な大判UVインクジェットプリンタである。UV-LEDの使用により，従来のメタルハライドランプを使ったJF機に比べ，プリント速度は2倍程度になったにもかかわらず1／3程度の消費電力低減を達成している。

また，透明フィルムメディアなどに使用される裏打ち用の高濃度白インクも搭載可能である。

図9　JFX-1631の外観

表3　JFX-1631の主要仕様

ヘッド	オンデマンドピエゾヘッド
印刷分解能	600 dpi，1,200 dpi
最大プリントサイズ	幅：1,602 mm　送り方向：3,100 mm
最大セット可能メディア	幅：1,694 mm　送り方向：3,194 mm　厚さ：50 mm以下
ヘッド衝突検出	左右：接触式ジャム検出センサ
ヘッドギャップ	電動によりヘッドギャップ調整（キャリッジ部が上下）
UV装置	UV照射器具　4台
インターフェース	USB　2.0
コマンド	MRL-ⅡB
安全規格	VCCI　クラスA，CEマーク，CBレポート，米国安全規格UL
入力電源	単相　AC200～240 V，50/60 Hz，2.0 VA以下
消費電力	2.0 VA以下
設置環境	使用可能温度：15℃～30℃
	相対湿度　　　：35～65％Rh
	精度保証温度：18℃～25℃
	温度勾配　　　：±10℃/h以下
	粉塵　　　　　：一般事務所相当
	電源供給　　　：本体　単相200～240 V（100 V系不可）
重量	プリンタ本体：1,600 kg（Yバー300 kg，テーブル部1,300 kg）
外形寸法	4,200×4,300×1,600 mm（D，W，H）

ドットサイズを7段階の大きさに打ち分ける最小6plのバリアブルドットにより階調性の豊かな4色モードでも粒状感のない高画質プリントを実現している。

リジッドメディアだけでなく，ロールメディアもロールオプションの追加によりページ送り方式で対応できる。プリントできるページの最大サイズは1,602×3,100 mmである。ロールメディアはプリント中は移動させず，（Yバーが移動）非接触で印刷をするために，グリップローラー送り方式のロールフィルムプリントで問題になっているスリップや蛇行・送りシワが発生せず，高精度に印刷することが可能である。また表面に傷が入りやすいメディアなど，通常のロール搬送方式の場合で発生するグリップローラーの傷跡が残る問題を解決することができる。

表3に主要仕様を示す。

4.5.3 UJF-3042

UV-LEDランプの特徴を活かした小型，省電力のフラットベッドタイプのUVインクジェットプリンタである。図10に外観図を示す。

最大印画サイズは300×420 mmである。最大消費電力は350Wとなっており，100V系の電源に接続できる。標準価格が330万円とUVインクジェットプリンタとしては最小型で最低価格を実現している。表4に主要仕様を示した。

図10 小型UV-LED方式UJF-3042プリンタの外観

4.5.4 UJF-706

図11は従来からダイレクトプリントで加飾に数多くの使用実績のあるUJFシリーズの最新機であるUJF-706の外観図を示す。硬化にはメタルハライドランプが使用されている。セット可能なメディアの最大サイズは720×620 mm，プリント可能なサイズは700×600 mmである。厚み150 mmのメディアまでプリントできる。

表5に主要仕様を示す。

第4章　印刷

表4　UJF-3042の主要仕様

ヘッド	オンデマンドピエゾヘッド
UV装置	LED-UVランプ
インク	硬質UVインク　LH-100
インクセット	4色（YMCK）＋白＋クリア
インク容量	各色220 ml／カートリッジ方式
作図分解能	Y：720 dpi，1,440 dpi X：600 dpi，1,200 dpi
プリント速度	300×420 mm（最大サイズ）の印字時間 　4分（1.9 m^2/h）　720×600 dpi 　8.5分（0.9 m^2/h）　1,440×1,200 dpi ※カラー・白同時（重ね）プリント時も同じ速度
プリント可能サイズ	幅：300 mm　送り方向：420 mm（テーブル移動） （セット可能サイズ　幅：364 mm　送り方向：463 mm） 厚さ：50 mm以下　重量：5 kg以下
メディア吸着	バキュームによる吸着固定 ※吸着テーブルが不要な場合は外しての使用も可能
ヘッド衝突防止装置	障害物センサーでヘッド衝突を防止
電源	AC100 V（3.5 A）使用
外形寸法	1,200 mm（W）×970 mm（D）×770 mm（H）以下
重量	プリンタ本体　120 kg以下

図11　メタルハライドランプ硬化UJF-706プリンタの外観

表5　UJF-706の主要仕様

ヘッド	オンデマンドピエゾヘッド
インクセット	6色＋白＋（クリア） 4色＋白＋（クリア）　※クリアは硬質インクのみ
プリント速度	700×600 mm（最大サイズ）6色セットの印字時間 15分（1.7 m²/h）　1,200×1,200 dpi 16 pass高速時 7.4分（3.4 m²/h）　600×600 dpi　8 pass高速時 ※カラー・白同時（重ね）プリント時も同じ
インク	硬質UVインク（6色＋白＋クリア） 柔軟UVインク（6色＋白）
インク容量	440 ccカートリッジ
出力解像度	600×600 dpi　1,200×1,200 dpi
UV装置	メタルハライドランプ（寿命は約1,000時間使用で約30％照度が低下）
メディア吸着	バキューム（選択式）による吸着固定 ※吸着テーブルが不要な場合は外しての使用も可能
プリント可能サイズ	幅：700 mm　送り方向：600 mm（テーブル移動）
使用可能メディア	サイズ　720×620 mm 厚さ　150 mm以下 重量　10 kg以下
電源・消費電力	単相　AC200 V～240 V 4.0 kVA以下
外形寸法	2,500 mm（W）×1,750 mm（D）×1,550 mm（H）以下
重量	プリンタ本体　490 kg UV電源　15 kg

4.6　おわりに

　インクジェットプリンタの加飾用途への展開はまだ始まったばかりである。今後さらに多くの新しい方式が出てくると思われる。

　またその用途も，現在実用化されつつある携帯電話や電子機器などの製品から内装材や外装材のような大きな建材などへのプリントまで広がりつつある。

　今後さらに，インクジェット加飾技術が広がってゆくためには，印刷用のインクのように目的に応じた種々の特性を備えたインクジェットインクの開発が求められている。

　インクジェットプリンタの導入による最大のメリットは，刷版の製作が不要な点にある。このことは，特に先進国で必要とされる，短納期・少量多品種で付加価値の大きな商品の生産に今後，その用途が拡大してゆくことが期待される。

第 4 章　印刷

文　　献

1) http://www.sanryu.com/print/3d_system.htm
2) 三浦高行，日本画像学会誌，**48**(4)，277-284（2009）
3) 特許第3733564号（Oct. 28, 2005）
4) 特許第3924760号（Mar. 9, 2007）
5) 特許第3937231号（Apr. 6, 2007）
6) 特許第3924761号（Mar. 9, 2007）
7) 特許第3166069号（Jan. 23, 1997）
8) 特許第3890650号（Feb. 24, 1997）

第5章　加飾フィルムとそれを用いた加飾

1　加飾印刷用フィルムと転写・貼合による成形品への加飾

藤井憲太郎*

1.1　はじめに

3次元形状を有する成形品への加飾工法として，従来は塗装，直接印刷法などがあったが，塗装は多色対応しづらくデザイン性に欠けている，環境に負荷がかかるなどの問題があった。また直接印刷法では成形品の形状が2次元に近いものに限定されるなどの問題があった。1967年に熱転写箔が開発され，フィルム上に印刷により一旦加飾を行い，この加飾（意匠）を熱転写して成形品上へ多彩な意匠を加飾することが可能になった。さらに成形同時加飾工法（IMD工法）が開発されてから，加飾フィルムを用いて3次元形状を有する複雑な成形品に対しても加飾できるようになった。今やIMD工法は，3次元形状を有する成形品への1加飾工法として認知されその地位を築いている。本節では加飾印刷フィルムを使用した成形品への加飾を説明する。

1.2　加飾フィルムを使用した加飾工法

1.2.1　加飾フィルム

加飾フィルムとしては，表1のように①加飾に印刷を用いないフィルム，②加飾が印刷により施されたフィルムに大別できる。

①加飾に印刷を用いないフィルムとしては，フィルム製膜時に偏光色を持たすような加工が施されたフィルム（例：帝人デュポンフィルム製テイジンテトロンMLF）や製膜されたフィルムにエンボス加工で凹凸を付与し加飾模様を施した加飾フィルム，蒸着法（イオンプレーティング・CVD・EB蒸着などを含む）で単層，または多層の金属，無機物の薄膜をフィルムに積層し発色させた加飾フィルムなどがある。ただ，これらの色やパターンは単一なものでしかないため加飾性（デザイン性）は低く，単調なものになる。

一方，②加飾が印刷で施されたフィルムについては多様な印刷工法を持って行われるため加飾性（デザイン性）の豊かなものが得られるメリットがある。

印刷を施した加飾フィルムといっても用途は幅広く，食品のラッピング，パウチに使用される

---

*　Kentaro Fujii　日本写真印刷㈱　産業資材・電子事業本部　産資生産技術本部
　　産資生産技術本部長

第5章 加飾フィルムとそれを用いた加飾

表1 加飾フィルム分類

分類			製品例
1. 印刷を用いないで加飾性を有するフィルム	1-1 特殊製膜法でフィルム自体に加飾性を有するもの		多層押し出し偏光フィルム
	1-2 印刷を用いない加工でフィルムに加飾を施したもの		エンボスプレスフィルム
			ホログラムプレスフィルム
			蒸着(金属・無機物)フィルム
2. 印刷を用いて加飾性を施したフィルム	2-1 一般包装フィルム		ラッピング・パウチなど
	2-2 ラミネートフィルム(後貼合せ用途)		2-2-1 鋼板貼合わせ
			2-2-2 真空圧空成形 同時ラミネート
	2-3 転写箔		2-3-1 スライド転写箔
			2-3-2 水圧転写箔
			2-3-3 昇華転写箔
			2-3-4 加熱転写箔
	2-4 IMLフィルム	成形同時加飾	2 3 5 IMD転写箔(インジェクション用)
			2-4-1 IMLフィルム(インジェクション用)
			2-4-2 IMLフィルム(ブロー成形用)

一般包装に使用されるもの(表1:2-1)や化粧鋼板などの平板状物への貼り合わせ・真空圧空成形と同時に3次元形状に貼り合わせするもの(表1:2-2)などがある。またこれらの外に,成形品の表面に転写・貼り合わせにより加飾に使われるもの(表1:2-3, 2-4)がある。転写箔(表1:2-3-1〜2-3-4)は既に成形された成形品の表面に後加工(転写)で,加飾を行うものであり,成形同時加飾(表1:2-3-5, 2-4)はインジェクションまたはブロー成形と同時に加飾を行うためのものである。以下転写箔,IMLフィルムにつきより詳しく説明する。

1.2.2 転写箔・IMLフィルム

転写箔とは,基体シート上に印刷などで設けられた加飾を加飾のみを成形品上に転移して写すためのフィルムであり,基体シートは成形品上に転移しないものをいう。一方IMLフィルム(Inmold-Label-Film)は成形品の表面に基体シートが残存するものをいう。

(1) スライド転写箔(表1:2-3-1)

基体シートに水溶性層(デンプン類など)を介して加飾層が印刷された加飾フィルムを水に漬けることにより加飾層を剥離し,水溶性層の接着で成形品に貼り付けるもの。加飾層は柔軟なインキで作成され,3次曲面を持った成形品にも追従可能である。例として陶磁器,ヘルメットの絵付けに使用されている。デカールとも呼ばれ,プラモデルにつけるマーク,擬似タトゥーなどは身近なものの例である。加飾層の接着力が弱いため,工業用途に使用する場合は接着力を上げ

るために後工程でオーバーコート，焼成などが必要となる。

(2) 水圧転写箔（表1：2-3-2）

水溶性の基体シートに非水溶性のインキで加飾印刷を行った加飾シートを，水槽に基体シート側を下にして浮かべ基体シートを湿潤・溶解させつつ，加飾層に活性化液を吹き付けて活性化処理を行う。基体シートの湿潤・溶解，および活性化処理により，水面上で加飾層は伸びやすく，成形品の形状に追従しやすくなる。この上に成形品を押し付けつつ水中に沈めることにより水圧により3次元成形上に加飾層を転移する。水圧転写では3次元形状の厳しいものにも絵付け可能なメリットがあるが，加飾層のパターンのゆがみが，コントロールできないため，加飾の位置に正確さを要求されるもの，図柄のゆがみが許容されないものには使用できない。また転写工程のみでは絵柄の接着力が弱いため，後工程でオーバーコートが必要である。

(3) 昇華転写箔（表1：2-3-3）

基体シートに昇華性を持った染料で加飾層が印刷された加飾フィルムを，成形品の表面に接触させた状態で基体シート側から過熱（温度：160～230℃）し，加飾層の染料を昇華させ成形品表面に染料を染着させる方法である。成形品は染料を受容できる素材であることが必要。加飾可能な成形品形状としては，基体シートの形状追従性により平板状または，ゆるい3次元形状のものに制限される。染料の拡散移行を用いているため，加飾層のにじみがありシャープな図柄には不向きである。また経時的に染料の拡散，離脱があり加飾層の色抜け，にじみの拡大も問題として存在する。

(4) 加熱転写箔（表1：2-3-4），IMD転写箔（表1：2-3-5）

加熱転写箔（Hot-stamping-foil）と，IMD転写箔の基本構成を図1に示す。構成としては，剥離性を有する基体シート上に，剥離層，加飾（機能）層，接着層よりなる。

基本構成は図1の通りであるが，基体シート，転写層に各種加飾（機能）層を附加することにより，多くのバリエーションを持った転写箔が存在し，多彩な①意匠表現（表2，表3）②機能性（表4）を組み込むことが可能である。

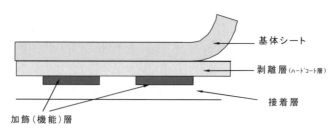

図1 転写箔の基本構成

第5章 加飾フィルムとそれを用いた加飾

表2 基体シートによる意匠性バリエーション

基体シート加工	期待できる意匠効果
マット（ツヤ消し）加工	ツヤ消し意匠，摺りガラス状意匠
部分マット（ツヤ消し）加工	ツヤ部分とツヤ消し部分を合わせ持つ意匠，加飾層との同調により意匠性向上
ヘアライン加工	蒸着層との組み合わせでアルミヘアライン意匠
スピン加工	同心円状凹凸模様
エンボス加工	加飾層と同調させ木目の導管模様などを表現

表3 転写層の材料・工法による意匠バリエーション

材料・工法	期待できる意匠効果
アルミペースト	メタリック感
パール顔料・ガラスフレーク	キラキラ感・メタリック感
マット剤（シリカ・アクリルビーズ）	ツヤ消し感
プロテイン	シルクタッチ
金属蒸着層（アルミ・銅・クロム）	メタリック感
金属化合物蒸着（TiO_2・ZnS）	透明性を持ったメタリック感
ホログラム	レインボウ意匠・3D

表4 転写箔に組み込み可能な機能

機能	期待できる性能	使用例
耐指紋性	指紋の付着を抑える，見えにくくする。指紋の拭き取り性	ピアノブラック調意匠製品，パソコンカバー，テレビ外装
ハーフミラー効果	選択的透視性	携帯電話窓部，オーディオ製品表面パネル
電波透過性（＋ミラー感）	ミラー意匠を有しかつ電波透過性を有する	アンテナ内蔵の携帯電話，パソコン，自動車エンブレム（追突防止機器）
ハードコート	表面磨耗強度向上・耐擦傷性	携帯電話窓部，オーディオ製品表面パネル
電磁波反射・遮蔽効果	EMIシールド	パラボラアンテナ，EMIシールド
帯電防止効果	製品表面に埃が付着しにくい	店頭陳列商品外装
抗菌性	カビ防止・菌繁殖防止	トイレタリー用品，浴室用品
紫外線フィルター	太陽光での褪色防止	有機EL使用機器の装飾パネル，化粧品容器
	波長選択	カメラストロボ発光部（発光色の波長調整）
熱線反射効果	赤外線反射	カメラストロボ発光部
光学特性	光線透過率が高く平滑性に優れたプラスチック製品	携帯電話窓部，オーディオ製品表面パネル
赤外線フィルター	赤外線の波長選択	リモコンの赤外受光部
光拡散	LEDなど発光体の光拡散	オーディオ製品表面パネル

加熱転写箔と，IMD転写箔の基本構成はほぼ同様であるが，基体シートの厚み，および後述の位置合わせマークのレイアウトなどが異なる。加熱転写箔の基体シートの厚みは12～25μm，IMD転写箔の基体シートの厚みは30～75μmが一般的である。加熱転写箔では，基体シート側から過熱（温度：180～230℃）し，接着層を軟化する必要があるため熱伝導性の関係から薄いフィルム（12～25μm）が使用され，IMD転写箔ではインジェクションの熱，圧でフィルムが破れたり，シワが入ったりしないよう厚いフィルム（30～75μm）が使用される。

① 基体シート

転写層を印刷に設ける支持体になり，かつ転写加工時のキャリアシートになるもので，加工後は剥離除去される。材質はPETが主流であるがナイロン，OPP，CPP，PBT，セロファンなどの合成樹脂フィルム，紙との複合材なども使用可能である。厚みは12～75μmが一般的である。また基体シートの全面または部分に表2のような凹凸加工をし，剥離層の表面にこの凹凸を転移させることで，意匠効果を持たせることができる。

② 剥離層

基体シートの界面より転写層を剥離させる機能を有すると同時に，基体シート剥離後は転写層の保護層として，耐磨耗強度を持たせる役割を担う。また転写加工後は被転写体表面に出ることから，剥離層に各種添加剤を入れることで製品表面に機能性を与えることも可能である。例えば，抗菌剤・防曇剤などを添加することで成形品表面に抗菌性・防曇性などの機能を持たせることが可能である。

③ 加飾（機能）層

意匠性・機能性を持った層で，複数層が積層される場合が多い。加飾層は印刷法で設けられ，主にグラビア印刷が使用されるが，スクリーン印刷，フレキソ印刷なども使用できる。意匠バリエーションを出すために，インキ中に（偏光）パール顔料，アルミパウダーなどを添加し，キラキラ感を持たせることが可能である。また樹脂と顔料よりなるインキ層のみでなく，アルミ，スズ，クロム，ニッケルなどの金属薄膜層，または金属化合物層を真空蒸着法，スパッタリング法などにより設けることも可能である。スズ，インジウムなどの金属を蒸着する場合，膜厚の制御によって島状構造をとることを利用し，光線の反射率は保ったまま，すなわち意匠として金属光沢は保ったまま，機能として電波透過性を有する部品（例えばメタリック意匠を持った内部に無線アンテナを内蔵した電気製品）に使用される事例が最近増えてきた。またこれら金属薄膜層などを部分的に設けるには，印刷で水溶性マスク層を印刷しその上に金属薄膜層を設けた後水溶性マスクごと洗い落とすか，金属薄膜層を設けた後マスク層を印刷しアルカリ（or酸）エッチング処理をしてマスク部分以外の金属薄膜を取り除くなどの方法を用いる。

第5章 加飾フィルムとそれを用いた加飾

④ 接着層

転写層を被転写体に接着させるための層であり，（成形同時）転写時の熱，圧で一時的に溶融され被転写体（成形品）に融着する。被転写体の材質により接着剤を選定する必要がある。被転写体としては，ABS，AS，PS，PC，PET，PMMA，PP，PEなどの樹脂成形品および紙が一般的であるが，特殊な接着層を選定することにより金属，ガラス，木材（MDFなど合成木材含む）よりなる成形品に転写することも可能である。

1.3 転写機での転写箔加工法（加熱転写法）

加熱転写法は成形品の表面に転写箔を接触させた状態で基体シート側から過熱（温度：180〜230℃）し，接着層を溶融・軟化させて成形品に転写層を接着させ，その後基体シートを転写層から剥離させて成形品に加飾する方法である。加熱転写法による転写加工のみで成形品に多彩な加飾が行えること，多量の製品に，安定した品質で付与できることなどの特徴から幅広く使用されている。

加熱転写機は転写箔の基体シート側から加熱（180〜230℃）・加圧することにより被転写体表面に転写層を融着させるための機械である。主にロール転写機，アップダウン転写機，真空プレス転写機，特殊なものとしてパッド転写機がある。これらはいろいろな転写アイテムに対し，転写箔を用いて加飾するため開発された。

1.3.1 ロール転写機

外部ヒーターにより加熱されたロール状の耐熱ゴムを，回転させながら転写箔の基体シート側に圧接することにより転写層を被転写体に転写する機械であり，テーブルが動くテーブルスライド型（図2），ゴムロール部が動く転写ヘッド移動型（図3），被転写体を動かすワーク回転型（図4），複数の回転治具がロータリーテーブルに設置され，主にチューブ，鉛筆など筒状成形品の表面に転写をするのに用いるロータリー型（図5）などがある。

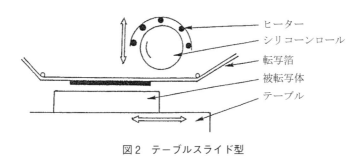

図2 テーブルスライド型

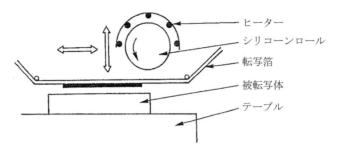

図3 転写ヘッド移動型

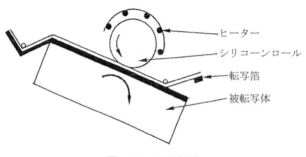

図4 ワーク回転型

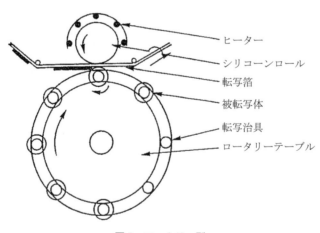

図5 ロータリー型

1.3.2 アップダウン転写機

熱盤を上下することにより，一定時間転写箔を成形品に圧接させる転写機。熱盤の下に金属刻印（凸パターン）を付け，成形品にこの凸パターン部のみ転写する刻印押し型（図6），熱盤の下

第5章 加飾フィルムとそれを用いた加飾

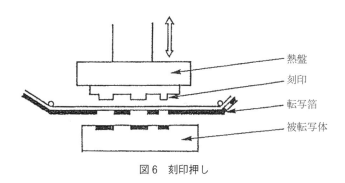

図6 刻印押し

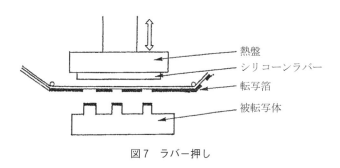

図7 ラバー押し

に耐熱ラバー（平板状）を付け成形品の凸部のみに転写するラバー押し型（図7）がある。

1.3.3 真空（エアロ）プレス転写機（図8）

真空・圧空技術を応用したもので，成形品下部からは真空吸引を行い，上部からはシリコーンラバーを介してヒーターの熱と圧空加圧をかけ転写箔を成形品に圧着させる転写機である。シリコーンラバーがシート状で成形品の形状に追従することから3次元面への転写も可能。MDFなど

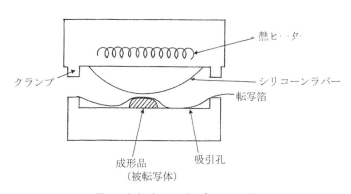

図8 真空（エアロ）プレス転写機

空気の抜ける材質への大型成形品が主であり，小型のプラスチック製品および成形品上面に凹部があると転写が困難であった。最近，上下のチャンバーの真空度をコントロールして，成形品上面に凹部が存在しても，エア溜まりによる貼り合わせ不良を作ることなく，IMLフィルムを貼り合わせることが可能な技術が出てきた。

1.3.4 パッド転写機（図9）

3次曲面を持った陶磁器やガラス容器への転写のために開発された転写機であり，転写ヘッドとして硬度の低いシリコーンなどのパッドを有する転写機である。剥離層がワックスタイプの転写箔を使用する。転写された絵柄は焼成などで転写体に密着させる後工程が必要。

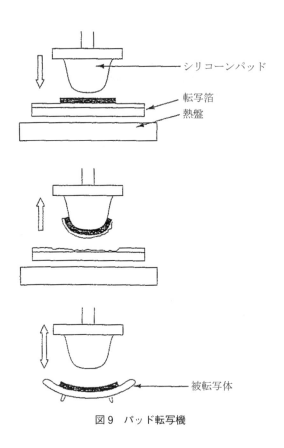

図9 パッド転写機

1.4 成形同時加飾法

加飾フィルムをインジェクション成形またはブロー成形の金型内に挿入し，成形樹脂の熱と，金型内の圧力で，成形品表面に加飾を行う方法であり，成形加工工程と同時に，転写・貼合によりフィルム加飾できるため成形同時加飾法と呼ばれる。使用できる加飾フィルムとしてはインジ

第5章　加飾フィルムとそれを用いた加飾

ェクション成形の場合は、転写箔、IMLフィルムが使用され、ブロー成形の場合はIMLフィルムが使用されている。インジェクション成形に使用される転写箔は特にIMD転写箔と呼ばれる。ブロー成形においては、転写箔も原理的には使用可能であろうが、現状、開発・実用化されていない。ブロー成形におけるIMLフィルムは主に、シャンプーなどの化粧品容器、飲料用容器の表示ラベルであり、成形と同時に一体化できることで、従来後加工でラベルを貼っていた工数が削減できるメリットがある。ただ最近、環境問題による分別回収性の問題により、貼り合わされるフィルムは容器素材と同素材にしていく必要がある。

1.4.1　インジェクション成形同時転写法（Nissha-IMD）

上述の加熱転写法では、2次加工としての効率面の問題、3次曲面を有する成形品表面に正確に位置合わせを行いながら転写するのは困難であるという問題があった。これらを解決したのがIMD転写箔を用いて、インジェクション成形と同時に加飾する方法、成形同時転写法（Nissha-IMD）である。この方法は転写箔を射出成形金型内の所定位置にセットし、射出成形と同時に転写加工しようとするものである。

(1)　ターンキーシステム（図10）

3次曲面を持った成形品の起伏に合わせ、加飾のパターンを正確に合わせた成形品を成形同時転写法で得るためには

① 位置合わせ精度が高くかつ高速で作動する箔送り装置
② 成形同時転写に適した金型
③ 伸び率がコントロールされ、寸法精度が高い転写箔（または加飾フィルム）
④ Nissha-IMDに合った成形条件

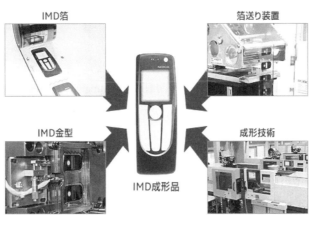

図10　ターンキーシステム

が必要である。当社はこれらをセットとして提供し，さらに充実したアフターフォローを行っている。またNissha-IMDが初めてのお客さまに対してもこれらをターンキーとして提供できる（ターンキー：キーを挿し込んで廻すだけで始動できるシステム）。

(2) Nissha-IMD箔

後転写箔と異なるのは，金型内の所定位置にセットすることで成形品の凹凸と意匠を合わせるために，図11のように縦位置検出マーク，横位置検出ラインが入っていることである。これらを絵柄部に同調させて印刷する。この縦位置検出マーク，横位置検出ラインを箔送り装置のセンサーで読み取り位置合わせする。

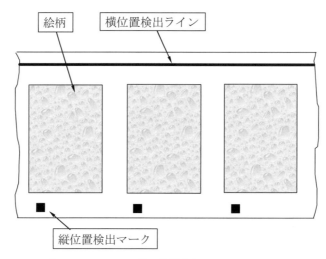

図11　Nissha-IMD箔の位置合わせマーク・ライン

(3) 箔送り装置

射出成形機に取り付け，加飾フィルムを通常ロールツーロールで送り，所定位置に加飾フィルムをセットする装置である。最新機では最高送り速度400 mm/sec，送り精度±0.06 mmであり例えば150 mmピッチの絵柄の場合約1.5秒で位置決めが可能である。また加飾フィルムの幅に対応するラインアップとして200，300，400，500，650 mm対応の箔送り装置を品揃えしている。箔送り装置のバリエーションとして，加飾フィルムをロールで供給し，システム内で枚葉にカットして成形品を取り出すもの，枚葉で供給するものなども作製されている。

(4) Nissha-IMD金型

一般の成形型と異なり箔を可動側に設置するため，可動側キャビになり，固定側取り出しなど，

第5章 加飾フィルムとそれを用いた加飾

IMD特有の構造が必要になる。

(5) Nissha-IMDの工程（図12）

① 金型が開き，クランプ開放状態でのフィルム送り，センサーによるセンサーマーク読み取り，位置決め。

② クランプ後退させ，フィルムをクランプ。場合によっては，金型からの減圧吸引（金型に加飾フィルムを沿わせるため加熱を併用することもある）。

③ 金型閉じ

④ 射出成形。金型を開いて，成形品突き出し。ロボット進入による成形品取り出し。

が1サイクルとなる。サイクル時間短縮のため，ロボットの成形品取り出し中にフィルム送りを行うこともある。

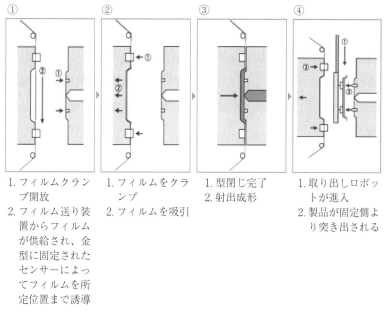

図12 Nissha-IMD成形フロー

(6) Nissha-IMDの新しい展開

・ 2S-IMD（2Side-IMD）

通常のIMD法（1S-IMD）では成形品の表裏のいずれか片面にのみ転写層を設けるものであったが，2S-IMD（2Side-IMD）では裏表両面に転写層を設けることができるようになった。2台

の箔送り装置を用い，ゲート，ランナーの配置など，金型の工夫により実現したもので，透明な成形品の両面に加飾を施すことにより，深みのある優れた意匠効果，耐性効果が得られている。

1.4.2 IML

IMLは，加飾フィルムをインジェクション成形またはブロー成形の金型内に挿入し，成形樹脂の熱と，金型内の圧力で，成形品表面に貼り合わせ，一体化する工法である。IMLの場合，基体シートは成形品に残って表面保護層として機能する。IMLのバリエーションは幅広く，厚みも25 μm程度のものから，0.5mm程度のものまである（自動車の内装部品などでは，2～3mmの厚いシート状物も成形一体化されておりフィルムとは呼べないもののIMLと同様の技術範疇にある製品もある）。

基本構成は基体シート，加飾層，接着層である。

(1) 基体シート

一般的には合成樹脂，紙などであるが，シート状のものならすべてIMLの素材となり得る。3次曲面に追従させようとすると伸び率の良い素材を選択する必要がある。

(2) 加飾層

不透明な基体シートでは表面のみに設けられ，透明性の高い基体シートには表面，裏面いずれに設けても加飾性を得ることができる。基体シートに接着させるためにプライマー層を設けることもある。加飾工法としては上述の1.2.2項(4)③ 加飾（機能）層で記載した方法が使用できる。

(3) 接着層

接着層は印刷，コーティングで設けられるほか，ホットメルト接着性を有するフィルムをラミネートすることでも設けられる。特に，PP，PEブロー成形用はPPフィルム，PEフィルムを接着剤としてラミネートしたものが用いられる。

(4) IMLの問題点

IMLの問題点として，成形同時一体化した後の成形品のソリ・変形がある。原因としては，金型内に挿入したフィルムと，インジェクション成形またはブロー成形された樹脂の間に成形後の収縮差があるために起こるもので，これを解消するには，収縮を考慮した成形，IMLフィルムが必要となる。

1.5 フィルム加飾の動向と将来展望

フィルム加飾は成形品への加飾工法の1工法として広く認知されてきており，開発・改善を伴いながらますます多くの分野に使用されると思われる。フィルム加飾による加飾のバリエーションは使用される材料，工法により多彩なものが出現するであろうし，また機能性と意匠を融合させた加飾もこれからのアイテムであろうと思われる。

2 真空・圧空成形から生まれた「TOM」による加飾成形

三浦高行*

2.1 はじめに

　現在の産業界においては種々の製品がそれぞれの市場の要求を満たすべき機能を持って世に送り出されている。その機能を製品に付与し，かつさらなる性能向上を計る手段として「加飾」がある。「加飾」とは様々な色材を用いて表面に工芸装飾を加えることと定義される。

　2次元平面状製品においては多彩なる絵柄を表現する加飾工法が数多くあるものの，3次元立体製品においては選択肢は多くない。自動車内装材や家電製品外装材の加飾に幅広く使用されているものでは，近年プラスチック射出成形品の金型内加飾工法であるインサートモールド[注1]・インモールド[注2]や，旧来より使用されている墨絵流し工法を取り入れた水圧転写工法[注3]があるが，これらの工法においても被加飾体（基材）の材質・形状には制約がある。

　真空・圧空成形から生まれた3次元加飾工法Three dimension Overlay Method-TOM工法についての開発とプロセス，そして現状と今後の展望について説明する。

2.2 TOM工法の原点

2.2.1 真空成形法

　熱可塑性プラスチックシート・フィルムの成形法である真空（圧空）成形法は大気圧力中において，型内部を真空状態にすることにより大気圧力でシート・フィルムを型に押し付けて成形する方法である。このため型の内部を空洞にしたり，型の底辺部において，多数の細かい真空孔を穿孔する必要があった（図1）。

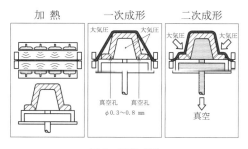

図1　真空成形

---

*　Takayuki Miura　布施真空㈱　代表取締役社長

2.2.2 次世代成形

次に真空孔を必要としない画期的な真空成形法である次世代成形法（Next Generation Forming ＝ NGF）が開発された。この成形法についての装置と構造について説明する。

固定された気密構造の下ボックス内には成形型を上下させるテーブルがあり，下ボックスの上面に成形シートはセットされる。上下する上ボックスの内部にヒータが組込まれており周囲の雰囲気温度の影響を受けずに安定した成形条件が得られ，また熱効率の向上が計られている。上下ボックスにはそれぞれ真空回路・圧空回路が接続されている（図2）。

注目すべきは，成形型の断面構造である。従来の真空・圧空成形用として作られた型とは異なり，型の内部の空洞や，真空孔は必要ない。

次に操作を説明する。

① シートをセットする。供給するシートと下ボックス上面の間は気密が保たれている（図3）。

② 上ボックスを降下させると，シートを挟んで上・下ボックス内に気密構造の空間が形成される（図4）。

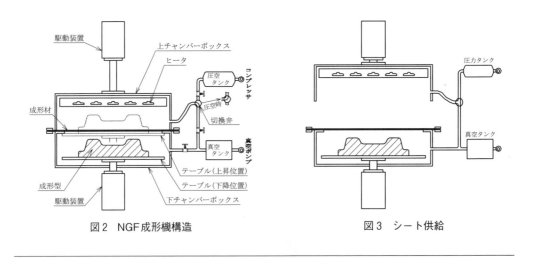

図2　NGF成形機構造　　　　図3　シート供給

注1）　射出成形における金型内加飾工法で，あらかじめ射出成形金型（大旨キャビティ側）に添うように真空成形された加飾フィルムを金型内にセットし，射出成形時にフィルムを製品に溶着させる。自動車内装品に多く採用されているが，大型製品には不向き。

注2）　射出成形金型内加飾であるが，印刷や蒸着などで図柄を施されたフィルムを金型キャビティ側に真空圧で貼り付けておき，射出成形時に同時成形して，熱と圧力がかかることにより図柄を製品に転写させる。小型浅絞り製品に適している。

注3）　水槽に浮かべた水溶性フィルムの上から基材を水槽に沈め，フィルムを水圧で基材に転写させ，水槽より基材を取り出して乾燥させる。表面光沢，硬度を出す場合はその後表面にコーティング処理が必要。

第5章 加飾フィルムとそれを用いた加飾

③ 上下ボックス内を同時に減圧して一定の真空度に達するとヒータが点灯しシートが加熱される（図5）。
④ シートは適当な温度に達すると下から突き上げられた型によって一次成形されるが，この間シートを挟んで上ボックス側およびシートと型の間の空間はともに真空状態に保たれている。これは図1に示す通常の雄型真空成形時には，両方とも大気圧状態であったのと大きく異なっており，本工法の特徴である（図6）。
⑤ 上ボックス側のみに大気圧を導入すると，シートと型の間の空間は真空状態なので大気圧力によりシートは型に押し付けられ二次成形される（図7）。
⑥ 引続き上ボックス側に圧縮空気を導入すれば，「圧空成形」が可能である（図8）。

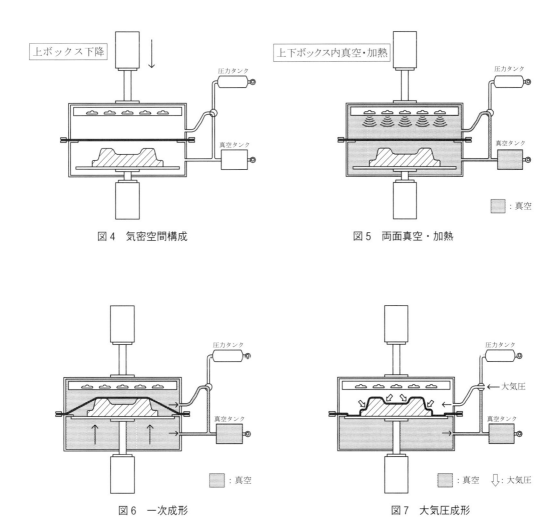

図4 気密空間構成　　　　図5 両面真空・加熱

図6 一次成形　　　　図7 大気圧成形

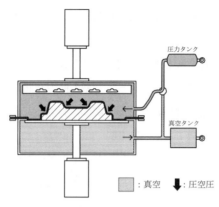

図8　圧空成形

2.3　3次元加飾工法

2.3.1　TOM工法のプロセス

「NGF」真空成形における「型」を加飾対象である「基材」に置き換えることによって，フィルムによる表面加飾法である「TOM」が派生した。そのプロセス・操作を以下に説明する。

まず，「NGF」成形機において，下ボックス内テーブルに基材受治具を固定し，基材をセットする（図9）。

成形シート位置に被覆する表皮フィルムをセットする。このフィルムは特殊な三層構造となっている。すなわち，表皮となるフィルムは熱可塑性フィルムを使用し，中間層はインキ，塗料，箔などの加飾層で，裏面は接（粘）着層となっている（図10）。

これらに通常のNGF成形のプロセス（上ボックス降下から上下ボックス両面真空，加熱，基材

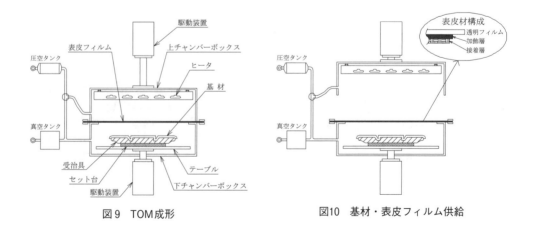

図9　TOM成形　　　　　　図10　基材・表皮フィルム供給

突き上げ，大気圧または圧縮空気の導入）を施し（図11），基材に表皮フィルムが貼り付いた状態で取り出す（図12）。

その後，不要な箇所のフィルムをトリミングする（図13）。

本工法では，従来の加飾工法では不可能であった，端末形状の逆テーパや，裏面への巻込みも可能である。でき上がりの外観は透明フィルムを使用すると深みのある光沢が得られ，フィルム表面にシボ加工などを施すことにより質感のある仕上がりとなる。また，表皮材にレザーシートを使用するとソフトな表面仕上がりとなる。

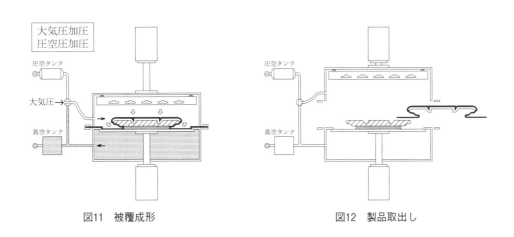

図11　被覆成形　　　　　　　　　図12　製品取出し

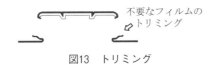

図13　トリミング

2.3.2　TOM工法の特徴

TOM工法による加飾は

① 製品（基材）の材質は問わない。

② 3次元大型製品に対応可能。

③ 小物製品では多数個取り可能。

④ 製品逆テーパ部，端末巻込み可能。

⑤ 文字絵柄合わせが容易。

などの特徴を有する。これを生かして，現在，射出成形品の電子オルガン部材，エアコンパネル，

二輪車外装部品，中空成形品の介護用ベッド部材，FRPの浴室部材製品，アルミ板プレス加工品の新幹線車輌内装材，自動車内・外装材など，幅広い市場で様々な基材（製品）の加飾に採用されるに至っている。

2.3.3 TOM工法の発展（転写）

上述のTOM工法のように，表皮フィルムを基材に貼り付けたまま被覆材として残すのではなく，表皮フィルムに塗工されたインキ，塗料，箔などを基材側に転写し，表皮フィルムは施行後取り除いて加飾層の持つ見え方，機能などをより積極的に生かす方法があり，これは，「転写加飾」と呼ばれる。このとき表皮フィルムは加飾層のキャリアフィルムとして機能することになる。

転写加飾の最大のメリットはトリミング工程が不要となることである。すなわち，通常のTOM成形加飾では，成形後の製品仕上げには端末部や開口部の表皮フィルムのトリミングが必要であるが，転写加飾の場合は，基材面のない部分では加飾層は受治具面に密着することになり，その表面を離型剤処理しておけば，不要な加飾層は表皮フィルムとともに取り除くことができる。すなわち面倒なトリミング加工が不要（トリミングレス）となる（図14）。

転写トリミングレスに使用される表皮材として，自動車外装材の塗装にも対応可能な転写塗料が開発され「フィルム転写塗装」として注目されている（図15）。フィルム構成は4層となっておりTOM成形法を用いて基材に被覆成形させる。その後上層フィルム側よりUV照射を行いUV硬化型のクリヤー層を硬化させると，表皮フィルムは剥がれやすくなる。表皮フィルムを剥がすと基材表面側に貼り付いているクリヤー層を通して着色層が高光沢面として表現され，かつ表面硬度が強化されたクリヤー層が表面を保護する。表面硬度は2～3H程度が可能である。

また，着色層のない三層構成とすることにより，表皮フィルムを剥がした後は，クリヤー層・接着層（透明な）のみとなり，種々の商品の表面ハードコート処理法としても確立できる（図16）。

あるいは，表皮フィルムに昇華インキでもって加飾をし，TOM工法中での加熱・加圧により

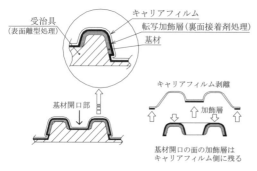

図14 転写トリミングレス

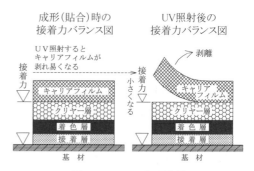

図15 フィルム転写塗装

第5章 加飾フィルムとそれを用いた加飾

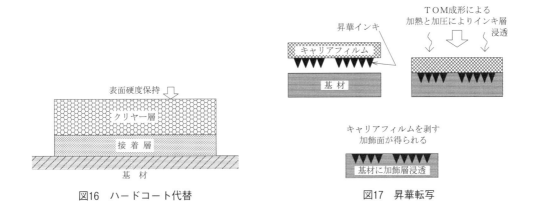

図16 ハードコート代替　　　　図17 昇華転写

昇華インキの層を基材側に浸透させることも可能である（図17）。

2.4 現状と今後の展望

　TOM工法において使用される特殊な加飾フィルムは，表皮フィルム，中間加飾，裏面接着と3つの技術によって構成される複合材である。単独で以上の3つの技術を所有し，かつ製造しているメーカは皆無であったが，TOM工法の認知が高まってきた昨今同業・異業にとらわれることなく各企業間においてcollaborationされてTOM表皮材として数多く市場に送り出されてきた。

　従来の表面塗装，鍍金処理における揮発性有機化合物（VOC），六価クロムなどの排出規制や二酸化炭素（CO_2）の排出低減など，環境に配慮した物づくりが大きな課題となっている昨今，今後フィルムによるTOM工法が，塗装，鍍金代替工法としてその一部を担い，かつ加飾のみに止まらず耐候性，耐薬品性，電磁波特性などを有する機能性表皮材を被覆，転写することにより基材の改質や機能向上にも貢献し，さらにTOM工法の市場が広がるものと思われる。

文　　献

1) ALTERNATIVES TO PAINT SYSTEMS FOR AUTOMOTIVE PLASTICS, BRG TOWNSEND INC., A Business Research Group Company（2002）
2) 「真空成形法を利用した3次元表面加飾技術」，プラスチックス，**56**(8)，工業調査会（2005）
3) 「3次元表面加飾技術と加飾加工例」，プラスチックス，**58**(10)，工業調査会（2007）

4) 「3次元表面加飾技術（TOM工法）の開発と発展」，色材，**79**(12)，日本色材協会（2006）
5) 「3次元表面加飾技術（TOM工法）の開発と展開」，日本画像学会誌，**48**(4)，日本画像学会（2009）
6) 特許第3733564号（Oct. 28, 2005）
7) 特許第3924760号（Mar. 9, 2007）
8) 特許第3937231号（Apr. 6, 2007）
9) 特許第3924761号（Mar. 9, 2007）

3 プラスチック素材への加飾用塗料転写フィルム

長谷高和*

3.1 はじめに

　プラスチック成形品は，形状デザインの自由度や軽量という点で，自動車内外装部品をはじめパソコン，携帯電話などの家電製品やその他広範囲に使用されている。また製品差別化の1つとして意匠性が重要視されており，特殊デザインの商品が発売されるなど，加飾への期待が高まっている。従来であれば，スプレー塗装による加飾が主流であったが，溶剤排出などの環境負荷規制問題や，工程短縮，直行率アップなどのコスト的な観点から，また，その幅広いデザイン性から，近年，印刷されたフィルムによる加飾が広く適用されるようになった。当社，日本ビー・ケミカル㈱は主に自動車内外装のプラスチック部品用塗料を製造，販売しているが，同等の塗装外観を持つ加飾フィルムを開発している。真の塗装代替フィルムであり，他のフィルムにはないさまざまな特徴を有している。本節では，当社の塗料転写フィルムについて紹介する。

3.2 フィルム加飾工法

　プラスチック成形品に従来にない意匠を発現させるため，さまざまなフィルム加飾工法が開発，実用化[1]されている。本書でもそのうちのいくつかが紹介されており，さらには多くの部分的に改良されたバリエーションが存在すると考えられる。

　基本的な工法として，金型内で射出成形と同時に加飾する（型内同時加飾）1次工法としてのインモールド転写（通称IMR：インモールドリリース），インモールド成形（通称IML：インモールドラミネート）がある。意匠層をフィルムから基材側に転写する工法をIMR，意匠層をフィルムとともに貼合する工法をIMLと区別している。さらに立体形状への適用性を高めたIMLであるインサートモールド工法が，ここ数年注目されている。

　一方であらかじめ射出成形された基材に別工程で加飾する2次工法として，熱転写により印刷層を転写するホットスタンプ，水圧により水溶性印刷フィルムの印刷層を転写する水圧転写がある。

　いずれの工法ともさまざまな特徴を有しており，素材の材質や形状，求められる意匠性，コストなどが考慮され多方面に利用されているが，近年，より立体的な3次元形状へのフィルム加飾が期待されている。

　立体形状適用性が高いもう1つの工法として，布施真空㈱が提案する熱真空成形の一種であるNGF-TOM成形[2~5]がある。本書でも紹介されており，洗面化粧台，介護用ベッド，新幹線窓枠，

---

* Takakazu Hase　日本ビー・ケミカル㈱　技術ブロック　グループマネージャー

自動車外装部品，ノートブックパソコンなどに実用化されている。

3.3 加飾用塗料転写フィルム

当社は全く新しいフィルムによる立体加飾工法FILMARTを開発した。構成を図1に示す。他の加飾フィルムと同様にキャリアであるガードフィルム，UV硬化型トップクリヤー層，着色ベース（意匠）層，プライマー（接着）層からなり，接着層側はインナーフィルムでカバーされている。各層はスロットダイコーターなどの塗工機でフィルム上に塗工，乾燥[6,7]される。最下層のインナーフィルムは成形前に剥離し，また，最上層のガードフィルムは成形，UV照射後に剥離，最終的に基材側には，クリヤー層，ベース（意匠）層，プライマー（接着）層の3層のみが形成されることになる。

FILMARTのシステム構成を図2に示す。FILMARTは特にNGF-TOM成形に適するように開発された。深絞り形状にも追随する延伸性を保ちながら，延伸前後での意匠性変化が極力抑えられた設計になっている。また，クリヤー層がUV硬化型であり，かつ，ガードフィルムが空気中の酸素との接触を遮蔽するため酸素阻害を受けることなく，フィルム貼合後のUV照射工程により，最表層が耐擦り傷性，耐薬品性などに優れた膜を形成，すなわち，成形時はより柔軟にUV照射後はより強靭にという物性を発現する。

FILMARTの特徴は図3に示す転写塗料フィルムという点にもある。UV照射後にガードフィルムを剥離するため，基材側にはクリヤー，ベース，プライマーという通常塗装系と同じ3層が残る。また，フィルムの表面形状がそのままクリヤー層に転写されるため，塗膜の平滑性に優れる。さらに，基材の外周や中抜形状など加飾不要部分はガードフィルムと共に塗膜が剥離するの

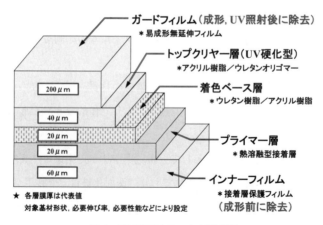

図1　FILMARTフィルム構成図

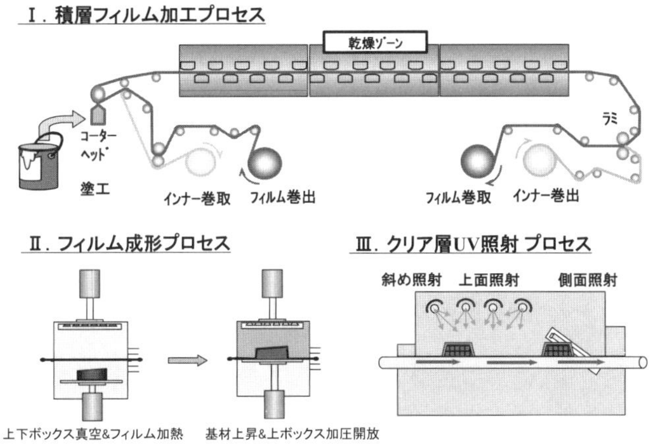

第 5 章 加飾フィルムとそれを用いた加飾

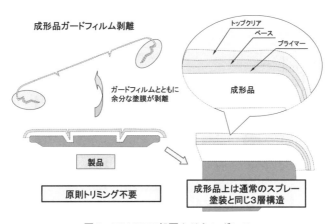

図 2 FILMARTシステム構成図

図 3 FILMART転写トリミングレス

で，原則，トリミングという後工程が不要である。

3.4　FILMARTによる意匠

　FILMARTの意匠における最大の特徴は，アルミフレーク顔料などの着色顔料を含んだベース（意匠）層で発現される塗装質感にある。従来のスプレー塗装で可能なメタリック調などの意匠はもちろん，ダイコーティングなどの工法により膜を形成するため，スプレーでは目詰まりの原因となる比較的大きな粒子径の顔料も用いることができ，表現できる意匠性の範囲が拡大する。具体的には，スプレー塗装では，平均粒径10～20μm，最大粒径30μm程度までの顔料が用いられるが，加飾フィルムでは，粒径最大60μmでも問題なく使用可能であった。また，より特徴的なの

161

プラスチック加飾技術の最新動向

は，特にアルミフレーク顔料によるメタリック色の場合，スプレー塗装と比較しアルミが配向しやすいため，輝度が高くなるという点である。輝度感はIV値（Intensity Value）と呼ばれる指標で表現されるが，アルミフレークを使用したメタリック色の場合，スプレー塗装では，300～400が一般的であるのに対し，フィルム加飾では，500～600にまで向上する。スプレー塗装の場合とフィルム加飾の場合のIV値の差を図4に示す。

顔料の代わりに意匠層に蒸着を用いた場合，カラークリヤーやカラープライマーとの組み合わせでさまざまなカラーメッキ調意匠が表現でき，さらにはガードフィルム表面の形状がそのままクリヤーに転写されるため，適度な表面粗度を有するマット状のフィルムを用いればサテンメッキ調などのつや消し意匠が，また，エンボス加工フィルムを用いれば，皮革調やクロス調などのテクスチャー表現が可能となるなど，スプレー塗装や印刷では不可能な意匠表現がプラスチックに付与できる。意匠に関するまとめを図5に示す。

図4　スプレーとフィルムにおけるIV値の差
スプレーとフィルムでは，同じアルミ種，量でも，IV値の差が，200～300になる。

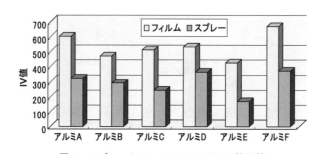

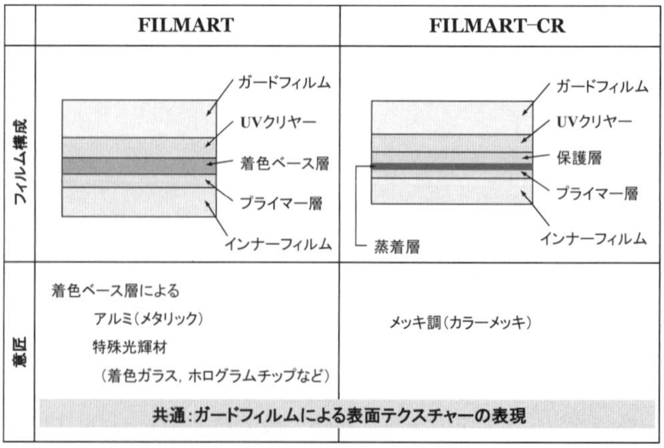

図5　FILMART意匠バリエーション

第5章 加飾フィルムとそれを用いた加飾

3.5 FILMARTに求められる特性

加飾工法により多少異なるが，フィルムに求められる特性として，第一に延伸性がある。特に立体形状に適用させるためには，製品形状に適合した相応の延伸性が求められる。一般的にフィルムはある温度範囲で最大の伸びを示すため，成形温度をその範囲に設定する必要がある。ここで重要なことは，温度による最大伸びの変化が少ないこと，すなわち温度ラチチュードが広いこと，また，適度な抗張力を有していることである。延伸させるための応力に比し抗張力が大きいとフィルムを十分伸ばすことができず，逆に抗張力が小さいといわゆる偏肉という局所的に伸ばされ膜厚が薄くなる現象が起こる。

フィルムの延伸性に関して注意すべき点がある。フィルムの特性を表す場合，破断伸びと破断強度が用いられるが，成形の場合，工法によりフィルムにかかる応力が異なるため，Stress-Strain曲線において，得られる応力以下で延伸できる点が実用伸び限界となる。その様子を図6に示す。

また，適用市場や製品により多少の違いはあるが，共通して求められる性能に表面硬度，耐擦り傷性，密着性，耐水・耐湿性，耐薬品性，耐久性などがある。特に立体形状へのフィルム加飾においては，延伸性との両立が必要とされる。FILMARTはトップクリヤーをUV硬化型としており，UV照射前に延伸性を確保し，UV照射により表面物性を高めることが可能である。

もう1つの重要な性能として，耐水・耐湿性を含む密着性が挙げられる。TOM工法における密着の考え方を図7に示す。言うまでもなく，密着性には十分な温度と圧力が必要であるが，TOM工法の場合，系内を真空排気し空気密度を下げた状態で基材に貼り付けるため，空気層の介在が少なく密着性を確保するには有利である。FILMARTにおいても，熱溶融タイプの樹脂を配合し，概略成形温度付近でタックを発現するよう設計することで，基材との密着性を確保している。密着性を確保するためには，①熱（成形温度），②ボックス真空度，③空気圧力が重要な3要素と言える。

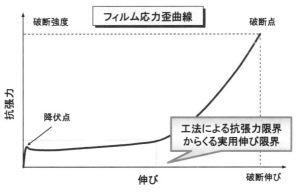

図6 工法による実用伸び限界

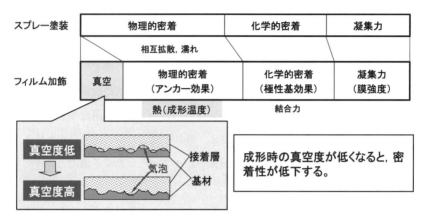

図7 TOM工法における密着の考え方

3.6 自動車外装部品への適用

TOM工法は比較的大型部品への加飾が可能であり，その特徴を生かし自動車内外装への適用が期待されている。自動車外装材向け加飾フィルムとしては，密着関連性能はもちろんのこと，耐洗車擦り傷性，低温屈曲性，耐衝撃性，耐候性を含む長期耐久性などが必要とされるが，FILMARTは低温での柔軟性と耐擦り傷性を両立し，また耐候性にも優れるという特徴を有している。前述の通り，アルミフレークを用いたメタリック意匠，すなわちボディー意匠の表現が可能で，ボディー塗装代替フィルムとして考慮された設計ともなっている。

3.7 おわりに

当社FILMART工法のメリットを表1に示す。加飾フィルムとしては，①深絞りできるため3次元立体形状への適用が可能，②塗装代替のみならず，特殊顔料による意匠や金属調，テクスチャーまで多彩な意匠表現が可能，③原則成形後のトリミングが不要，④トップクリヤーがUV硬化型であるため表面物性が良好であることが挙げられる。また，TOM工法としては，(a)専用金

表1 FILMART SYSTEMのメリット

フィルム	工法
① 深絞り可能 ② 塗装同等～塗装では困難な外観，金属外観他多彩な意匠を発現 ③ トリミングレス ④ UVトップクリア表面物性良好	(a) 専用金型不要 (b) 小物部品多数個取り～大型基材まで対応 (c) ネガ形状，回り込み形状などへもフィルム加飾可能

第5章 加飾フィルムとそれを用いた加飾

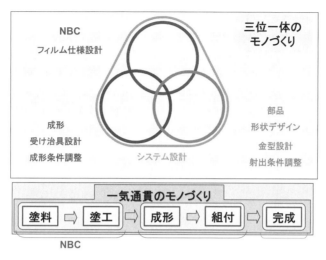

図8 三位一体,一気通貫のモノづくり

型が不要,(b)小サイズ部品から大型基材まで成形可能,(c)ネガ形状や回り込み形状などへのフィルム加飾が可能などの利点がある。

　既に述べたようにNBC FILMARTシステムは,塗装質感,耐擦り傷性・耐薬品性などに優れた表面物性,深絞り成形,トリミングレスなど他にはない特徴を有している。当社は,図8に示すように,特に立体形状へのフィルム加飾について三位一体,一気通貫のモノづくりを提唱している。すなわち,フィルム仕様設計のみならず,形状に関わる製品デザイン設計,射出成形条件設定,またTOM工法での受け治具設計,貼合成形条件設定などが総合的に融合する必要があることを意味する。

　加飾市場において従来の塗装に替わるIMR,IML,インサートモールドやNBC FILMARTシステムなどのフィルム加飾システムがさらに進化し,ユーザーの工法選択自由度が増大,意匠性だけではなくコストや環境問題とも関連しながら特徴を生かした分野へ幅広く利用されていくものと考えられる。

文　　献

1）　桝井捷平ほか,プラスチックへの加飾技術全集,㈱技術情報協会（2008）
2）　三浦高行,プラスチックス,**56**(8),76,㈱工業調査会（2005）

3) 三浦高行, 色材協会誌, **79**(12), 561, ㈳色材協会 (2006)
4) 三浦高行, プラスチックス, **58**(10), 29, ㈱工業調査会 (2007)
5) 三浦高行, 自動車樹脂材料の高機能化技術集, 第9章 自動車用プラスチックへの加飾・上質感付与, 第4節 3次元表面加飾技術（TOM工法）と加飾加工例, ㈱技術情報協会 (2008)
6) 原﨑勇次, コンバーティングテクノロジー便覧, p.45, ㈱加工技術研究会 (2006)
7) 米田知弘, コンバーティングのすべて, p.562, ㈱加工技術研究会 (1993)

第6章　軟質表皮材による加飾技術総論

桝井捷平*

1　ソフト表面を有する部品を成形する加飾技術の概要

　自動車の内装，特に高級車の内装は，単に視覚による見栄えだけではなく，手に触れて，また目で見て，心地よさ，優しさを与えるソフト感といった加飾が求められる。この場合は，ファブリックやクッション層付きの軟質表皮材を貼合する方法か，高級なソフト感を有する表面層と硬質プラスチックの2色成形が使用される。ドアトリムやルーフライナーなど自動車の内装部品の加飾として欠かすことのできない技術である。

　ソフト表面を有する部品を成形する加飾技術をまとめて表1に示す。

　本章ではこれらの内，主としてファブリックやクッション層付きの軟質表皮材を貼合する方法について紹介する。

　ファブリックやクッション層付き表皮材（例えば，TPO/PP発泡層）は圧力，熱にセンシティブなため，インモールド成形を行う場合，高圧成形法である通常の射出成形では，ファブリックの風合い・感触の保持や，クッション層の厚さ保持などが困難である。

　表1の1-3）の予備賦形した保護層付表皮材を用いる方法はこれを改良する方法として，古くから自動車内装部品の生産に少量使用されていたが，最近，新たに弱電機器への展開が進められている。

　これら軟質表皮材を貼合するためには，一般的には低圧の成形方法が必要である。

　手貼りなどの後貼合は，この点では優れているが，一般的には，複雑な形状に対応できず，多段工数を要するため，これらを改良する方法が各種検討され，現在表1のようなインモールド成形，シートからの成形法が多く使用されている。

　射出プレス，押出プレスを除く方法はもともとからあった低圧成形方法であり，この利点を生かして使用されている。しかしながら，これらの方法では，成形品へのリブの付与などが困難で，形状にも制約がある。

　このような諸課題を解決する方法として開発された方法が，「射出プレス成形（SPモールド）」と「押出プレス成形」である。これらの方法が開発されて，ドアトリムなど自動車の加飾内装部

＊　Shohei Masui　MTO技術研究所　所長；NPO法人プラスチック人材アタッセ　理事

プラスチック加飾技術の最新動向

表1　軟質系表皮材の貼合による加飾技術

	小分類	技術名	メーカー	概要
1. 射出系インモールド成形	1) 射出プレス成形	SPモールド（SPM）	住友化学	表皮材を型間にセットし、適度に開いた型に樹脂を供給、型締めして貼合一体成形。通常は、予備賦形、余熱なしの表皮材を使用。
	2) 射出圧縮成形、低圧射出成形	出光IPM他	出光、三菱、東芝他	表皮材を型間にセットし、わずかに開いたあるいは低圧型締めした型に樹脂を供給して貼合一体成形（実際には射出プレス成形技術を利用している）。
		ダイプレスト	宇部	
		Decoform	Krauss Maffei	表皮材を型締め工程で予備賦形後、樹脂を供給して成形。
	3) 射出成形	EXOオーバーモールディング他	ソルプラス他	予備賦形した保護層付表皮を用いて、射出成形で貼合一体成形。
2. 射出成形以外のインモールド成形	1) 押出プレス（ホットフロー）	ISM、NCフロースタンピング、Decopress、Tecomelt	池貝鉄工、高橋精機、Krauss Maffei、Engel	表皮材を型間にセットし、外部供給装置で樹脂を押出し供給した後、型締めして貼合一体成形。
	2) S-RIM、R-RIM		バイエルウレタンマテリアル	表皮材を型間にセットし、ウレタンを注入発泡して、貼合一体成形。
	3) ブロー成形		キョーラク他	表皮材を型間にセットし、パリソンを押出し、ブロー成形で貼合一体成形。
	4) （インライン）シートスタンピング	ISS他	池貝鉄工他	シートを押出成形し、カットした保温シートと表皮をインラインで貼合（マッチドダイ成形）。
3. シート、マットからの成形	1) 表皮材貼合熱成形		各社	表皮材をセットし、加熱シートとともに真空成形、圧空成形で貼合。
	2) 表皮材貼合マッチドダイ成形		各社	表皮材をセットし、加熱シートとともにマッチドダイ成形で貼合。
	3) KPS膨張成形		ケープラシート	表皮材をセットし、加熱した抄紙法スタンパブルシートとともにマッチドダイ成形で貼合。
	4) ハイブリッド成形		住友化学	表皮材をセットし、発泡シートを両面真空成形、小型射出機でリブ、ボス成形。
4. 後貼合	1) 真空圧着（オーバーレイ成形）	TOM他	布施真空他	接着層を有する表皮材を成形品上に真空（または真空・圧空）で圧着。
	2) 粉末スラッシュ成形		各社	スラッシュ成形した表皮と芯材を金型にセットし、両者の間にポリウレタンを注入発泡。
	3) 手貼りまたはプレス貼り		各社	接着剤を用いて、成形品に表皮材を手加工またはプレスで貼合。

第6章 軟質表皮材による加飾技術総論

品の成形方法が大きく変化した。

「押出プレス成形」と「射出プレス成形（SPモールド）」の比較では，形状の自由度，貼合形態（部分貼合成形など）の自由度などで，「射出プレス成形（SPモールド）」が優れており，より多く使用されている。

表1の1-2）の射出圧縮，低圧射出成形による方法は，「射出プレス成形（SPモールド）」が開発された後に開発された方法で，各種命名されているが，軟質系表皮材の貼合成形では，いずれも「射出プレス（SPモールド）」の技術を利用している。

軟質系表皮材の主要な成形方法の比較を表2に示し，以下インモールド成形を中心に軟質系表皮材の各加飾成形技術を紹介する。

表2 主要軟質表皮材の加飾方法の比較（ドアトリムの場合）

項　目		型内加飾成形					多段成形
		SPモールド（ステップⅡ）	横型低圧射出	押出プレス	SRIM	KPS膨張成形	ウッド系材料
生産性，作業性		○	○	△	△	△	△
品質	表面外観・風合い	○〜△	△〜○	○〜△	○	○	○
	芯材重量（g/m²）	○〜△ 1500〜2500	△ 2000〜2500	△ 2000〜2500	◎ 1300〜1500	◎ 1300〜1500	○〜△ 1500〜2500
	耐熱寸法安定性	△	△	△	○	○	○
	耐湿寸法安定性	○	○	○	○	○	△〜×
応用性	デザイン自由度	○	△〜○	△	△	△	△
	部分貼合	○	△〜○	×	×	×	×
	型内多色貼合	○〜△	△	△	△	△	－
	表皮材選定	○	△〜○	○〜△	△	△	○〜△
	大物成形	○	△	○	○	○	△
環境	リサイクル対応	○〜△	○〜△	○〜△	△〜×	△〜×	△
	接着剤の必要性*	○	○	○	○	○	×
	ガラス繊維作業*	○	○	○	×	×	○
コスト		○〜◎	○	○	○〜△	○〜△	○〜△

◎：優れている，○：良好，△：普通，×：不良

* ○はそれぞれ接着剤不要，ガラス繊維作業なしを示す。

2 射出プレス成形（SPモールド，SPM）による加飾

2.1 射出プレス成形（SPモールド，SPM）について[1~8]

本題に入る前に射出プレス成形（SPモールド，SPM）の概要を説明する。

射出プレス成形は1982年に住友化学が「SPモールド（SPM）」として開発した工法で，当初から積極的に低圧成形を指向して開発された方法であり，現在の低圧成形，加飾成形の発展の先鞭をつけた成形方法である。

射出プレス成形とは，「目的に応じて適度に開いた雄，雌金型間に金型内の樹脂通路を通じて，溶融樹脂の供給を開始し，充填中または充填完了直後に型締めを開始して，射出圧と型締圧の併用で賦形する方法」である。型締方向は，竪・横いずれでも良いが，竪方向の方が優れており，多く用いられている。

SPモールド（SPM）は上記定義の射出プレス成形をメイン技術とするが，それにとどまらず，各種応用技術を含んだものとなっており，特許請求範囲も上記定義の射出プレス成形に限定されないものが多い。以降，主としてSPモールド（SPM）の名称を用いる。

表3にSPモールドの基本技術，応用技術を一覧表で示す。

表3 SPモールドの基本技術・応用技術

分類	応用技術	効果
基本	非貼合成形	低圧・低歪・低コスト
加飾	表皮材貼合一体成形	加飾
	フィルム・シート貼合成形	加飾
	2色成形	加飾
軽量化＋機能付与	発泡成形	軽量化 ファブリック貼合風合い向上 クッション層保持向上
	ガス注入成形	軽量化，機能付与
	膨張成形	軽量化，機能付与
その他	GF強化成形	強化
	インサート成形	強化，EMIシールド
	突破り成形	機能付与

第6章　軟質表皮材による加飾技術総論

2.2　SPモールドによる表皮材貼合一体成形

前述の如く、SPモールド（SPM）は応用範囲が広いが、その代表的なものとして、表皮材貼合一体成形がある。SPモールド（SPM）表皮材貼合一体成形法は、「表皮材を雄・雌金型間に供給し、両金型を適度のクリアランスまで接近させて溶融樹脂を供給し、型閉めして表皮材と芯材樹脂を一体成形する方法」で、表皮材は、通常別工程での予備賦形や予熱なしで使用するが、必要に応じて併用してもよい。

SPモールド（SPM）表皮材貼合一体成形法メインプロセスの概念図を図1に示す。表皮材の伸長コントロール冶具は必要に応じて、各種のものが特許化され、かつ利用されており、図の方法はその1例である。

表皮材貼合一体成形における最大の技術ポイントは表皮材のもともと持っている風合、感触の低下をいかに抑えるかである。表皮材の風合に対して、表皮材の品質、表皮材に対する圧力、温度などの条件、表皮材の伸長率が大きな影響を及ぼし、これらをコントロールして成形することが重要である。接着性については、熱融着またはアンカリング効果で材質破壊する程度の接着性が得られるが、風合の保持性を上げる方向は接着性を低下させる方向となり、両者のバランスが必要である。また、低温の表皮材と高温の樹脂を貼合一体化するので樹脂の冷却過程での変形の問題が内蔵しており、変形に対する対策も重要である。

表2に示すように、ドアトリムなど自動車内装部品の成形方法の中で、SPモールド（SPM）表皮材貼合一体成形の特徴は以下のとおりである。

①　生産性、作業性に優れ、低コストで成形ができる。
②　接着剤不要など作業環境が良好。
③　貼合形態の対応性（部分貼合、全面貼合と非貼合との使い分けなど）に優れ、大物成形、複雑成形、多数個取り成形にも適し、適用範囲が非常に広い。

自動車のドアトリムなどでは、古くは木質系が中心的に使用されていたが、現時点では射出プレス成形が主流となっている。近年、植物由来の基材および植物由来のファブリックが開発され、近い将来植物度100％のドアトリムが量産されることが期待される。

自動車のドアトリムなどは材料（PPなどの熱可塑性樹脂、木質系、天然繊維系、ウレタン系）

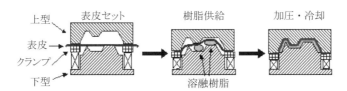

図1　SPM表皮材貼合一体成形のプロセス例

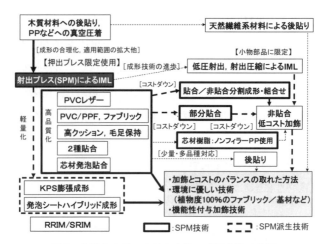

図2　自動車のドアトリムなどの成形方法の変遷

と成形方法との組合せで，それぞれの特徴を生かし棲み分けされながら，総合的な優劣で，今後の方向が決まってくるものと考えられる。

図2に自動車のドアトリムなどの成形方法の変遷を示す。

2.3　軟質表皮材貼合成形とフィルム貼合・転写成形の比較

SPモールド（SPM）による表皮材貼合一体成形の検討状況に入る前に，軟質表皮材貼合成形とフィルム貼合・転写成形の比較を表4に示す。

両者の最大の相違は，軟質表皮材は熱・圧力に非常にセンシティブであることである。したがって軟質表皮材の貼合成形では，通常の射出成形では困難であり，低圧の射出プレスが使用され

表4　軟質表皮材貼合とフィルム貼合の比較

	軟質表皮材貼合	フィルム貼合・転写
対象表皮材	ファブリック，TPO/PPF，ファブリック／PPF，PUFなど	印刷・塗装・蒸着フィルム
予備賦形	通常なし	通常あり
熱・圧力の影響	熱・圧力に非常にセンシティブ	影響小
成形方法	射出プレス・押出プレス・マッチドダイ成形（・射出）	射出（・射出プレス）
用途	自動車内装部品	携帯電話など・容器・自動車内装
金型Cr→製品厚さ	$T_c + T_m \times \alpha \to T_c + T_m \times \beta$（$\alpha$，$\beta$は表皮の種類，条件で大きく変化する）	$T_c + T_m \to T_c + T_m$（製品設計，型設計が容易）

第6章 軟質表皮材による加飾技術総論

る。他方フィルムは一般的に熱・圧力の影響は受けにくく、一般の射出成形で成形が可能である。しかし、ごく形状が簡単なもの以外は予備賦形が必要となる（軟質表皮材では一般的に不要）。そして、フィルム成形では設定金型キャビティクリアランスおよび成形品厚さはいずれもほぼ（$T_c + T_m$）であるが、軟質表皮材では複雑である（T_c、T_mはそれぞれ芯材厚さ、表皮材厚さ）。

軟質表皮材貼合成形では、設定金型クリアランスは（$T_c + \alpha T_m$）、成形品厚さは（$T_c + \beta T_m$）となる（αは金型内での表皮材の圧縮率、βは成形品における表皮材の厚さ保持率で、各表皮についてあらかじめ測定をしておく必要がある）。

βは成形品の場所によっても大きく変化するので、成形品の表面側寸法（自動車での番線）は金型で正確に決められないことに注意を要する。

2.4 SPモールド（SPM）による表皮材貼合一体成形の検討状況例
2.4.1 ファブリック貼合成形などでの外観改良検討

基本的な射出プレス成形では、毛足の長いファブリックの毛倒れ・クッション層の保持性が必ずしも十分ではなく、古くから各種検討がなされてきた。

図3は実成形における実験結果の一例である（我々は毛倒れの評価に色差ΔEと厚さ保持率を用いている。ΔEは視覚評価とよく一致しており、厚さ保持率は触覚評価とよく一致している）。基礎実験（結果省略）ならびに図3から、ファブリックの毛倒れに対して、温度・圧力および圧力をかけている時間がそれぞれに影響することならびに適切な条件を設定すれば、表皮材厚さは成形後に元厚さの90％程度回復し、色差も0.6程度で、元の視覚感触が保たれていることがわかる。

ファブリックの毛倒れ回復、クッション層の回復に関し、ファブリック・クッション層に一定

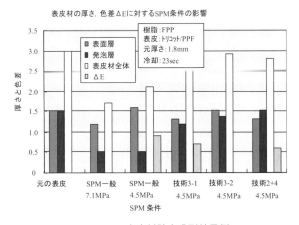

図3　SPM表皮材貼合成形結果例

表5 各種表皮材別概要

表皮材	因子						
	SPM基本	技術－1	技術－2	技術－3	技術－2+3	技術－4	技術－2+4
目付けの大きい不織布	—	△	○	○	◎	△	○－◎
目付けの小さい不織布	—	△	◎	—	◎	—	◎
毛足の長いカーペット	—	○－◎	○	○	○－◎	△	○－◎
ファブリック/PUF/バッキングⅠ	△	△	—	—	—	—	—
ファブリック/PUF/バッキングⅡ	○－◎	○	●	—	●	—	●
TPO/PPF	○	△	—	○	○	◎	◎
トリコット／PPF	○	△	—	○	○	◎	◎

（影響大）◎ ＞ ○ ＞ ● ＞ △ ＞ －（影響小）
SPM基本，技術2，3，4はSPモールドの特許技術

時間内に回復に必要な空間（と温度）を与えることは必要条件ではあるが，必ずしも十分条件ではない。

表皮材の種類によって，支配因子は異なる。代表的な表皮材に対する各種因子の影響を表5に示す。

加圧後のわずかな型開きを正確にコントロールすることは重要であり，電動トグルが優れているが，油圧で十分可能である。佐藤鉄工所では，これに適したデバイス"REAC"を開発している。図3はREACを用いた実験例である。

2.4.2 発泡成形の検討

射出プレス成形では，キャビティ・コアバックなどのコントロールが容易にできることを利用して，発泡成形の検討，実用化が進んでいる。

前述のREACを用いることで，発泡倍率・発泡状態の正確なコントロールが可能である。また，他技術との組合せで10倍程度の発泡成形品も可能である。

該発泡成形と表皮材貼合一体成形を組合せることで，軽量でかつ表皮材の風合いがより向上した成形品が得られる。

2.4.3 流動性の基礎テストとより低圧化の検討

従来，SPモールドでは，大きい表皮材貼合ドアトリムの成形に通常4～7MPa程度の型締圧が必要で，ドアトリム1ケ取り用の成形機として，500～600トンのマシンが使用されている。その後の検討で，2MPa程度でドアトリムの成形が可能で，100トンクラスのマシンで成形が可能であることが確認（後述のトピックス参照）されている。このことにより表皮材の風合いがより向上した成形品が得られる。

2.4.4 ガス注入成形，膨張成形

SPモールドで中実でない成形品を得る応用技術として，前述の発泡成形以外にガス注入成形・膨張成形の技術がある。SPモールドによるガス注入成形は，通常の射出成形と比較してより低圧のガスが利用でき，より大きな中空率が得やすいなどの特徴がある。SPモールドによる膨張成形も容易で，各種開発がなされている。これらの中空成形技術と表皮材貼合一体成形を組合せることで新たな展開が期待される。

ここではこれらのテスト品のみを図4に示す。

(a) エア注入／表皮材貼合成形品例　　(b) PP2倍発泡／表皮材貼合成形品例

図4　発泡，ガス注入成形品例

2.5　SPモールド（SPM）による表皮材貼合一体成形の採用状況

SPM表皮材貼合一体成形品は表6に示すような自動車内装部品として採用されている。製品例を図5に示す。ドアトリム・インパネ・シートバック・ピラー・ラゲッジサイドトリムなどに，国内のみならず欧州・北米・アジア・豪州で広く採用されている。採用の初期には，表皮材を製品全面に貼合する全面貼合が主であったが，最近は表皮材を製品の一部に貼合する部分貼合，2

表6　SPM表皮材貼合成形品の採用状況

分類	製品例	使用材料		従来使用材料例（芯材）
		芯材樹	表皮材	
ドアトリムおよび周辺部品	ドアトリム，クォータートリム，ラゲッジサイドトリム，アームレスト，バックドア	PP，ABS	PVC/PPF PVC/PVCF ファブリック/PUF PVC/基布，なし	ウッドファイバー ウッドフロア
インパネおよび周辺部品	インパネ，インパネセーフティパッド，オーバーヘッドコンソール	PP	PVC/PPF ファブリック/PPF	硬質ウレタン／AS ウッドファイバー
その他内装	シートバック，パッケージトレー，トランクボックスリッド，ピラー他	PP LGFPP	PVC/PPF ファブリック/PPF ファブリック/PUF	ウッドファイバー 合板 鉄板

プラスチック加飾技術の最新動向

図5　SPM表皮材貼合成形製品例

種以上の表皮材を貼合する多種貼合，さらに表皮材を貼合しない非貼合の成形品も増えている。

2.6　SPモールドの装置，金型

　代表的な射出プレス（SPモールド）用装置は，図6に示すように横供給の材料供給部と竪型締部ならびに周辺装置で構成されているが，各種タイプ，仕様への対応が可能である。

　横型締めの装置（射出プレス，射出圧縮）も限られた範囲では利用できるが，竪型締めの装置の方が適用範囲が広く，総合的に優れている。小物部品を中心に横型締装置での貼合成形品が増えてきている。

　佐藤鉄工所が開発したNCM（New Concept Machine）[9]はSPモールド（SPM）で使用される各種成形モード（射出プレス通常モードの他，発泡・ガス注入・通常射出モードなど）を標準装備し，オリジナルコントロールシステム・表皮材供給・製品取り出しなどを含めた一括集中管理

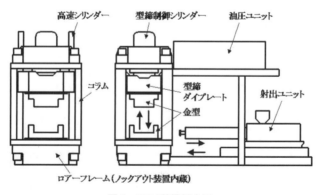

図6　SPM装置概念図

システムを採用し，操作性が一段と向上した。さらに，サイクルアップ・低価格を実現したマシンならびに電動マシンも開発を終えている。

SPモールド用金型は，SPモールドにマッチした専用金型となっており，射出成形金型などとは異なり，シャー構造の型（インロー金型）になっている。

3 射出プレス成形以外の主要軟質系表皮材貼合成形の概要

3.1 各種低圧・適圧射出成形

射出プレス成形（SPモールド）が1982年に開発され，低圧成形および軟質系表皮材貼合一体成形分野での先鞭をつけて以来，射出成形で軟質系表皮材貼合一体成形を行う試みが活発化し，その後各社が各種名称で方法を発表している。

軟質系表皮材への熱，圧力の影響を防ぐ保護層付表皮材の予備賦形品を用いる方法は射出プレス成形よりも早く開発され，この方法が通常の射出成形で自動車の内装部品の成形方法として一部採用された。

その後，射出成形装置，技術の進歩で，射出成形の低圧化（適圧化）が進み，低圧（適圧）射出成形または射出圧縮成形で小物部品の成形ができることが，数社から発表された（多くは予備賦形表皮材を使用[10, 11]，他の主要成形法との比較は，表2を参照）。

しかし，実際には，軟質系表皮材を予備賦形なしで成形するには，一部を除いて，射出プレス（SPモールド）の技術を利用することが必須であることが確認され，ほとんど全てのケースで射出プレスの技術が使用されている。

ここに分類される最も代表的な方法として，宇部興産機械のダイプレストがある。本方法は第8章第3節で説明されるが，軟質表皮材の貼合成形では射出プレス成形を使用している。

これら軟質系の表皮材貼合一体成形は，その用途のほとんど全てが自動車内装部品であったが，近年，ソルプラスが表面層（レザー，スエードなど）／中間層／ボトム層をラミネートし，この表皮材を予備賦形し，予備賦形品を金型にインサートして，ノートパソコンや携帯電話などへの利用を進めている。

3.2 押出プレス成形（ホットフロー成形）による軟質系表皮材貼合一体成形[12]

射出プレス成形（SPモールド）にやや先立って，押出プレス成形による表皮材貼合一体成形が開発されていた。方法の概念図を図7に示す（表皮材貼合一体成形では，表皮材を樹脂供給前に上または下型にセットしておく）。

樹脂の供給を押出成形でプログラミングして供給することが特徴で，ある程度製品形状に合せ

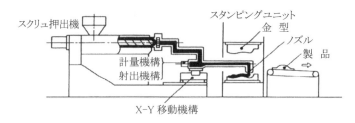

図7 押出プレス成形
表皮材貼合成形の場合は樹脂供給前に表皮材を金型に供給

た樹脂供給ができ，一般的に射出プレス供給より樹脂の流動距離を減少させることができる。しかしながら，押出装置の出し入れに時間を要し，射出プレス成形のようなバリエーションが乏しい（部分貼合成形などが実質不可）などから，採用はそれほど広がらなかった（他の主要成形法との比較は，表2を参照）。

3.3 インラインシートスタンピングによる貼合成形[13]

シートを押出成形し，カットした保温シートと表皮をインラインで貼合。貼合はマッチドダイ成形で行う。リブ，ボスなどが不要な大量生産方式に適するが，適用範囲は制約される。

3.4 ブロー成形による貼合成形

金型間に表皮材を供給し，押し出されたパリソンとともに型締めしてブロー成形して貼合。

パリソンを部分的に融着させる2重壁ブロー成形やH^2M法を用いれば，装飾を施したかばん，工具ケース，パネルなどが得られる。

3.5 S-RIM，R-RIMによる軟質系表皮材貼合一体成形

ガラス繊維強化のウレタン発泡成形（S-RIM，R-RIM），特に軟質系表皮材貼合一体成形する技術は，軽量で，寸法精度が優れていることなどから自動車のドアトリムなどに採用された。補強リブなどの付与に別手段が必要，廃棄時のガラス繊維の処理問題などの課題がある（他の主要成形法との比較は，表2を参照）。

3.6 ケープラシート（KPS）膨張成形による軟質系表皮材貼合成形[14,15]

抄紙法スタンパブルシートであるケープラシートは加熱すると，ガラス繊維のスプリングバックで厚さ方向に数倍から10倍位膨張する。この特性を生かして，ケープラシートを加熱し，表皮材とともにマッチドダイ成形すると，芯材（KPS）の目付けが400〜1000 gr/m^2程度の軽量で曲

第6章　軟質表皮材による加飾技術総論

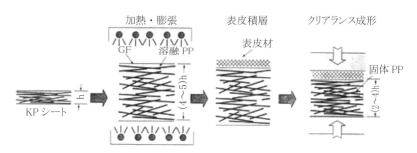

図8　KPS（ケープラシート）膨張成形イメージ図

げ強度の高い製品が得られ，自動車のルーフライナー，パッケージトレーなどに採用されている。方法の概念図を図8に示す。

　S-RIM，R-RIMと同様に補強リブなどの付与に別手段が必要，廃棄時のガラス繊維の処理問題などの課題がある（他の主要成形法との比較は，表2を参照）。

3.7　表皮材貼合真空・圧空成形，マッチドダイ成形による軟質系表皮材貼合成形

　接着層を有する表皮材とプラスチックシートまたはプラスチックダンボールをクランプして加熱し，真空・圧空成形またはマッチドダイ成形を行って貼合する方法。

　リブ，ボスなどを必要としない簡単な部品の成形に利用されている。

3.8　真空・圧空圧着成形による軟質系表皮材貼合成形（オーバーレイ成形）

　真空・圧空成形の型の代わりに加飾対象の基材を置き，その上に加熱した表皮材を真空and/or圧空で貼合するオーバーレイ成形も古くから利用されている。

　近年，布施真空が，新しい装置を開発し，3次元形状の製品への適用性を広げている（TOM工法）[16]。表皮材は，積層フィルムが中心のようであるが，軟質系表皮材にも利用が可能だと思われる。表皮材を加熱して，真空と圧空の併用で，基材の上に成形する。TOM工法は第5章第2節で詳しく説明される。

3.9　パウダースラッシュ成形[17]

　浮遊させた塩ビ樹脂（PVC），サーモプラスチックオレフィン（TPO），ポリウレタン（PU）などの粉末を加熱金型表面に付着させて，焼結・融合して均質な皮膜（表皮材）を作り，この表皮材と芯材をセットして，その間にPUを注入発泡させることで，インパネなどの成形品を作る技術。高級感のある表面が得られる。成形方法を図9に示す。

プラスチック加飾技術の最新動向

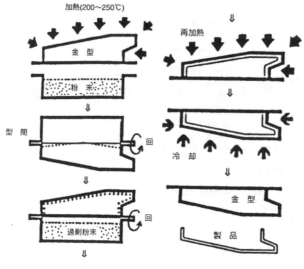

図9 パウダースラッシュ成形

3.10 電鋳金型使用によるメス引き真空成形

これはPVC，TPOなどのシートを電鋳金型でメス引き真空成形して，高級な表皮材を作る技術であり，本表皮材は，3.9と同様インパネなどに使用される。パウダースラッシュと同一品質のものが低エネルギー，低コストで成形されると言われている。電鋳金型を使用する加飾については第8章第1節で詳しく説明される。

3.11 ハイブリッド成形[18]

近年住友化学が開発した方法で，発泡シートを両面真空引き金型で真空成形すると同時に小さな射出機でリブ・ボス・クリップ座などを成形する方法である。シートからの成形方法の共通の課題であるリブなどの付与を可能にした方法である。

3.12 手貼りまたはプレス貼り

成形後接着剤を用いてプラスチック成形品，木質成形品，天然繊維系材料成形品に表皮材を貼り合わせる方法。

この方法で，貼り合わせることができる形状は限定されるが，可能な場合は，超低圧で貼り合わせができ，感触・風合いの良好な加飾が可能で，さらに種類の異なる表皮材を少量ずつ貼り合わせることができることなどから，一部は，インモールドラミネーションから手貼りに戻ったケースもある。

第6章 軟質表皮材による加飾技術総論

自動車のドアトリムで,製品の一部に表皮材を貼り合わせるときに,端末部を溝に押し込んで仕上げることから,「キメコミ」と呼ばれ,国際語にもなっている。

4 2層成形

サーモプラスチックエラストマーと硬質プラスチックの2層成形でソフト表面を有する部品が得られ,自動車部品やその他の部品として使用されている。

本件は第7章第4節の中で説明される。

5 ソフト表面を持つ成形品の最近のトピックス

ソフト表面を持つ成形品の最近のトピックスを表7に示し,代表例を図10～図15に示す。射出プレス成形（または射出成形）における超低圧化,各種方法による高級感の創出,部分貼合成形,およびソフト／ハード樹脂組合せの2層成形,さらにシートからの成形でリブ・ボスを付与する技術などが開発されている。

表7 ソフト表面層を持つ成形品の最近のトピックス

	方法	システム名	会社名	備考
オーバーレイ成形		TOM	布施真空	射出成形品などに真空・圧空で表皮材を貼合
ソフト表皮／発泡シートVF		ハイブリッド成形	住友化学	発泡シートの真空成形とリブ・ボス付与
ソフト表皮／射出プレスor射出成形	超低圧成形	SPモールド（SPM）	S2社	2MPaでドアトリムの成形の可能性確認
	2表皮1樹脂部分貼合 1表皮2樹脂部分貼合	SPモールド（SPM）	S1社	樹脂,表皮の各種組合せ
	表皮貼合発泡成形	SPモールド（SPM）	S1社	軽量化と風合い・感触向上
	各種展開	Decoform	Krauss Maffei	射出プレスor射出成形各種展開
		Tecomelt	Engel	
	2種表皮／2シリンダー射出／4面金型	Duo Lamination	Engel/Pegform/ Georg Kaufmann	2種表皮／2樹脂貼合
2材質射出成形	ソフト／ハード2層成形	QTI	Husky	ソフト層を表面にして,2層成形
		Dolphin	Engel	

プラスチック加飾技術の最新動向

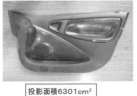

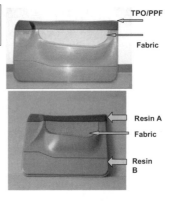

図10　射出プレス成形（SPM）の進展

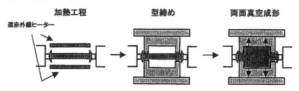

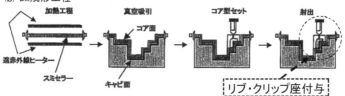

・PPシートの両面引き真空発泡（FEM）とバックモールディング（BM）を組合せた方法。
・軽量で，リブ・クリップ座も付与できる。（従来品と比較して最大60％軽量化）

図11　ハイブリッド成形（住友化学）

第6章 軟質表皮材による加飾技術総論

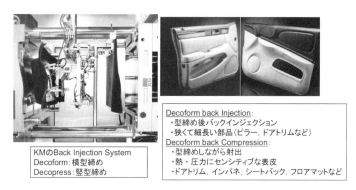

図12 Krauss Maffeiの表皮材貼合成形

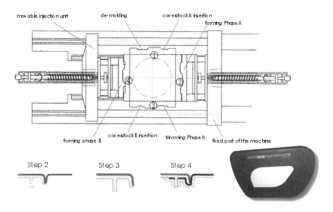

図13 EngelのDuo-Lamination（2種表皮／2樹脂成形）

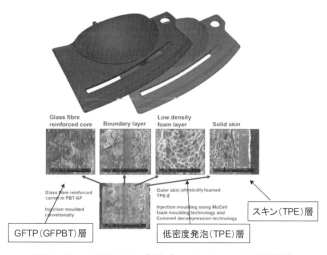

図14 EngelのDolphin成形（ソフト／ハード2層成形）

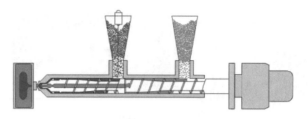

図15　Spirexのツインショット成形

6 おわりに

ファブリックや発泡層付き表皮材など軟質系表皮材による加飾品を得る方法は各種あり，それぞれに長所，短所があるが，各方法はさらに高度化，複合化されて，目的に応じて利用されていくものと考えられる。

文　　　献

1) 桝井捷平ほか，住友化学誌，1998-Ⅱ，58
2) MTO技術研究所HP　http://www.geocities.jp/masuisk/link2.html
3) 桝井捷平ほか，成形加工，**3**(6)，402（1991）（第一回青木固賞受賞）
4) 桝井捷平，プラスチック工業技術研究会，99/08例会，02/03例会（他数回）
5) 桝井捷平，プラスチック成形技術，**16**，12，9（1999）
6) 桝井捷平，実用プラスチック成形加工辞典，P277，産業調査会（1997）
7) 桝井捷平，プラスチック成形加工の複合化技術，P97，シーエムシー出版（1997）
8) 桝井捷平，これからの自動車材料・技術，P213，大成社（1998）
9) 佐藤鉄工所カタログ（1999/10）
10) 柴田康雅，射出成形辞典，P550，産業調査会（2002）
11) 岡原悦男，成形加工，**11**(5)，401（1999）
12) 萱沼淳一，プラスチックス，**58**(10)，25（2007）
13) 酒井祥雄，実用プラスチック成形加工辞典，P348，産業調査会（1997）
14) 吉武裕幸，これからの自動車材料・技術，P312，大成社（1998）
15) 荒木豊ほか，自動車技術，**61**(10)，57（2007）
16) 三浦高行，プラスチックス，**58**(10)，29（2007）
17) 五十嵐俊郎ほか，汎用樹脂の高機能化とコストダウン，P157，シーエムシー出版（1994）
18) 南部仁成ほか，プラスチックスエージ，**55**(1)，108（2009）

第7章　特殊な表面層を付与しない加飾

1　金型表面高品位転写成形による加飾技術総論

桝井捷平*

1.1　はじめに

　ここで紹介する技術は射出成形技術を用いて，金型表面の高品位転写を実現する技術であり，表面を他の材料で被って装飾するものではないので，加飾に含めないこともあるが，本技術によって，表面状態が著しく向上し，塗装やメッキを施したのと同等の効果が得られるので，ここでは加飾を広義に解釈して，加飾の一種と考える。この特殊な表面層を用いない加飾技術は，コストを抑えた加飾技術として注目されている。

1.2　金型表面の転写性に影響を与える因子

　射出成形では，溶融樹脂を高圧で金型に射出して成形するので，マクロ的には金型表面を転写した成形品が得られる。しかし，射出された溶融樹脂は金型内で冷却されスキン層を形成しながら金型表面に接触するために，通常方法では，ミクロ的には十分な転写が行われず，表面状態の不十分な成形品が得られる場合が多い。そのため，表面状態を改良するために後工程で塗装やメッキの加飾が施されることも多い。

　金型表面の転写性に影響を与える因子は下記の通りである。

①　材料の品質

　吸湿性のある材料，溶融粘度が高く流動性の悪い材料，ガラス繊維や無機フィラーの配合された材料，モルフォロジーの不適切な材料などからは，一般的に良い外観の成形品が得られにくい。

②　温度，特に金型温度

　溶融樹脂の温度に対し，金型温度は一般的に低く，溶融樹脂は金型面から冷却され，スキン層を形成しながら充填される。金型温度が低いと，射出圧力が立ち上がっても金型面への密着性が十分でなく，金型面を十分に転写しない。

③　製品設計，金型設計

　樹脂の流動状態によって，ウエルドラインやフローマークが発生し，外観を悪くする。また，厚肉部でヒケが発生したりする。

＊　Shohei Masui　MTO技術研究所　所長；NPO法人プラスチック人材アタッセ　理事

④　金型構造

通常の射出金型は突合せ構造となっており，溶融樹脂の冷却に伴う体積収縮が進むと，成形品は金型から遊離し，十分な転写が得られない（保圧である程度これを補うことができる。また，射出プレス，射出圧縮ではこの問題は起きにくい）。

⑤　**金型のエア抜きが悪いと，空気あるいは樹脂中からの揮発分が，金型内に閉じ込められ，転写性を悪くする。**

これらの因子に対する対策を行えば，金型表面の転写性が向上し，表面状態が改良され，塗装，メッキ，印刷などを行わずに，そのままで利用することが可能になる。

表1　金型表面高品位転写成形概要（国内）

大分類	中分類	会社名	技術名	概要
1. 金型表面高温法（バリオサーム射出）	1) 金型急速加熱冷却	小野産業，三菱重工，シスコ他	RHCM，三菱アクティブ温調他	溶融樹脂射出時に熱媒を循環させ，型内での樹脂の急激な温度低下を抑え，転写性を向上。
	2) 金型表面瞬間加熱	旭化成テクノプラス，IKV	BSM他	電磁誘導加熱で，金型表面のみを加熱し，樹脂の急激な温度低下を抑え，転写性を向上。加熱手段としては，赤外線輻射加熱などもある。
	3) 金型表面断熱	大洋工作所，旭テクノプラス，三菱エンジニアリング他	ULPAC，CSM他	金型に断熱層を設け，樹脂の急激な温度低下を抑え，転写性向上。断熱層としてはセラミックスなど使用。
	4) 加熱金型／押出プレス	日本製鋼所	メルトリプリケーション	加熱金型に樹脂を押出供給後プレスして，転写性向上。
2. ガス,エア注入法	1) エア注入片面転写	日精樹脂	エアアシスト成形	非意匠面側にエアを注入して，樹脂を型から剥離し，ヒケを集中させて，意匠面側の転写性を向上。
2. ガス,エア注入法	2) 高圧ガス製品外注入法	旭化成テクノプラス	GPI	非意匠面側に高圧ガスを注入して，樹脂を意匠面側に押圧して，転写性向上。
	3) 射出圧縮＋高圧ガス	旭化成テクノプラス	AIP	射出圧縮と高圧ガスの併用で，転写性を向上。
	4) CO_2注入法	旭化成テクノプラス	AMOTEC	超臨界CO_2を金型表面および樹脂中に注入して樹脂の流動性を上げると同時に転写性も向上。
3. その他	1) 高速射出充填法	射出機メーカー各社		超高速充填で，スキン層の形成を抑え，転写性向上。
	2) 真空吸引法			溶融樹脂充填時に金型内を減圧して，エアなどを排除して，樹脂の流動性を上げ，転写性を向上。単独でまたは高速射出充填法との併用で効果がある。
	3) スーパーポーラス電鋳金型法	江南特殊産業		ポーラス電鋳金型を使用して，型内のガスを排出して転写性向上。

第7章　特殊な表面層を付与しない加飾

1.3　金型表面高品位転写成形技術[1]

現在，実用化されている金型表面高品位転写成形技術の概要を表1に示した。金型表面高温法とガス，エア注入法およびその他の3つに分類される。

表1の1-4）や2-3）などは，2つの手段を組み合わせた方法である。さらに，3-2）の金型内真空吸引法は他の方法との組み合わせも可能である。

これらの中で最近注目されているのは，金型表面高温法（バリオサーム射出成形法，Variotherm Temperature Control）で，その中でも金型急速加熱冷却法とインダクターによる金型表面瞬間加熱法が国内外で注目されている。

以下，代表的なものを紹介する。

1.3.1　金型急速加熱冷却法

これは，金型に熱媒を流して金型表面を加熱した状態で樹脂を充填し，賦形後，冷媒を流して冷却する方法で，古くからその効果は広く知られていたが，成形サイクルが長くなることが問題であった。

近年，三菱重工が成形機での型温，射出，温調制御を連動可能なシステムとし，金型にも工夫をこらした「三菱アクティブ温調システム」[2]を開発し，成形サイクルが長くなるのを最小限に抑え，実用性を向上させた。図1に三菱アクティブ温調システムと経済効果を示す。本システムを用いることで，塗装やメッキが省略でき，コストメリットが得られる。

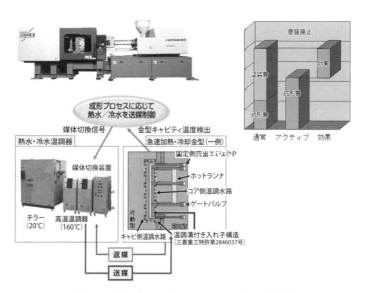

図1　三菱アクティブ温調システムと経済効果
製品：センターパネル　製品サイズ：285×330 mm　製品重量：300 g　材料：ABS

プラスチック加飾技術の最新動向

　同様なシステムは表2に示したように，国内外で多数発表されている。熱媒としては，水，蒸気，オイルが使用され，冷媒としては水が使用されている。

　本方法の代表的な技術である小野産業の高速ヒートサイクル成形（RHCM）が第7章第2節で詳しく説明されている。

表2　バリオサーム射出成形（Variotherm Temperature Control）

方法	高転写利用手段	日本のメーカー	欧米のメーカー
金型急速加熱冷却	熱水／冷却水	三菱重工	Saucer Product
	蒸気／冷却水	シスコ，小野産業	
	蒸気／圧縮空気／冷却水		Oxford Moulding technology など
	オイル／冷却水	ムネカタ	
表面瞬間加熱	電磁誘導（外部インダクター）	旭化成テクノプラス	（文献に一般紹介はある）
	電磁誘導（内部インダクター）		Roctool/KIMW（2009/10技術提携）Wittmann/Battenfeld（KIMWの技術導入）
	赤外線ヒーター	東京大学	Engel
	セラミックスヒーター		GWK，Engel
	通電	大宝工業	
表面断熱	エポキシ樹脂／メッキ	太洋工作所	
	ポリイミド	旭化成テクノプラス	
	ジルコニア／ニッケル	三菱エンジニアリング	

1.3.2　金型表面瞬間加熱法

　これは，電磁誘導加熱などで，金型表面のみを選択的に加熱して，上記1.3.1と同様な効果を狙った方法である。

　図2に旭化成テクノプラスのBSM法のプロセス[3]を，図3にRocTool社のCage System[4]（内部インダクター電磁誘導加熱）を示す。

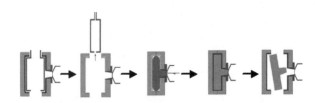

図2　旭テクノプラスのBSM工程

第7章　特殊な表面層を付与しない加飾

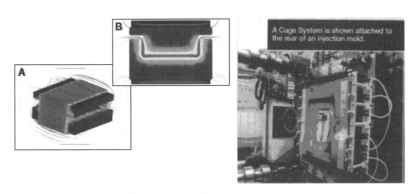

図3　RocTool社のCage System
（内部インダクター電磁誘導加熱）

　金型表面瞬間加熱の加熱手段としては，電磁誘導加熱の他にセラミックヒーターなどによる加熱，赤外線による金型表面輻射加熱，金型表面通電の方法もある。

1.3.3　金型表面断熱法

　これは金型表面に断熱層を被覆した金型を用いて，金型表面の急速な温度低下を防ぎ上記1.3.1と同様な効果を狙った方法である。断熱層として，セラミックスや超耐熱エンジニアリングプラスチックが使用される。

　図4に三菱エンジニアリングプラスチックのジルコニア（Zr）を使用した金型による効果例を示す[5]。

　他に，旭化成テクノプラスのCSM[6]，太洋工作所のULPAC[7]などがあるが，耐久性の点で課題があり，中断されていると言われている。

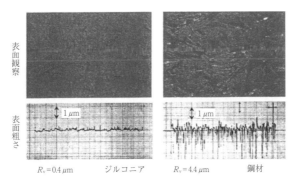

図4　ジルコニア（Zr）被覆金型による表面状態の改良（三菱エンジニアリング）
表面状態の比較（PC-GF30％　金型温度100℃）

1.3.4 高温金型と押出プレスを組み合わせた方法

日本製鋼所が開発した方法で，加熱した金型に，押出で溶融樹脂を供給し，プレスして，高転写品を得る方法で，メルトリプリケーション法と言われる[8]。加飾よりも，超微細形状の転写性向上を狙った方法であるが，加飾する方法としても利用できると考えられる。

1.3.5 超高速充填による方法

本方法は，溶融樹脂を超高速充填して，スキン層が形成される前に金型に密着させて，転写性を上げる方法である。この方法も，加飾よりは超微細形状の転写性向上を狙った方法であるが，加飾する方法としても利用できると考えられる。

1.3.6 高圧ガス注入法

本方法は製品の非意匠面側に高圧ガスを注入して，成形品を意匠面側に押圧する方法である。旭化成テクノプラスのGPI[9]のプロセスと効果事例を図5に示す。この方法で，ヒケ，そりが低減し，金型面の転写性が向上する。

BattenfeldのAirmold Acount[10]も同様な方法である。

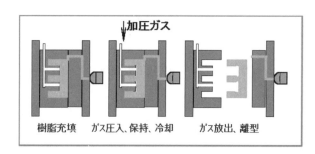
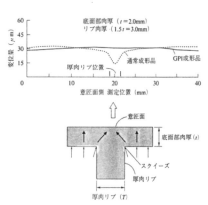

図5　旭化成テクノプラスのGPIと効果例

1.3.7 エアアシスト片面高転写成形[11]

この方法は日精樹脂工業が開発した方法で，非意匠面にエアを注入して，非意匠面側の樹脂を金型面から剥離し，エアによる断熱層で軟化状態を維持して，非意匠面側にヒケを集中させ，意匠面側の転写性を向上させる方法である。この方法で成形した成形品の表面状態を図6に示す。本方法は第7章第3節で詳しく説明されている。

第7章　特殊な表面層を付与しない加飾

転写面側

エア注入側

図6　日精樹脂のエアアシスト片面転写成形

1.3.8　射出圧縮と高圧ガス注入の併用

この方法は，射出圧縮と上記1.3.6の方法を組み合わせた方法である。旭化成テクノプラスのAIP[9]の成形概念図を図7に示す。

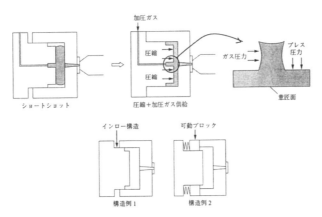

図7　旭化成テクノプラスのAIP

1.3.9　CO_2を利用する方法

射出成形機シリンダ内の溶融樹脂中に炭酸ガスを溶解させる。一方，金型内も，予め炭酸ガスを満たしておき，そこに樹脂を射出し成形する。

炭酸ガスにより樹脂が可塑化されるため，樹脂の流動性が大幅に向上し，薄肉成形品金型への樹脂充填が容易になる。また，金型に触れた樹脂が固まるのが遅くなるため，金型表面の微細なパターンをも樹脂表面に忠実に転写することができる。

旭化成テクノプラスのAMOTEC[12]の設備の概念図と効果事例を図8に示す。

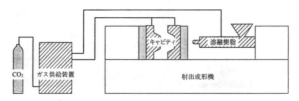

図8 旭化成テクノプラスのAMOTEC設備と効果例

1.4 今後の動向

金型表面高品位転写成形については，これまでに示してきた各種方法が検討・利用されてきたが，現時点では「金型急速加熱冷却法」，中でも「蒸気加熱法」と「電磁誘導加熱法」が，国内外で積極的に検討され，使用されており，今後もこの状況が続くと予想される。

文　　　献

1) http://www.geocities.jp/masuisk/link2.html
2) 今江智, プラスチックスエージ, **54**(2), 82 (2008)
   http://www.mhi-pt.co.jp/injec_j/tec/active/system.htm
3) 川端繁忠ほか, 成形加工, **3**, 165 (1991)
4) レース ニコラ, プラスチックス, **60**(12), 30 (2009)
5) 田原久志, 型技術, **20**(6), 25 (2005)
   http://www.enplanet.com/Company/00000006/Ja/Data/p019.html
6) 安田和治, 成形化工, **12**(9), 543 (2000)
7) 石見浩之, プラスチックスエージ, **43**(6), 119 (1997)
8) 横井秀俊, プラスチックス, **56**(8), 18 (2005)

9) 外山邦雄ほか,プラスチックス,**55**(3), 99(2004)
10) http://www.battenfeld.com.au/htdoc/technology/airmould/Airmould_e.pdf
11) 坂田雄一,プラスチックス,**56**(3), 44(2005)
12) http://www.asahi-kasei.co.jp/asahi/jp/news/2000/ch001016.html

2 金型急速加熱冷却をベースとした高転写成形による加飾

秋元英郎*

2.1 はじめに

プラスチックの加飾とは，塗装，フィルムインサート成形，ホットスタンプ，パッド印刷，水圧転写などを指すことが多い。プラスチックの射出成形は閉鎖された金型キャビティ内に溶融状態の熱可塑性樹脂を流し込み，冷却固化させて取り出す成形方法である。このとき，金型にはデザイナーのイメージが設計情報として刻み込まれている。その例が表面の仕上げ（鏡面，シボなど）である。その設計情報を正確に転写し，プラスチック成形品の表面がデザイナーのイメージ通りに仕上がれば，これも加飾と言って良いだろう（これをあえて「加飾しない加飾」と呼ぶこともある）。

2.2 加飾しない加飾技術としての高転写成形

「加飾しない加飾」は究極の加飾技術である。すなわち，金型に刻まれた設計思想と素材本来の美しさを最大限生かす技術であり，「すっぴん」で勝負するプラスチックと言っても良い。技術の言葉で現すと，すばらしい金型転写性ということになる。

2.2.1 金型急速加熱冷却による高転写成形の考え方と種類

射出成形は，成形機の加熱筒で原料プラスチックを加熱融解し，閉鎖した金型キャビティ内に射出充填し，金型によって冷却固化させて，金型を開放して取り出す成形方法である。順序は融かして・流して・固めるであるが，実際には流れながら徐々に固まっていく。

加熱筒で融解した原料プラスチックは高温状態にあって，粘度が低い状態である。このような溶融した樹脂材料が冷たい金型の表面に触れると，その表面は瞬時に金型表面と同じ温度まで冷却され，流動性を失う。プラスチックが金型を転写するためには最適な粘度範囲がある。それは粘土細工のねんどの粘性をイメージするとわかりやすい。

高転写成形は，加熱筒内の高流動状態から流動できない状態に至る過程において，金型表面において転写に適する粘度を保つためのワンクッションを持つ。そのような粘性の状態で金型内の圧力が高まることによって十分な転写が起こる。

金型キャビティ内面を加熱する方法には表1に示すように，加熱媒体（熱水[1〜3]，蒸気[4,5]，オイル[6]など）によるもの，金型キャビティに断熱層を持つもの[7,8]，型閉前にキャビティ表面を電磁誘導[9]やヒーター[10]で加熱する方法，キャビティ面の導電層に通電する方法[11]，金型に電熱ヒーターを仕込む方法[12〜14]などがある。以下の説明は高転写成形技術の代表例であり，加熱媒体とし

---

* Hideo Akimoto 小野産業㈱ 技術本部

第7章　特殊な表面層を付与しない加飾

表1　各種金型加熱冷却技術の概要

方式の分類	技術の概要	参考文献
熱水冷水切替方式	加圧熱水と冷水を切り替えて加熱・冷却を行う方式	1，2，3
蒸気加熱方式	蒸気と冷水を切り替える方式	4，5
加熱オイル方式	加熱オイルと冷却オイルを切り替える方式	6
金型表面断熱方式	金型キャビティ面にポリイミドやセラミックスの断熱層を設ける方式	7，8
高周波誘導加熱方式	開いた金型キャビティ面を誘導加熱により昇温する方式	9
輻射加熱方式	開いた金型キャビティ面をハロゲンランプなどで昇温する方式	10
通電加熱方式	金型キャビティ面に設置した導電層に通電して昇温する方式	11
カートリッジヒーター方式	金型に設けたカートリッジヒーターで加熱する方式	12，13
細管ヒーター方式	キャビティ面の裏に設置した溝に細管ヒーターを配置する方式	14

て飽和蒸気を用いる高速ヒートサイクル成形（RHCM）[15]技術で説明することとする。

2.2.2　高転写成形における高速ヒートサイクル成形（RHCM）

　高速ヒートサイクル成形（RHCM）は，小野産業が三井化学と共同開発し，実用化技術として完成させた高転写成形技術である。当初，この技術はウェルドレスを目的として開発されたが，現時点で多くの効果が確認されている。

　高速ヒートサイクル成形（RHCM）は独自の金型技術，独自の温度調整装置の技術，成形ノウハウから成り立っている。なお，使用する成形機には制約がない。RHCMの技術をごく簡単に表現すると，金型を水蒸気で加熱し，水で冷却する方法である。図1にRHCMのシステム構成図を示す。

　RHCMの金型は，キャビティ内面のごく近傍に加熱・冷却配管が配置されるとともに，入れ子構造を採用することで加熱・冷却を必要とする体積が小さく，急速な加熱・冷却が可能になって

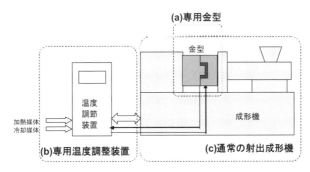

図1　RHCMのシステム構成
(a)専用に設計された金型，(b)専用に設計された温度調整装置，(c)射出成形機

いる。

　RHCMの温度調整装置は，加熱媒体である飽和水蒸気と冷却媒体である水を瞬時に切り替えることで実用的な成形サイクルを実現している。特に加熱媒体として飽和水蒸気を使用することで，急速な加熱が可能になっている。すなわち，加熱媒体としての水蒸気が配管内で凝縮し，大量のエネルギー（潜熱）を金型に与えるのである。

　RHCMの成形ノウハウは，成形材料の違いによる金型温度の調整やターゲット温度を達成するための媒体切り替えタイミングなどが含まれる。特に，金型温度は成形材料の熱変形温度が目安となり，必要に応じて微調整されている。

(1) 高速ヒートサイクル成形（RHCM）の原理

　RHCMでは，射出開始前に金型内壁の温度を成形材料が熱変形する温度以上に加熱しておき，充填・保圧が終わるとともに冷却に切り替える。図2にRHCMの成形サイクル中における金型温度変化のイメージ図を示した。金型に充填された材料は金型に触れて冷却されても，依然として流動可能な粘度に保たれる。その状態で型内圧力が高まると，金型内壁に押し付けられ，きちんと転写される。フィラー入りの材料の場合，マトリックス部分の材料の性質から金型温度を決定する。

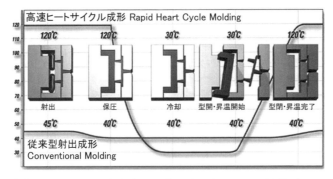

図2　高速ヒートサイクル成形（RHCM）の各工程における金型温度イメージ図

(2) 高速ヒートサイクル成形（RHCM）の技術的効果

　RHCMを用いることによる代表的な技術的効果は高金型転写性であることは前述した通りである。この高転写性の他に流動性向上と配向緩和効果が重要な技術的効果として挙げられる。

　通常の射出成形では金型に流入した溶融樹脂は金型内壁により冷却され，その結果として流路が狭くなる。そのため圧力が伝播されにくくなる。RHCMでは射出充填工程の間，流路が確保される。

第7章　特殊な表面層を付与しない加飾

　耐衝撃性付与のためにゴムを添加しているような材料の場合，射出充填時の剪断力によってゴム相が引き伸ばされながら充填が進行する。通常の射出成形では，引き伸ばされたゴムはそのまま冷却される。RHCMでは引き伸ばされたゴム相が球形に戻ってから冷却される。

(3) 高速ヒートサイクル成形（RHCM）の産業上の効果
① ウェルドラインが目立たない

　ウェルドラインは2つ以上の樹脂流れが合流する部分に生じる溝状の転写不良部分である。この転写不良の大きな原因はガス抜け不良と流動末端が金型によって冷却されることによる急速な流動性低下である。RHCMを用いると流動末端の急速な冷却が避けられ，型内圧力によって完全に転写されることでウェルドラインが見えなくなる。図3には開口部を持つ透明成形品の外観写真を示した。透明品では裏と表の両面のウェルドラインが見えるが，RHCMで成形するとウェルドが見えなくなっている。

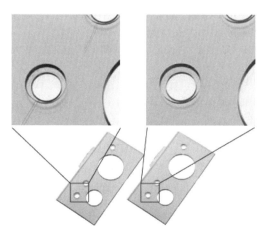

図3　開口部を持つ透明成形品のウェルドライン
左：通常の射出成形，右：RHCM

② フィラーが露出しない

　フィラー入りの溶融樹脂が金型内を流れるとき，フローフロント付近でフィラーが樹脂から飛び出すようにして流動する。金型壁面付近の樹脂は非常に大きく延伸される。例えば100倍に延伸されるときに断面積が1/100になるとすると，フィラーはその断面積の中には納まりきらず，樹脂の外に飛び出すのである。通常の成形では樹脂の部分はフィラーを追い出した後で金型壁面によって急冷されるので，結果として成形品の表面にフィラーが浮き出ることになる。

RHCMを用いると，充填の最後に掛かる型内圧によって，溶融樹脂が浸み上がるようにして再度フィラーを覆うようになる。そのようにして図4に示すようにフィラーは製品表面に露出しなくなる。

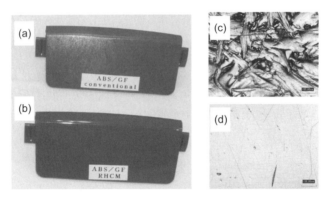

図4　ガラス繊維（30％）入りABS樹脂成形品の外観観察
(a) 通常射出成形品，(b) RHCM成形品
(c) 通常射出成形品表面の顕微鏡写真，(d) RHCM成形品表面の顕微鏡写真

③　シボがしっかり転写する

金型のシボは成形品の外観品質を大きく左右させる。しかしながら，実際にデザイナーのイメージ通りの転写ができないことが多い。特にシボ（に限らず，ヘアラインなどの加工溝も同様）が微細であればあるほど，成形品の仕上がりはかけ離れる。微細なシボを転写しようとすると，微細な隙間に溶融樹脂が流れ込む必要があるが，通常の成形では微細な隙間に流れ込む前に冷却されて固化してしまう。RHCMを用いると金型の微細な凹凸まで転写することができる。図5に

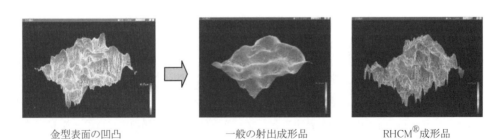

　　金型表面の凹凸　　　　　一般の射出成形品　　　　　RHCM®成形品

図5　レーザー顕微鏡観察による金型のシボ面，その金型による通常の
射出成形品の表面およびRHCMによる成形品表面観察

第7章　特殊な表面層を付与しない加飾

は金型シボ面の凹凸と成形品表面の凹凸の比較を示した。RHCMを用いると，金型の形状をほぼそのまま転写していることがわかる。

④　鏡面の品質が極めて高い

高品質な鏡面を得るためには，高度に磨き上げた金型だけでは不十分である。特にABSやHIPSのように耐衝撃性を改良するゴム成分が添加されている材料の場合，充填時の剪断によって引き延ばされたゴム粒子が，引き延ばされた状態で固定される。ところが，金型を開いたとたんに戻ろうとして表面に凹凸ができる。RHCMを用いると，金型内で冷却される前にゴム粒子の延伸が緩和されるため，型開き後にはゴム粒子の形状変化は起こりにくく，金型を転写した高度な鏡面状態が維持される。

⑤　薄肉の充填がしやすい

通常の成形では充填の途中ですでに冷却固化が始まっているため，溶融樹脂が流れる流路が徐々に狭まっていく。そのため，射出圧力が流動末端まで伝搬しにくく，薄肉充填には困難が伴う。無理をして押し込むと製品の充填密度のバランスが悪くなり，反りが発生しやすくなる。RHCMでは充填途中において，流路が広く確保されるため，薄肉の充填もしやすくなる。

2.3　加飾ベースとしての高速ヒートサイクル成形

これまでは，塗装のような「通常の」加飾を行わない場合の効果を述べてきた。すなわち，「すっぴん」で勝負できる素肌のプラスチック成形品の話であった。次にこの成形品に「お化粧」を施す際の効果について述べる。

2.3.1　塗料の吸い込み防止効果

繊維状フィラーやゴム成分を添加したような材料は，ゲート付近やウェルド部において，フィラーやゴムの配向に違いが生じる。特に塗装を行うと，このような部分においてシンナーによりアタックされて，塗装の外観に違いが生じることがある。吸い込みと言われる現象である。RHCMで成形すると，このような配向が緩和されやすく，吸い込みが起こりにくくなる。

2.3.2　めっき密着性改良効果

ABS樹脂はめっきしやすい材料の代表例である。ABSのめっきは，ABS中のブタジエンゴム相をエッチングして溶かし出し，できた空隙にめっき膜が喰いつくことで密着強度を得ている。ところが，成形時の剪断によって引き延ばされたゴムはエッチングによって良好な空隙形状にならず，密着不良を起こしやすい。RHCMで成形すると，ゴム粒子の配向が緩和されてめっきが密着しやすくなる。

2.4 高速ヒートサイクル成形（RHCM）をベースとした加飾技術

　RHCMを他の成形技術と組み合わせることにより，従来に無いような表現が可能になる。ここでは，RHCMとフィルムインサート成形の組み合わせ技術について紹介する。

　前述したように，RHCMでは金型に充填された溶融樹脂が金型内面の形状をしっかりと転写するという特長があった。ここで，金型内に加飾用のフィルムをインサートしておくと，インサートフィルムが金型の熱で軟化し，フィルムに金型内面の形状が転写される。例えば，金属調フィルムをインサートし，金型にヘアラインを施しておくと，成形されたインサート成形品の表面はヘアラインが転写された金属調フィルムで覆われるようになる（図6）。RHCMとの併用により，インサートフィルムの材質，着色，形状付与によって無限のデザイン表現が可能になる。

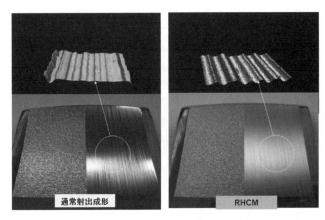

図6　フィルムインサート成形品の表面
左：通常のインサート射出成形品，右：RHCMを併用したインサート成形品

2.5　おわりに

　加飾技術は日本のものづくりの強みが発揮できる分野である。加飾によって，生産者の収益性が改善し，消費者の心が豊かになることでプラスのスパイラルが回って欲しいものである。

第7章　特殊な表面層を付与しない加飾

文　　献

1) 特開平09-314628
2) 特開平10-100156
3) 特開平11-115013
4) 特開2001-18229
5) 特開2002-316341
6) 特開平11-348080
7) 特開2002-172655
8) 特開平08-318534
9) 特開平10-80938
10) 特開2000-238104
11) 特開平04-265720
12) 特開平08-230005
13) 特開2004-74629
14) 特開2007-118213
15) 宇野泰光,成形加工技術と装置の動向,"高転写射出成形技術",プラスチックス・エージ,エンサイクロペディア進歩編2006, 223-229 (2005)

3 エアアシストによる片面高転写成形(射出保圧ゼロ成形)

桜田喜久男*

3.1 ECO成形領域

プラスチック製品のトレンドは高品質(=高転写)とコスト削減が同時に求められている。一般的に高転写製品を得るためには,高い射出保持圧とそれに負けない大きな型締力を必要とするが,応力集中によるソリなどの問題が発生する要因にもなっている。過剰な型締力は,成形機,金型の短寿命を加速し,また転写性の改善を目的としたゲートからの充填補充のみに頼る成形は,エネルギーロスの多い生産となるばかりか,地球環境の負荷増大に繋がる。

過剰な型締力をかけない「適正型締力成形」と過剰な射出保持圧をかけない「射出保圧ゼロ成形」などを「ECO成形領域」と位置付けた(図1,2)。

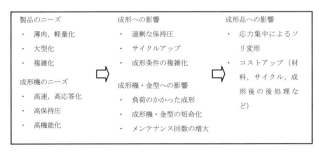

図1 工法確立の経緯

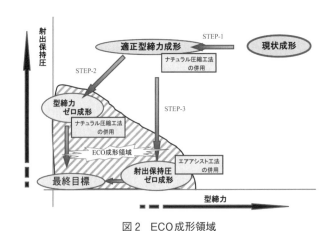

図2 ECO成形領域

---

* Kikuo Sakurada 日精樹脂工業㈱ 本社テクニカルセンター 所長

第7章　特殊な表面層を付与しない加飾

本節では，ECO成形で取り組んでいるエアアシストによる射出保圧ゼロ成形とその事例を紹介する。

3.2　射出保圧ゼロ成形（エアアシスト併用）

一般の成形工程は，金型内に樹脂が充填した後，熱収縮を抑えるための保圧工程と冷却工程を経て製品を取り出す。射出保圧ゼロ成形では，金型内に樹脂が充填した後，保圧をかけずに意匠面（転写面）の反対側の面からエアを供給する。成形品は，高転写の意匠面とヒケ状態の反意匠面の状態で取り出される。

エアアシスト併用のメカニズムは，反意匠面からエアを注入することで，金型から樹脂が剥離しエアによる空気断熱層を形成させ，断熱状態のスキン層は軟化状態となり，冷却固化に伴う収縮，すなわちヒケが集中的に発生する。エア注入と反対側の意匠面は，金型に接するため金型冷却により固化が進み，製品取り出し時には片面が高転写の製品を得ることができる（図3）。

エア注入のタイミングは，V-P切換え（射出工程において，樹脂を金型に流し込む「充填工程」から，樹脂の収縮を抑えるため一定の圧力を加える「保圧工程」へ切り替えること。）直後に行い，冷却時間の半分位の時間エア吹き動作を続けることで片側意匠面の製品を作る。本工法は，片面ヒケ不良の製品の認可を受けないと推し進められない工法であることは言うまでもない。

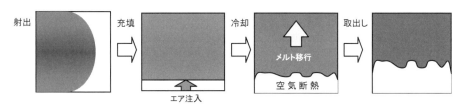

図3　エアアシストによる片面転写のメカニズム

3.3　付帯設備

射出保持圧の代わりにエアを使用すると考えると，数十MPaのエア圧が必要になる。本工法は樹脂の性質を利用した樹脂のメルト移行をアシストするためにエアを利用している。したがって，使用するエアは一般的な工場エア（0.5MPa程度）で充分である。

金型内のエア吹き出しは，製品突き出しに使用するピンなどの穴（径で2/100mm程度）を利用している。エア注入口の回路は必要だが，特別にエア注入のためにキャビティ全体をシールさせるなどの回路は施していない。成形機も同様に，通常のエア吹き出し回路を取り付けるだけで

特別な装置は不要である。

3.4　成形機のコア技術

射出保圧ゼロ成形は，ショートショット成形がすべての基本である。いかにショートショットのボリュームを毎ショット安定させて充填させ，エアの断熱層を確保するかが重要となる。高保圧をかけない成形のため，バリにならずガスが抜けやすい適正な型締力の安定も同じく重要である。

3.4.1　高精度計量技術

低い型締力で成形する場合，射出ボリュームの安定が欠かせない。型締力が低いため，充填量がばらつき過剰充填になるとバリが発生し，逆に過少充填ではショート，またはヒケ不良となる。本成形はショートショット成形のため，射出ボリュームの安定が絶対条件である。安定した供給を妨げる要因に，材料の溶融状態における計量密度や粘度のばらつきが挙げられる。またスクリュ回転停止後の後計量や射出前進初期の逆流の問題も影響している。これらの射出ボリュームばらつきを改善するための高精度な計量技術が成形機に求められる。日精樹脂工業製の高精度計量制御を使用した成形品質量比較を表1に，成形品ばらつき比較を図4に示す。同制御による成形

表1　バーフロー金型の成形品質量比較

	従来機	新NEX	新NEX（高精度計量）
平均値（g）	4.55927	4.67043	4.58048
標準偏差	0.00746	0.00458	0.00145
最大値（g）	4.57810	4.68790	4.58420
最小値（g）	4.54420	4.65820	4.57730
レンジ（g）	0.03390	0.02970	0.00690
6CV（％）	0.98215	0.58805	0.19051

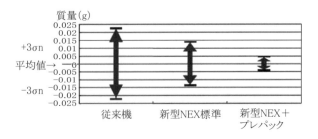

図4　バーフロー金型の成形品質量ばらつき比較

品は,質量ばらつきが大幅に低減していることがわかる。

3.4.2 型締力自動補正制御

トグル式成形機における型締力は,タイバーシャフトの伸び量により型締力を決定している。金型の温度や型置盤・型締盤および機構全体の温度変化に伴いタイバーシャフトが伸び型締力が変化する。特に量産稼動初期は型締力が増減するため,ガス抜けやバリの不良が発生しやすい。さらに型締力設定を低圧にする適正型締力成形では,安定成形の実現が困難となる。この対策として自動成形中に型締力を自動補正できる機能があると,金型温度やタイバーシャフトの温度が恒温になる前から量産に移行できる。

図5は,型締力自動補正制御の効果を示したグラフである。金型の温度変化に伴い,自動補正有りの場合は型締力変化がほとんどなく,自動補正無しの場合は型締力が変化していく状態を確認できる。適正型締力成形では,より低い型締力で安定した成形を行わなければならず,自動運転中の型締力補正は必須の機能である。

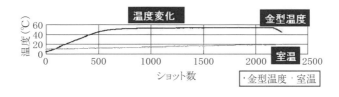
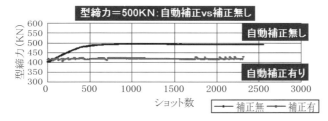

図5 型締力自動補正制御の効果

3.4.3 ダイレクト型締力設定

従来,トグル式成形機において型締力を変更する場合は自動成形を中断し,必ず手動操作で型厚調整を行う必要があった。本成形は,型締力は成形条件の一部と捉えており,より低く安定成形可能な型締力を短時間に見出す必要がある。そのため,条件だしの最中に直圧式型締と同じ感覚で任意の型締力を変更できる機能が必要である。

3.5 成形事例
3.5.1 電話プッシュパネル（写真1）

図6に平面図を示す。エア注入は，図中のコアピン4箇所に加工穴のクリアランスを利用して工場エア（0.5 MPa）を供給し，成形を行った。転写面側と非転写面側（エア注入側）の表面の違いがはっきりとわかる。

図7および表2は，製品の成形収縮率比較である。射出保圧ゼロ成形の製品は，収縮率が若干大きいものの収縮率の許容範囲に収まっていることがわかる。成形後の製品のソリは格段に向上している。本成形では，射出保圧をまったく使用しないため，保圧時間の4秒がそのまま不要となり17％のサイクル短縮ができた。成形機消費電力は，1ショット当たり15％のコストダウンとなり，製品質量も7％軽減できた（表3）。

転写面側　　　　　エア注入側

写真1　電話プッシュ板模擬の表面

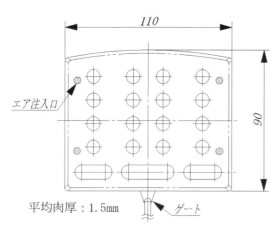

図6　電話プッシュ板模擬型平面図

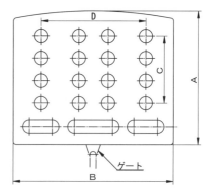

図7　電話プッシュ板模擬型平面図

第7章　特殊な表面層を付与しない加飾

表2　成形収縮率の比較

	外形寸法		穴ピッチ		反り
	流れ方向（A）	直角方向（B）	流れ方向（C）	直角方向（D）	
一般成形	5.7(−)	5.9(−)	5.6(−)	6.1(−)	△
保圧ゼロ	6.2(0.5)	6.6(0.7)	5.6(0)	6.4(0.3)	◎

表3　一般成形と保圧ゼロ成形とのコストダウン比較

	型締力（tonf）	保圧（MPa）	サイクル（sec）	消費電力（kWh）	消費電力（kWh／ショット）	質量（g）
一般成形	80	70	24	2.006	0.013	25.9559
エアアシスト成形	40	0	20	2.002	0.011	24.3176
コストダウン			17%		15%	7%

3.5.2　リブ付き試験片（写真2）

図8に製品図を示す。製品は，家電や自動車の外観部品を想定し，極厚リブを設けた形状としている。エア注入場所は9箇所で，製品取り出し用の突出ピンとコアピンを利用し，工場エア（0.5 MPa）を注入している。この製品からも，転写面側と非転写面側（エア注入側）で転写精度の違いがはっきりとわかる。表4に成形評価の比較を示す。成形サイクルは保圧時間が不要のため7秒，19％の短縮となった。成形機消費電力は，1ショット当たり16％のコストダウン，製品質量も7.4％軽減できた。

本成形のポイントに，エア注入場所の選定が挙げられる。リブ近傍の転写面のヒケは，エアが進入する部分は解消されたが，エアの届かない部分は若干のヒケが見られた（図9）。リブを形成する部品において，エアを注入する位置は重要であり成形試験後に変更できるようにしておきたい。エアを注入するタイミングは，充填直後がもっとも良い。この時点で過不足のない樹脂が供

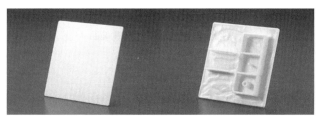

　　　　転写面側　　　　　　　　エア注入側
写真2　リブ付試験片

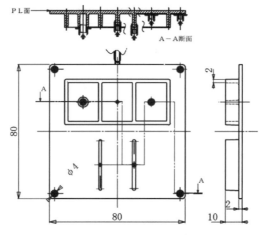

図8 リブ付試験片平面図

表4 一般成形と保圧ゼロ成形とのコストダウン比較

	型締力 (tonf)	保圧 (MPa)	サイクル (sec)	消費電力 (kWh)	消費電力 (kWh／ショット)	質量 (g)
一般成形	50	60	37	1.452	0.896	18.85
エアアシスト成形	25	0	30	1.506	0.753	17.46
コストダウン			19%		16%	7.4%

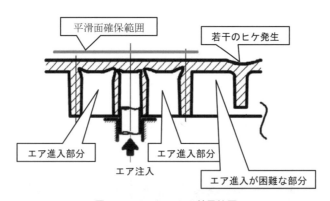

図9 エアアシストの効果範囲

給されていることが必要条件である。

　射出保圧ゼロ成形と一般成形を比較すると，成形サイクルの短縮や消費電力の削減が見られた。また，製品の質量が軽くなることから成形材料の低減に繋がる。表5はリブ付試験片の結果から，

第7章　特殊な表面層を付与しない加飾

表5　リブ付試験片のコスト試算（10,000個生産）

	電力料金（円）	材料費（円）
一般成形	179,200	75,400
エアアシスト成形	150,600	69,840
コストダウン	28,600	5,560

但し，電力料金：20円/kWh，材料費：400円/kg（HIPS）にて計算

1万個生産した時のコストシミュレーションである。消費電力は28,600円，材料費は5,560円の削減が可能になる。

3.6　今後の展開

低い型締力による成形が生産現場で採用されている比率はまだまだ少ない。適正型締力成形と本節で紹介したエアアシスト併用の射出保圧ゼロ成形は，金型や成形設備の長寿命化を図り，環境負荷低減を実現する一成形法として，今後も成形機と成形加工両面から研究を進めていきたい。

4 多色・異材質・混色による加飾技術

戸澤啓一*

4.1 はじめに

　成形品表面への加飾（意匠性の付与）技術は，印刷・塗装・転写・成形など様々な技術があり，あらゆる分野・業種において幅広く採用されている。

　本節では，射出成形法による加飾技術の特徴とこれを実現する射出成形機の概要や成形事例を紹介する。

4.2 加飾射出成形の分類

　成形品表面への加飾を実現する射出成形法は，次の2種類に大別される（図1）。

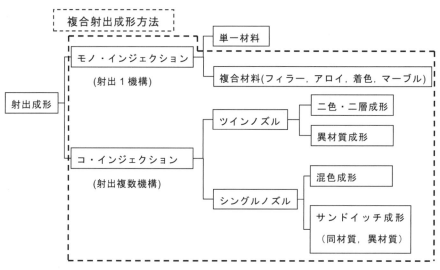

図1　複合射出成形方法の分類

4.2.1 モノ・インジェクション（射出1機構）

　色や溶融特性が異なる材料を未混練状態で成形する方法である。未混練状態とは材料を溶融し混練した時に異なる材料が混ざり合わない状態をいう。本工法では木目調やマーブル模様が得られる。後出の混色成形機においても同様の加飾を得られるが，未混練状態で成形するため混色成

＊　Keiichi Tozawa　日精樹脂工業㈱　本社テクニカルセンター

第 7 章　特殊な表面層を付与しない加飾

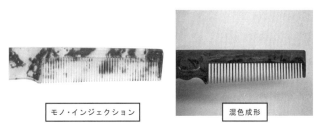

図 2　成形例

形よりも色の境界がはっきりとする（図 2 左）。
4.2.2　コ・インジェクション（射出複数機構）
樹脂が金型内へ射出される射出機構の違いにより次の 2 種類に大別される。
(1) ツインノズル（二色・異材質成形機）
射出成形機本体へ，射出装置が 2 基搭載された機構である。得られる加飾は，二色・二層模様や異材質樹脂を組み合わせた質感の向上などである。
(2) シングルノズル（混色成形機）
2 基の射出装置が中間ヘッド部で連結され（図 3），1 つのノズルを有する機構である。得られる加飾は，色が混じり合った模様やマーブル模様，また異なる樹脂がサンドイッチ状となる模様である。

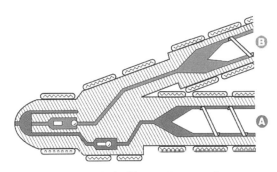

図 3　混色成形機のノズルヘッド部

4.3　二色・異材質成形機の特徴
これより二色・異材質成形機として DC 機（図 4）を紹介し，その機構と特徴を説明する。1 台の射出成形機に 2 基の射出装置を搭載し，各々の射出装置は独立した射出制御を可能とし，型締め側には金型を回転させる回転機構が搭載されている。

図4　電気式　二色・異材質成形機　DCE140

4.3.1　回転機構

二色・異材質成形を行うには，最初に成形した一次成形品を二次側金型に移動しなければならないが，回転動作により一次成形品を二次側金型へ移動している。この回転動作させる部位の違いにより次の2種類に大別される。

(1) **コア回転方式**

コア回転方式とは可動盤に回転機構を設けた構造で，可動盤に取り付けられた回転盤を回転し，可動側金型全体を回転動作させる方式（図5）である。最初に成形した一次成形品を可動側金型に残し，回転することで次に成形する二次側に移り，一次成形品と二次側キャビティの空間に樹脂を充填する方法である。

大きな特徴としては，回転盤に取り付ける可動側金型は，一次側・二次側とが同一形状となることが挙げられる。

(2) **中間プレート回転方式**

成形機の回転機構と金型の中間プレート（ストリッパープレート）を固定し，中間プレートを回転する方式（図6）である。最初に成形した一次成形品を中間プレートに残し，回転すること

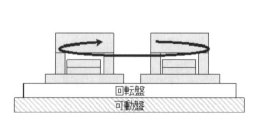

図5　コア回転方式

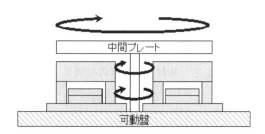

図6　中間プレート回転方式

で次に成形する二次側に移り，一次成形品と二次側キャビティの空間に樹脂を充填する方法である。大きな特徴としては，中間プレートが，一次側・二次側と同一形状となり，可動盤に取り付ける可動側金型は別々の形状とすることができる。

4.4　二色・異材質成形の分類
二色・異材質成形は，組み合わせる樹脂により分類される。
4.4.1　同材質成形
(1)　同色の組み合わせ

主に肉厚成形品に用いられる。この組み合わせの目的は，肉厚成形品を二色成形することで，ヒケなどの成形不良を防止し，寸法精度や品質を向上させることが挙げられる。また肉厚品の成形は，樹脂の射出時間・冷却時間が長く掛かるので，二色成形にして成形サイクルを短縮した事例もある。

(2)　異色の組み合わせ

この組み合わせの目的は，外観（デザイン，見た目）の向上や加飾された箇所の耐久性を向上させることが挙げられる。

(3)　特殊グレードの組み合わせ

めっきに反応する特殊グレードと反応しない普通グレードを組み合わせることで，めっき処理を行うときのマスキング処理が不要となり，成形後の後工程を削減できる。

4.4.2　異材質成形
(1)　相溶性アリ

相溶性とは，異なる樹脂が互いに溶け合う性質があるかどうかを指す。互いに溶け合うことで接合強度が得られる。この組み合わせの目的は，手触りの向上や耐水・気密性の向上，加飾／機能の向上が挙げられる。

(2)　相溶性ナシ

互いに溶け合う性質がないため，成形品は互いの樹脂が接着されない。この組み合わせの目的は，この性質を生かし摺動部を一体成形することで部品の組み立て工数を削減することが挙げられる。

(3)　特殊成形

この組み合わせの目的は，表示マークや文字の保護，インサートワークの保護などが挙げられる。

4.5 二色・異材質成形品と金型構造の事例

二色・異材質成形の基本は，前出のコア回転方式を用いて一次成形と二次成形では，一次側樹脂の上に二次側樹脂を被せることである。

4.5.1 二色・異材質成形用金型の注意点

① 金型は2型で1セットとなる。コア回転方式の場合は，可動側金型は同じものを2型，固定側は一次キャビティと二次キャビティの2型を製作する。

② 一次側のゲートは，型内で切断されるサブマリンゲートかピンポイントゲート，あるいはホットランナーが望ましい。

③ 樹脂の収縮に注意する。異材質成形の場合，一次側樹脂と二次側樹脂の収縮率が異なるため，ソリや変形などの成形不良が発生しやすい。また一次側は離型させず拘束冷却となるため，収縮量が少なくなることが多い。

④ 金型温度に注意する。可動側は一次，二次で共用するため，金型温度が大きく異なる樹脂の組み合わせは望ましくない。

4.5.2 二色・異材質成形品と金型構造の事例紹介

(1) キートップ（図7）

文字や記号が形成されるキートップは，製品用途より文字の耐久性が求められ，加飾部の耐久性を得られる2色成形法が多く採用されている。

キートップを2色成形法で成形する場合，文字部や記号部を一次成形で形成し，二次成形で本体部を形成する。しかし，０，＃など囲われた箇所がある文字や記号は，囲われた箇所に二次側樹脂が流れない。この場合，二次側樹脂の流路を確保するために，金型内にコアピンなどを駆動させる方式がある。これを「橋かけ方式」と呼んでいる。その機構は図8に表す。

橋かけ方式とは，一次成形で型締動作を利用し，カムを作動させ，二次側樹脂の流路を確保す

図7　キートップ

第 7 章　特殊な表面層を付与しない加飾

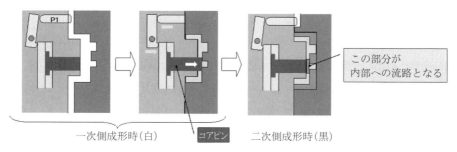

図 8　橋かけ方式

るためのコアピンが組み込まれたプレートを前進させる。連結されているコアピンと一次側キャビティが突き当たり，二次側樹脂の流路穴を形成する。二次成形ではカムを後退させ，コアピンが後退した流路を通って文字の内側に二次側樹脂を流す方式である。

この方式を応用し，文字や記号部に光透過性のある樹脂を用いて，自動車のエアコンのスイッチやヘッドランプの光軸調整スイッチなどの製品（照光スイッチ）も数多く成形されている。

(2)　歯ブラシ（図 9）

近年，熱可塑性エラストマー（TPE）の開発が進み，様々な樹脂との接着性が得られるようになり，触感とデザインの両面より付加価値を高める製品が多くなった。代表的な例として，ABS樹脂などの柄にTPEを組み合わせた歯ブラシの成形法を紹介する。

この成形法は回転機構に中間プレート回転方式を採用した事例である。コア回転方式の場合，一次側・二次側の可動側金型は共用される。すなわち可動側金型で形成される形状は変更できない。一方，中間プレート回転方式では一次側・二次側の可動側金型は異なる形状にすることができ，一次側，二次側のキャビティ，コア共に独立した構造となるため，製品形状の自由度が高くなる。

成形工法は，一次成形後中間プレートに一次成形品を残した状態で，中間プレートを回転し，一次側から二次側へ移動し，その後二次成形する。

図 9　歯ブラシ

4.6 混色成形機の特徴

混色成形機FN-D機（図10）は1つのノズル・中間ヘッドで色の異なった樹脂を同時あるいは断続的に金型へ射出し，模様をデザインすることを目的とした成形機である。このノズル形状は図3のようになっており，異色の組み合わせからなるA側スクリュとB側スクリュの射出タイミングを変えることでマーブル模様，花模様など様々な模様を創作することが可能で，デザイン的な付加価値を高めることができる。

図10　混色成形機　FN180-D

(1) カップ（図11）

これは，角切りされた果物入りジュースのカップである。従来のプラスチックカップはガスバリア性が少なく果物が腐りやすいので，賞味期限を短くせざるを得なかった。そこで，ガスバリア性が高い樹脂と商品のイメージカラーの樹脂をサンドイッチ成形（図12）した事例である。こ

図11　カップ

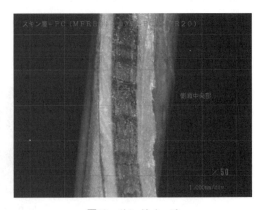

図12　サンドイッチ

第7章　特殊な表面層を付与しない加飾

れにより，商品イメージの外観を損なわずに賞味期限を長くすることができた。

(2)　グリップ（図13）

これまでグリップの色は大半が単色であったが，マーブル模様に加飾しデザイン性を高めた事例を紹介する。これは，A側とB側の樹脂を断続射出している。断続する切換位置の違いで様々な模様を得ることができる。射出パターンの断続回数が多い場合は上側のように短い縞模様に，少ない場合は下側のような縞模様となる。

図13　グリップ

4.7　おわりに

米国のサブプライムローン問題に端を発した昨今の景気後退局面は，弱含んでいるものの少しずつ回復基調を示している。ただ，成形現場を始めとした生産拠点は今後益々海外へのシフトが増加すると考えられ，日本国内では新たな技術により生み出された高付加価値なモノづくりが求められる。こうした要求に応えられるメーカーとして常にユーザーの視点に立った開発を進め，協力できれば幸いである。

5 材料着色によるプラスチックへの意匠性付与

百瀬雅之[*]

5.1 はじめに

従来プラスチック製品の加飾では，成型後に塗装や印刷などの2次加工を施して最終製品としての外観意匠性を得るケースが多かったが，近年になって，工数削減によるコストダウン，材料の品質管理および環境負荷低減などの観点から，2次加工を行わないで高外観を得る技術の開発・実用化が急速に進んでいる。特にプラスチック材料自身に所望の最終製品の意匠性を付与する材料着色技術は，塗装などの2次加工工程を削減できるだけでなく，カスタム調色によってきめ細かいデザインに対応できることからその有用性が広く認識されてきている。

本節では，プラスチック材料着色技術に関する最新動向を，メタリック調外観，パール調外観，ピアノブラック調外観など幅広い意匠性について概説する。またこのような材料着色技術で得られたプラスチック材料を製品に適用する際に留意すべき点についても述べる。

5.2 プラスチックへの材料着色

5.2.1 塗装と材料着色の比較

プラスチック製品の製造工程では通常，樹脂ペレットを溶融し，射出・ブローなどの手法で特定の形状に固めて成型品を得る。その後，塗装や印刷などの2次加工工程を経て製品に所望の意匠性を付与し，完成品を得る。一方材料着色では，完成品に所望の意匠性を与える着色剤や意匠性材料などを，樹脂組成物などの材料に予め混合した後，混錬押し出しをしてペレットを得る。このペレットを使用して成型を行うことで，得られた成型品はすでに所望の意匠性を有しており，すなわち完成品となる。図1に上記プロセスを模式的にまとめた。この比較から明らかなように，材料着色の手法には，工数削減の効果とそれに伴うコスト削減，歩留まり向上の効果を期待できる。

得られた完成品の持つ特徴も，塗装と材料着色とでは異なる場合がある。特に数μm程度以上の大きさを持ち，形状に異方性のある意匠性フィラーを使用した場合，その差は大きくなる傾向がある。表1に意匠性フィラー顔料の分布，配向，粒子径などの観点から塗装と材料着色の特徴をまとめた。材料着色の場合，材料の機械的・熱的特性を保持するため，添加する意匠性フィラー顔料の濃度は通常0.1～5重量％程度であるが，これは塗料中の顔料濃度よりも一般的に低い。また，材料着色では意匠性顔料は樹脂材料中にほぼ均一に分散していると考えられるため，完成品の中で顔料が存在する厚みは，成型品自体の厚みに等しく数mm程度である。一方塗装の場合

---

[*] Masayuki Momose　SABICイノベーティブプラスチックスジャパン㈿　総合技術研究所　グローバルカラーテクノロジー

第7章　特殊な表面層を付与しない加飾

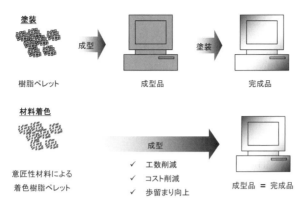

図1　着色材料の製品化工程例と，その効果

表1　塗装と材料着色の比較例（意匠性フィラーを使用した場合）

	塗装	材料着色
意匠性フィラー顔料の濃度	塗装中に2～10重量％程度	プラスチック中に0.1～5重量％程度
顔料の存在する厚み	10μm程度（塗装の厚み）	数mm程度（成型品の厚み）
配向の度合い	高い配向度合い	比較的ランダムな配向
模式図（簡単のため，縮尺は実際とは異なる）	塗膜	意匠性フィラー顔料／プラスチック成型品
顔料の粒子径	数μm～数十μm程度	数μm～数百μm程度

は，顔料の存在する領域は10μm厚程度の塗膜中に限られる。この限られた厚みの中では，異方性の高い顔料はお互いに向きを揃えて並ぶ傾向があり，その結果顔料の配向度合いは塗装のほうが高くなる。また，スプレー塗装の場合，その噴出孔が目詰まりする懸念から数十μm程度以上の大きさの顔料は敬遠されることがあるが，材料着色の場合はその懸念がないため，大きいものでは数百μm程度の大きさの顔料も選択可能である。

5.2.2　材料着色の3つのメリット

塗装などの2次加工を必要とするプロセスと比較して，材料着色のメリットは3つに大別して考えられる。

(1) コスト削減

前述のように，材料着色は塗装などに比べて少ない工程で完成品を得ることが大きな特徴の1つである。中間材料の物流・保管コストは全プロセス中に含まれる工程数に応じて発生する。ま

た各工程の歩留まりの乗数として表されるプロセス全体の歩留まりも工程数に大きく依存する。これらの要因は，工程数を少なくすることが可能な材料着色の手法にコストメリットを与える。さらに，全体としての製造サイクルタイムの短縮，生産性向上の観点からも材料着色は有利であるといえる。これらの効果は，材料そのもののコスト変動よりも大きい場合が多く，プロセス全体としてのコスト削減をもたらす。

(2) 環境負荷低減

塗装工程が環境に与える側面は2つある。第一は，塗装工程そのものに使用される有機溶剤，揮発性有機化合物（VOC）による環境負荷およびそれらを再生処理する際の問題であり，第二は，塗装が施されたプラスチック材料をリサイクル処理する際の環境負荷である。低揮発性有機溶剤や水系塗料の開発，塗料回収・再生システムの開発などは積極的に行われており，技術的な進歩も著しいが，まだ広く実用化されているとはいえない状況である。また欧州における電気・電子機器の廃棄に関する指令（WEEE）や，日本における資源有効利用促進法，家電リサイクル法などによる政策的な取り組みにより，プラスチック材料自身のリサイクル性向上の重要度は今後益々大きくなるものと考えられる。材料着色の手法は，もともと材料中に着色剤や意匠性顔料などが混練されているのでVOCを発生する工程を含まず，また材料廃棄時のリサイクル性も高い。実際には，同系色，同材料のプラスチックが回収・分別され，粉砕処理された後，別のプラスチック材料用原材料の一部として再利用されているケースがある。新材料中のリサイクル材料の割合は現在数％〜30％程度が主流であるが，その割合をより高めたり，より多くのプラスチック材料でリサイクル材料を使用できるようにしたりすることを目的に，様々な開発が積極的に行われている。

(3) 製品の差別化

家電，情報機器，車などの多くの分野でデザインによる製品差別化は益々重要なマーケティング要素になってきている。特に，マスプロダクションによる画一的な商品外観から一線を画し，基本パーツを組み合わせることによる個々の顧客嗜好への対応とコスト抑制を目指したいわゆるマスカスタマイゼーションは，重要な製品戦略の1つとして位置づけられる。異なる意匠性を有する材料を投入するだけで金型や成型条件などを変えることなく異なる外観の製品が得られる材料着色の手法は，このマスカスタマイゼーションの実現に大きく寄与する。これにより，活気ある製品ポートフォリオを形成し，マーケットシェアの拡大，ブランドの確立，利益率の向上などが期待できる。

5.2.3　材料着色で塗装外観に近づけるための工夫

材料着色の手法を利用して5.2.2のようなメリットを求めていくためには，大きく2つのアプローチがある。1つは，現行の塗装もしくは別の2次加工による意匠性からの置き換えを主眼

第7章　特殊な表面層を付与しない加飾

とするケースであり，もう1つは，材料着色の特徴を活かしながら新たな意匠性を創造・提案していくものである。前述したように，特にある程度以上の大きさを持つ異方性形状の意匠性フィラーを使用した場合には，塗装外観と材料着色によって得られる外観とが異なり，単純な置き換えは難しい場合がある。これは意匠性フィラー顔料の材料中の濃度，存在する厚み，配向の度合いなどによるものである。材料着色の手法を使って塗装外観に近づけるための工夫としては，塗装で使用している顔料よりも若干大きめの粒子径を持つ顔料を使用する，より異方性の高い顔料を使用する，高粘度の樹脂を使用し成型時のせん断力を高め顔料の配向を促す，射出速度を高めるなど成型条件を調整する，などが挙げられる。幾つかの工夫を組み合わせて適用することにより，実用的に置き換え可能な外観を得ることができるケースも多い。

ただし材料着色においては，ウェルドライン・フローラインなどの樹脂成型時外観不良がそのまま視認できることがあり，留意が必要である。意匠性フィラー顔料を使用した材料着色の成型品外観に与える影響とその対策については後述する。

5.3　材料着色の実際例
5.3.1　メタリック調意匠性フィラーによる材料着色[1,2]

プラスチック製品にメタリック調外観を付与するための意匠性フィラーとしては通常，アルミニウムの粉や箔を主原料としたものを粉砕・研磨し非常に薄い鱗片状に加工した顔料が使われる。この鱗片状顔料が成型品面と平行に配向することで入射光を効率よく均一に反射させ，シルバーメタリック調の外観が得られる。材料着色の場合この意匠性フィラー顔料は，プラスチック材料中にほぼ均一に分布しており，表面から外にむき出しになっているものの割合は非常に小さいと考えられる。そのためこの意匠性フィラー顔料のプラスチック製品からの剥離や，金型を傷つけるなどの懸念はほとんどない。またポリカーボネートのような透明性の高い樹脂材料をベースに適用すれば，塗装では表現が難しいような奥行き感を演出することも可能になる。

材料着色で適用可能なメタリック調意匠性フィラー顔料としては通常，平面径が数μm～数百μm程度，厚みが1μm以下～数μm程度の種々の大きさのものが入手でき，表現したい輝度感や粒状感に応じて適宜選択することができる。表2にメタリック調意匠性フィラー顔料の粒子径による外観の比較を，ポリカーボネート樹脂に材料着色して作製した成型品の写真とともにまとめた。異なる粒子径の顔料を使用することにより，輝度感，粒状感などの異なる外観を表現できることがわかる。また粒子径の大きく異なる2種以上のメタリック調意匠性フィラー顔料を適当な比率で併用することによって，単体では表現することが難しい意匠性を実現できる場合もある。このように，使用する顔料の粒子径や添加量を制御することによって幅広い意匠性を表現できることが，意匠性フィラー顔料を使用したメタリック調材料着色の特徴であり，魅力でもある。

表2　メタリック調意匠性フィラー顔料の粒子径による外観の比較

	顔料の粒子径	
	小	大
輝度感	弱い	強い
粒状感	弱い	弱い
隠ぺい力	強い	弱い
シェード色	黒味	白味
成型品の例	顔料の粒子径：約20μm	顔料の粒子径：約350μm

5.3.2　パール調意匠性フィラーによる材料着色[1,2]

　一般にパール調外観・パール光沢と呼ばれる意匠は，もともと自然界の貝殻，魚，昆虫，鳥などが有する神秘的で鮮やかな光沢感に人類が魅せられて，光学理論を駆使してそれを模倣したものである。滑らかで高級感のあるその意匠性から，適用される用途は自動車外装，コスメティック容器から電化製品など非常に幅広い。

　パール調顔料はその化学的組成から幾つかの種類に分類されるが，無毒性，熱安定性，化学安定性，品質安定性などの観点から，プラスチック材料着色としては金属酸化物被覆雲母顔料，中でも二酸化チタン被覆雲母顔料が好適に使用される。二酸化チタン被覆雲母顔料は，薄片状に粉砕・加工した雲母の表面に二酸化チタン膜をコーティングしてあり，異なる屈折率を有する複数の透明もしくは半透明の層が隣接することによる規則的な多重反射パターンがパール光沢として視認されるものである。製造条件により雲母の粒子径，厚み，二酸化チタン膜の厚みを比較的自由に制御することが可能であり，それによりプラスチック材料着色した際に様々な異なるパール調外観を得ることができる。特に二酸化チタン膜の厚みを変えることにより，顔料自体の色調を変化させることができ，実用性が高い。

　雲母の代わりに，粒子径やアスペクト比を高度に制御した酸化アルミニウムや二酸化珪素を基材として使用した，いわゆる人工パール顔料の開発も盛んに行われている。これらの人工パール顔料は，優れた品質安定性に加え，例えば観察する角度によって色調が連続的に変化する新しい視覚効果を与えるものもあり，今後の展開が期待される。

第7章　特殊な表面層を付与しない加飾

5.3.3　ガラス調意匠性フィラーによる材料着色[1,2]

　ガラス基材を銀，ニッケルなどの金属もしくは二酸化チタンなどの金属酸化物で被覆した顔料も，特にポリカーボネート樹脂のような透明性の高いプラスチックの材料着色に好適に使用される意匠性フィラー顔料の1つとして挙げられる。ガラス基材の平滑度が高いため光の乱反射が少なく，高い輝度感を得ることができることに加え，5．3．1，5．3．2で紹介したメタリック調顔料やパール調顔料に比べて，顔料自体の透明性が高く，非常に綺麗なシェード色を得ることができる。樹脂自体の透明性を引き立てながら，きらめく宝石のような外観を与えるこの効果は，塗装や他の2次加工では表現が難しい質感として，種々の用途に応用されている。

5.3.4　光拡散効果を得るための材料着色

　光拡散効果は，意匠性の観点および光線透過率制御という機能性の観点から，様々な用途の工業製品に使用されている。2次加工としては例えば，部品成型時もしくは成型後に表面に凹凸処理を施し光散乱させる手法や，光拡散性を有するシートを貼り付ける手法などが実用化されているが，光拡散性材料を樹脂中に混練する材料着色の手法でダイレクトに製品を得ることも可能である。この場合，基材となる樹脂の屈折率と異なる屈折率を有する数μm～数十μm程度の光拡散性粒子を使用する。光拡散性粒子の屈折率および基材樹脂との差，粒子径，添加量などのパラメータを適宜コントロールすることにより，光拡散の度合いを幅広く調整することが可能である。

5.3.5　エッジグロー効果を得るための材料着色

　エッジグロー（端部発光）効果は，透明な基材樹脂中に特殊な蛍光性着色剤を混練することによって得られる。入射光により特殊蛍光性着色剤が励起され，入射光よりも長波長の蛍光を発する。この蛍光の一部は材料の系外に逃げながらも，多くは樹脂材料中を内部反射しながら進み，進行方向とある一定以上の角度を持つ部分に到達した段階で一気に材料から放出される。その結果，材料のエッジ部分，シボやフリンジ部分，段差などによるロゴなどの形成部分において鮮やかに発光して見える。塗装では材料表面を塗膜で覆ってしまうため，この効果を得ることはできない。

　特殊蛍光着色剤としては，青色発光，黄色発光，赤色発光など各種実用化されているが，エッジグロー効果を最大化するためには，使用する特殊蛍光着色剤の励起光波長に応じた外部光源の選定や，発生した蛍光を阻害しないような他の着色剤の組み合わせなどに留意する必要がある。

5.3.6　ピアノブラック効果を得るための材料着色

　グランドピアノのような深みのある漆黒はその高級感と落ち着いた雰囲気から，情報機器や自動車内装などの幅広い分野において人気のある意匠性の1つである。材料着色では，透明性の高い樹脂基材中に，特殊な着色剤の組み合わせからなる黒色を混練して得ることができる。不透明樹脂基材にカーボンブラックなどの汎用黒着色剤で黒を表現している場合は，入射光の大部分が材料の表面近傍で吸収されてしまうのに対し，上述のような透明樹脂プラス特殊着色剤の組み合

わせからなる材料着色ピアノブラック効果は，入射光の一部はある一定の厚さまでもぐりこんだ後反射する。そのため，奥行き感・深みのある漆黒として視認される。また特殊着色剤の組み合わせ処方により，赤味，緑味，青味の黒などの微妙な色調を調整することが可能であり，一括りにピアノブラック調と呼ばれる様々な商品群の中でも製品を差別化するのに役立っている。

5.4 意匠性フィラーを使用した材料着色の成型品外観に与える影響
5.4.1 射出成型品のウェルドライン，フローライン

5.3で概説したメタリック調もしくはパール調意匠性フィラー顔料を使用した材料着色において留意すべき点として，ウェルドライン・フローラインが挙げられる。

ウェルドラインは，成型時に2つ以上の流動先端部が会合する際に，その会合部において材料同士が完全に融合する前に冷却固化が始まった場合に生じる一種の成型不良であり，外観的には会合部に一本の線が観察され意匠性が損なわれる。フローラインは，成型品デザイン中にリブやボスが存在する場合に溶融樹脂の流れが不均一になることによって生じる成型不良である。これらの現象は，近年の複雑化している金型形状において意匠性および物性の観点から問題になる場合が多い。

ウェルドライン，フローラインは意匠性顔料フィラーが混錬された材料着色においてより顕著に視認されやすい。メタリック調もしくはパール調意匠性フィラー顔料はその効果を発現するために異方性の大きい形状をしているが，流動先端の会合部分もしくは流れが不均一になる部位において顔料が周辺とは異なる配向をしやすくなるためである。顔料の部位特異的な配向により，光の反射強度に差が生じ，顕著なウェルドライン・フローラインとなって視認される。図2に意匠性フィラー顔料が混錬されている場合のウェルドライン生成のメカニズムを模式的に示す。

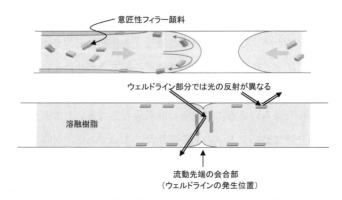

図2 意匠性フィラー顔料の配向によるウェルドライン生成のメカニズム

第 7 章　特殊な表面層を付与しない加飾

5.4.2　製品外観不良に影響を与える意匠性フィラーの因子

　ウェルドラインの発現しやすさのことをウェルドライン感度と呼ぶことがある。意匠性フィラー顔料の観点からウェルドライン感度に与える因子を分類すると，形状因子，光学因子，粒子径因子がある。形状因子として，異方性形状の面方向（長軸の長さ，円形と仮定した場合の直径）と厚み方向（厚さ）とのアスペクト比が大きいほどウェルドライン感度は大きくなる。これはアスペクト比が大きいほど，流動による特異な配向が生じやすいためである。光学因子として，意匠性フィラー顔料自身の透明性が高いほどウェルドライン感度は低くなる。例えば先述したガラス調意匠性フィラー顔料はメタリック調意匠性フィラー顔料に比べて透明性が高いためウェルドラインに与える視覚的影響が少ない。また基材となる樹脂との屈折率の差が小さい方がウェルドライン感度は低くなるのも同様である。粒子径因子として，意匠性フィラー顔料の粒子径が小さいほど，単位体積あたりの顔料密度が大きくなるためウェルドライン感度は高くなる。意匠性フィラー顔料を使用した材料着色の設計においては，上記の因子を十分に考慮して適切な顔料を選定する必要がある。

5.4.3　製品外観不良を低減するための手段

　ウェルドライン・フローラインなどの製品外観不良を低減するための手法として，樹脂流動解析を基にした緻密な金型設計，1成型サイクル内で金型表面温度を変動させ，生産性を極端に低下させることなく高外観品質の製品を得る冷熱サイクルプロセス技術，溶融樹脂の流動速度にタイミングを合わせてゲートを順次開くことで流動先端の会合する状態をなくしウェルドラインを低減するシーケンシャルバルブゲート技術などが実用化されている。いずれの技術も成型品外観不良の軽減を期待できるものではあるが，単独の技術だけで完全に問題を解消できることは稀である。また設備投資や専用の金型設計が必要な場合もあり，検討にあたっては要求外観レベルや費用対効果などを総合的に十分考慮して行うべきである。

5.5　おわりに

　プラスチックへの材料着色技術に関して，最新の技術情報を交えながら概説した。材料着色は，自動車業界や家電業界，電子機器業界などで今後の用途開発の拡大が期待される技術である。これらの技術には，塗装などの2次加工の工数削減に伴うコスト・環境面のメリットや塗装では表現できない意匠性を得ることができるなどのメリットがある一方で，ウェルドラインなどの留意すべき点もあるので，製品化への適用要求の度合いなども勘案しながら総合的に検討を進めるべきである。

文　　献

1) 永井規之編集，プラスチックへの加飾技術全集，p.48，技術情報協会（2008）
2) 田崎裕人編集，自動車樹脂材料の高機能化技術集，p.516，技術情報協会（2008）

第8章 その他の加飾技術

1 電鋳金型による加飾技術

大山寛治*

1.1 はじめに

　金型による加飾すなわち金型表面にデザインパターンの凹形状パターンを施し，成形品に凸デザインパターンを与えることで見栄えの品質を高めることができる。表面のデザインパターンが精密な3次元パターンである場合，金型のスライドなどの"合わせすじ"を嫌う場合，機械加工＋エッチング加工では対応できない場合に電鋳金型が使用されている。電鋳にはその他に電鋳殻の低質量の利点を利用した加熱冷却を目的とするもの，容易な配管加工性を利用した緻密に金型温度制御するもの，通気性を必要とした吸引を目的とするものなど，自動車内装，オーディオ外装品，医療品，文房具，化粧品，家具などの成形金型に使われている。ここでは電鋳金型の特徴と自動車内装部品に使用される電鋳金型の加飾技術について解説する。

1.2 電鋳金型

1.2.1 概要

　一般に金型用の電鋳は，ニッケル電鋳もしくはコバルトニッケル電鋳が使用され，スルファミン酸ニッケル溶液もしくはスルファミン酸コバルト溶液との混合液の中で，入槽モデル（母型，マンドレル）に所要の厚さで金属を析出させた後，この電着層を母型から剥離させて，母型と全く逆の形状の電鋳殻を作る。その電鋳殻が直接金型になるものもあれば温調配管されるもの，金型に組み込まれるもの，裏側に補強されるものがある。

1.2.2 電鋳金型の製造方法

　基本的な加飾用電鋳金型の製造方法をインストルメントパネル表皮のパウダースラッシュ成形金型にて説明する。

　図1に示すようにワーカブルモデルが作られた後，求める加飾パターンを付加したPVCシートにてシボ貼り作業が行われる。試作型の場合は時にこのシボ貼りモデルを直接電鋳槽にいれて電鋳が行われるが，その場合はシボ貼りモデルはリユースできない。量産金型に関しては複数の金型が必要であるため，ネガティブのシリコンモデルを作成し再反転作業を行ってマスターモデル

＊　Kanji Oyama　江南特殊産業㈱　専務取締役

プラスチック加飾技術の最新動向

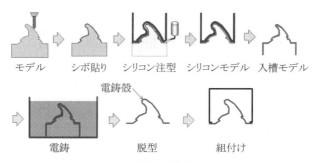

図1　電鋳金型製造工程

（エポキシ樹脂製）が作られる。マスターモデルではシボ貼りのつなぎ目の修正が行われる。また文字彫刻やロゴなどが行われる場合がある。マスターモデルから再度シリコンモデルを作成し，シリコンモデルから入槽モデル（エポキシ樹脂）が作られる。入槽モデルはエポキシモデルの他に低温熔融合金やワックスで作られる場合もある。電鋳型製作は多くの反転工程を持ち，離型処理，通電処理，樹脂の収縮などのいろんなノウハウが組み込まれてモデルづくりおよび反転作業が行われる[1]。そして最終的に電鋳金型の寸法，シボ品質が守られる。

また欧州では鉄やアルミにてモデルが加工され，エッチング加工にて加飾パターンが付加される場合がある。このような金属モデルは寸法精度や他の射出成形型とのシボパターンを同じにしたい場合に利用される。

1.2.3　電鋳加工

入槽モデルのエポキシ樹脂は電導性がないため通電処理が必要となる。通電処理にはスパッタリング，蒸着，無電解めっきによる通電処理も可能であるが，一般には銀鏡処理にて通電処理が行われる。電鋳工程を図2に示す。

電鋳は均一に電着することは不可能であるため，たとえば3mm電着する場合は数回入槽が繰り返され，出槽のたびに電着裏面はマスキングにより肉厚コントロールされる。

再入槽に関しては再度活性化処理が行われた後，電鋳が施される。この工程が十分でなかったり，油分がついたりすると層間剥離が発生する。

図2　電鋳工程

1.2.4 ニッケル電鋳溶液

ニッケル電鋳溶液にはワットニッケル溶液，塩化ニッケル溶液，ほうフッ化ニッケル溶液なども存在するが電着応力が非常に小さいことと均一電着性が優れていることで最近ではスルファミン酸ニッケル溶液が主流になっている。一般的に推奨される電鋳浴組成を表1に示す。

表1　スルファミン酸ニッケル電鋳浴組成[2]

スルファミン酸ニッケル	300～450 g/l
塩化ニッケル	0～30 g/l
ホウ酸	30～40 g/l
界面活性剤	適量 g/l
pH	3.5～4.5
浴温	40～60℃
電鋳密度	2～15 A/dm^2

　各成分の配合比は金型の種類によって調整され，それぞれの成形方法にあった物性のニッケル電鋳殻が作られる。表面硬度が要求されるものにはスルファミン酸コバルト溶液が配合されニッケルコバルトの合金電鋳が行われる。

1.2.5 ポーラス電鋳®

　一般に電鋳はピンホールのないものが求められ各種の電鋳金型に利用されているが，ピンホールを生かした特殊な電鋳がある。ポーラス電鋳®といわれ1985年に江南特殊産業㈱が開発した技術で，電鋳殻全体に無数の孔があいている。図3に示すように意匠面側は小さな穴で裏面に大きく広がる構造をしており，目づまりが起こりにくくまた通気抵抗も低い。その特徴を利用して凹引き真空シボ付け表皮成形金型や凹引き真空シボ付け圧着成形金型に利用される[3]。

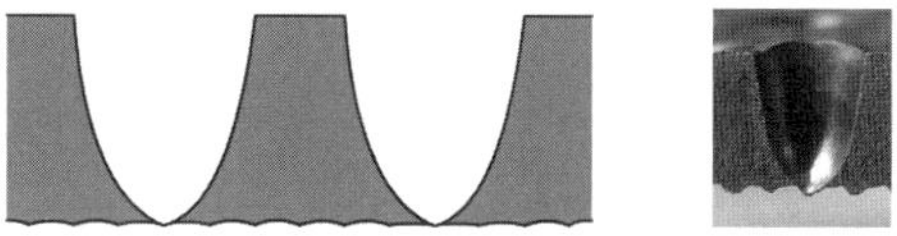

図3　ポーラス電鋳®断面

1.2.6 電鋳加飾とエッチング加飾

加飾金型として金型表面へのパターン付加にはその他の技術としてエッチング方法がある。

電鋳はあらかじめパターンを付加したPVCシートを形状モデルに貼りつけ，それを忠実に反転するのに対し，エッチングは金型の最後の工程でパターンを付加するものである。電鋳はモデルへ貼り込むPVCシートのパターンが実物から反転した電鋳ロールや，レーザー彫刻などの精密なシボロールから転写されて作られ，高品質のシボパターンが得られるのに対し，エッチングは耐酸性のインクなどでマスキングされた後，酸性の液などを使って金型表面を腐食し，一段凹んだ概2.5次元パターンが作られる。3次元的なパターンにはシボ深度別にフィルムを作りマスキングと腐食を数回繰り返して行われるが[4]，高品質なものは非常に難しい。

その他の金型キャビティへのパターン付加には直接金型に切削加工する方法や，レーザー彫刻，エッチング加工，サンドブラスト加工もある。

1.2.7 電鋳金型と直彫り金型

一般的な金型は切削にて加工されるのに対し，電鋳金型は入槽モデルからの金属反転にて形状が作られる。

キャビティにアンダーカットがある場合，一般にはスライドや入れ子の割型となってその成形品には合わせすじ（flash line）が発生するが，電鋳の場合は一体で作られ製品に合わせすじは発生しないため，加飾の品質を高めている。

電鋳殻はその用途に応じて2.5mm～10mm程度の厚さで作られ，その小さな質量は容易な加熱冷却を可能とする。また裏面に温調用のパイプ配管が施されれば精密で多様な温度コントロールが可能となる。金型温度一定で転写性，製品厚み，成形キュア時間を同一にしたり，時には温度変化を持たせ成形厚みのコントロールもなされる。

しかしながらその低剛性ゆえ成形方法によっては補強が必要である。またモデル，反転，電鋳，組付けなどの多くの工程により金型納期が一般の金型よりも長くなる。

1.2.8 加飾用電鋳金型の目的

表2に示すように電鋳金型は加飾目的で利用されることが非常に多いが，加飾目的のみでなく製品形状による加工性，温度コントロール性，通気性などの他の目的と併用により採用される。射出成形型，真空成形型，ブロー成形型，スラッシュ成形型，回転成形型，RIM成形型，PUスプレー金型，RTM成形型，圧縮成形型などに利用される。

第8章　その他の加飾技術

表2　電鋳金型の採用理由

成形型種類		採用目的			
		複雑形状	温度制御	通気性	加飾品質
ノーマル電鋳型	パウダースラッシュ成形	○	○		○
	PUスプレー型	○	○		○
	PUリムスキン型	○	○		○
	PU-RIM成形型		○		○
	射出成形型				○
	ウレタン発泡型	○			○
	回転成形型	○	○		○
ポーラス電鋳型	凹引き真空成形型	○		○	○
	凹引き真空圧着成形型			○	○
	圧空成形型			○	○
	ブロー成形型			○	○

1.3　自動車内装部品における電鋳加飾金型技術

1.3.1　自動車内装の適応状況

自動車内装に関しては大物から小物までいろいろな部位に使用されている。軽自動車～中級車に関してはエッチングなどで加飾された射出金型が多く利用されているが，中級車～高級車クラスには高級な本革風合いのソフトタッチ感を持った加飾が電鋳金型にてなされている。図4に示すようにインストルメントパネルをはじめ，グローブボックス，ロアカバー，ドアトリム，ステアリング，コンソール，アームレスト，ヘッドレストなどがある。

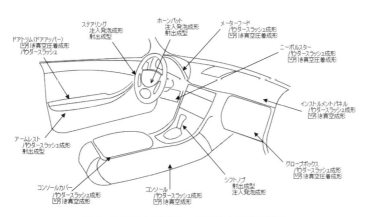

図4　自動車内装部品への電鋳金型採用部品

1.3.2 成形方法と成形材料

たとえばインストルメントパネルの場合，高級車クラスは表皮＋ウレタン発泡＋基材となっており，その表皮の成形型にはほとんど電鋳金型が使われている。成形方法にはパウダースラッシュ成形，凹引き真空表皮成形，PUスプレー成形，PUリムスキン成形がある。これらの表皮成形はドアアッパー，コンソール，グローブボックスなどにも用いられる。表3に各種成形比較を示す。

表3 表皮成形比較

成形方法		パウダースラッシュ成形	凹引き真空表皮成形	PUスプレー成形	PUリムスキン成形
材料		PVC，TPU，TPO	TPO	PU	PU
利用度		◎	○	△	△
型費	1千台/月	○	△	○	×
	1万台/月	△	○	×	×
材料費		○，×，×	△	×	×
歩留まり		○	×	○	○
成形時間		×	○	×	×
表皮肉厚均一性		○	△	×	○
表皮重量（軽量）		△	◎	×	△
金型洗浄		×	○	×	×
形状自由度		○	△	×	×

1.3.3 パウダースラッシュ成形

成形金型は電鋳殻そのものが型枠にセットされて利用される。図5に示すように加熱したニッ

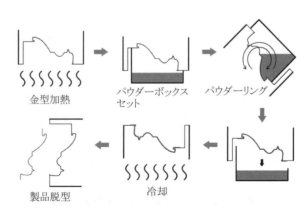

図5 パウダースラッシュ成形工程

ケル電鋳金型表面に，パウダー材料をほぼ均一に溶着させ，金型と材料を冷却した後，表皮が金型から脱型される。金型の加熱は一般に熱風加熱であるが，オイル配管加熱，ヒーター加熱，流動床炉加熱も使われている。日本では一時脱塩ビということでPVCからTPUへの移行が進んだが，近年またPVCに戻りつつあるようだ。海外ではほとんどPVCのパウダー材料が使われる。TPOパウダーは開発されたがあまり使用されていない。パウダースラッシュ成形は成形金型の加熱冷却による熱サイクル疲労が大きく，数万ショットで金型にクラック（割れ）が発生する。また材料がPVCで且つ水冷却の場合は腐食がはげしい。

1.3.4　凹引き真空表皮成形（In-Mold-Graining Skin Forming）

図6に示すように加熱したプラスチックシートを金型表面に吸引密着させて冷却後脱型する。

プラスチックシートには転写性の優れたTPOシートが用いられるが，最近では転写性のいいPVCシート，TPUシートも開発されている。電鋳は通気性のあるポーラス電鋳®が使用され，裏面には温調配管が施された後，真空圧力に耐えられるように補強される。製品の形状によっては材料の歩留りが悪くなるが，パウダースラッシュ成形に比べ生産エネルギーが非常に小さく，成形サイクルが非常に短い。脱塩ビ，省エネ生産で注目されている。米国を中心に発達し，現在では世界中に広まりつつある。

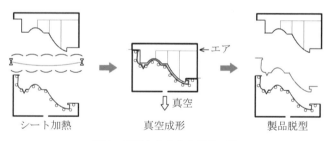

図6　凹引き真空表皮成形工程

1.3.5　PUスプレー成形

2液をミキシングしたポリウレタンを電鋳型に吹きつけて，キュアー後脱型する。成形工程を図7に示す。材料はAliphatic（脂肪族系）ポリウレタンが使用されるが材料費が高くコスト低減のため表面以外はAromatic（芳香族系）ポリウレタンを使う場合が多い。

電鋳裏面には温調配管が施され型枠にセットされる。表皮の肉厚均一性が難しく，アンダー部の吹き付けが難しいので複雑な形状には向かない。成形のたびに離型剤が必要である。離型剤が加飾品質を落とすので適時に洗浄が必要である。欧州で発達し日本，米国でも一部使われている。

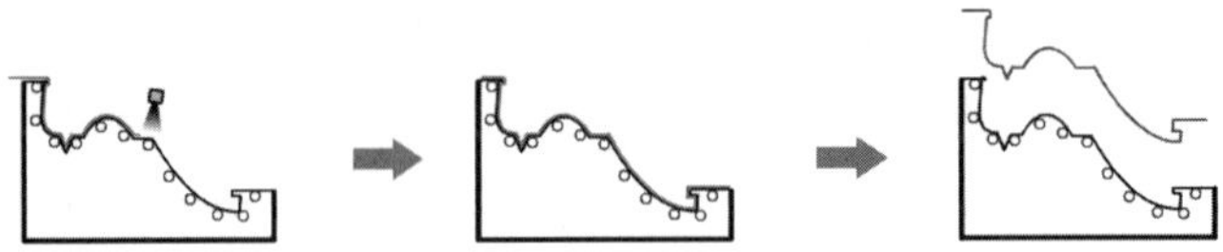

図7 PUスプレー成形工程

1.3.6 PU-RIM成形

図8に示すようにAliphatic（脂肪族系）ポリウレタンなどがトップコートされた後，2液をミキシングしたAromatic（芳香族系）ポリウレタンを射出成形する。キュアー後金型を開き脱型する。電鋳裏面には温調配管が施され射出圧力に耐えるようバッキングされる。正確な肉厚の表皮が成形可能であるが，アンダー部の肉厚を守るには金型構造が非常に難しく金型費用が高い。一般には小さなアンダーは堕肉にしている。成形のたびに離型剤が必要であり，離型剤が加飾品質を落とすので適時に洗浄が必要である。ほとんど欧州のみである。

図8 PU-RIM成形工程

1.3.7 凹引き真空シボ付け圧着成形（In-Mold-Graining lamination）

ドアトリム，ドアアッパーでは凹引きシボ付け圧着成形が多く使われている。電鋳にはやはりポーラス電鋳®が使われ，裏面に温調配管とバッキングがなされる。前述の成形方法はすべて表皮成形の後に発泡成形を必要とするが，この工法は発泡成形が必要なく表皮成形と同時に基材との接着を行うため，軽量で且つ安価に製造することができる。工程を図9に示す。表皮材は以前PVCシート＋PPフォームが使われたが，転写性の良さを生かして最近ではTPOシート（0.45～0.8mm）＋PPフォーム（1.5～3.0mm）が使われる。インストルメントパネルでも採用が増えている。アンダー形状は一般に難しいといわれていたが，最近ではコア型からの真空は接着のみでなくアンダー形状の成形にも利用され，製品の形状自由度が増してきた。日本で開発され世界中で行われている。

第8章　その他の加飾技術

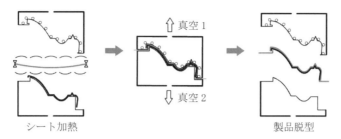

図9　凹引き真空圧着成形工程

1.3.8　加飾シボ転写性の劣化

モデルから電鋳工程において樹脂の収縮が1～2/1000あるため，シボ深さは樹脂反転の回数により電鋳金型ではわずかに低下する。しかしながらパターンのイメージが損なわれることはほとんどない。成形方法によっては，離型剤や成形材料の金型への付着により加飾品質が落ちるため洗浄が行われる。この金型洗浄がシボ面の損傷を引き起こすことがある。特にサンドブラストによるシボパターンへのダメージは大きいので，溶液洗浄，化学洗浄，レーザー洗浄が望ましい。シボ転写性は，材料の特性や成形条件（金型温度，成形機条件など）が影響してくる。適切な材料選択や成形条件の設定が必要になる。

1.4　シボ開発とシボロール

電鋳金型の加飾すなわちシボの品質はシボ貼り用PVCシートで決まってしまう。このPVCシートは平板にて熱プレスされてシボ付けされることもあるが一般にはシボロールにて押しつけられて作られる。最近のシボパターンの開発およびロール製造技術の進歩は電鋳金型加飾品質を高めている。

1.4.1　電鋳法

皮シボのような場合は本物の小片サンプルから電鋳にて金属のパターンに置き換えたのちミルロールに転写され，このミルロールから本ロールへ転写される[5]。合わせ部のシボ修正が施されてロールが完成する。数年前まで自動車内装の皮シボはほとんどこの方法であった。この方法が現物パターンから再現する最も劣化度が少ない方法である。合わせ部のシボ修正には熟練した職人技が必要である。砂目のようなつなぎの難しいものには向かない。また大きなサンプルがある場合はロール1本ごと電鋳そのもので作られている。

1.4.2　エッチング法

原稿からそのフィルムを使って金属ロール表面にレジスト膜を形成し酸にて腐食除去することでシボを形成する。一回のエッチングは2.5次元の形状であるため幾何学的なシンプルなシボパタ

ーンに適している。砂目などのようにつなぎの修正が困難なものにも適している。3次元形状の現物パターンからの複製も深度別にフィルムを作ることにより，形状自体はおおよそ再現できるようになってきた。

1.4.3 レーザー彫刻法

電鋳法は3次元パターンの品質は高いものの非常に開発期間が長くコストもかかり且つ常にデザイン面での妥協を強いられてきた。そこで最近ではシボパターンをデジタルデータで作成し，レーザー加工にて直接シリコンロール，樹脂ロールにシボ彫刻を行うことが日本と欧州で行われるようになってきた（図10）。これにより短期間での開発が可能となり，デザインの意向による変更も容易になってきた。データは2次元データに深度をグレースケールで持たせ，3次元データに近いものとしてデータ化されている。ロールに金属ロールのような耐久性はないが，データとして永久保存が可能である。同一ロールでシボ深さが異なるシートの製作はできないが容易にシボ深さの異なるロールを短時間で彫刻することができる。デジタルデータ化により数多くのパターンが考案され，自動車内装では車種ごとに新しいシボを使うようになってきた。

図10 レーザー彫刻工法[6]

文　献

1) 江南特殊産業㈱技術資料
2) 表面技術便覧，㈳表面技術協会（1998）
3) http://www.ktx.co.jp/
4) http://www.mold-tech.jp/texturing.htm
5) 加藤重弘，プラスチックへの加飾技術全集，技術情報協会（2008）
6) 共和レザー技術資料（2010）

2 加飾分野におけるバイオマスプラスチックの検討

長岡　猛[*]

2.1　バイオマスプラスチックとは

「バイオマスポリマーとは，現段階では世界的に統一された定義はないが，『原料を再生可能な有機資源とすることで，地球温暖化の要因である，化石原料の使用を削減する樹脂』を指し，一般的には太陽からのエネルギーを得て光合成による有機生産物に由来し，化学的，生物学的に合成することで得られる分子量（Mn）1,000以上の高分子材料を言う（有機物で構成される動植物体，それらの代謝生成物も含む）。なお，日本では上記に加え，貝殻，骨などの無機物も含むものとしている。」（㈶生産開発科学研究所　奥彬氏）[1)]

また，一般的に使用されるバイオマスプラスチックは，次の3種類の材料に分類されると考えられる。

① 植物由来樹脂（生分解性樹脂，表1を含む）
② 植物由来樹脂と石油系プラスチックの複合材料（一般的には25～30％以上の植物由来樹脂を含む）
③ 天然繊維などの植物繊維を混練などで複合化したプラスチック

加飾技術についても，塗装，着色，フィルム貼合，印刷，ファブリックなどによる表面装飾などが挙げられる。

バイオマスプラスチックへの加飾技術は，一般のプラスチックへの加飾技術の応用として取り扱うことが可能であり，若干の検討は必要であるが，基本的な面では，大きな差異はないと言える。

本節では実用化されているバイオマスプラスチックを例に，加飾分野でのバイオマスプラスチックを述べるものとする。

2.2　バイオマス繊維による加飾技術

ポリ乳酸（PLA）に代表されるバイオマスプラスチックの使用例で，一般のプラスチックと異なる用途展開として，繊維の組み合わせなどでの展開が，自動車を中心に検討されている。バイオマス繊維の素材としては，表2に示すような多くの素材が製造されているが，主として，PLA，ポリトリメチレンテレフタレート（PTT）が採用されている。

2.2.1　バイオマス繊維の特徴

ポリカプロラクトン（PCL）やポリブチレンサクシネート（PBS）のような融点の低い材料は溶融紡糸法により繊維化が可能と言われるが，ガラス転移点が低く溶融紡糸後に空冷ではなく水

---

[*] Tsutomu Nagaoka　神鋼テクノ㈱　産業機械設計室　樹脂機械グループ　理事

表1 生分解性プラスチック例[2]

分類	高分子名称	略称	特質*	コメント
微生物産生系	ポリヒドロキシブチレート	PHB	H	硬い
	ポリ（ヒドロキシブチレート／ヒドロキシヘキサノエート）	PHBH	H～S	硬～軟
天然物系	エステル化澱粉		H～S	硬～軟
	酢酸セルロース	CA	H	硬い
	キトサン／セルロース／澱粉		H	硬い
	澱粉／化学合成系グリーンプラ		H～S	硬～軟
化学合成系	ポリ乳酸	PLA	H	硬い
	（ポリ乳酸／ポリブチレンサクシネート系）ブロックコポリマー	PLA-co-PHB	H～S	硬～軟
	ポリカプロラクトン	PCL	S	ポリエチレンフィルムのように軟らかい
	ポリ（カプロラクトン／ブチレンサクシネート）	PCLBS		
	ポリブチレンサクシネート	PBS		
	ポリ（ブチレンサクシネート／アジペート）	PBSA		
	ポリ（ブチレンサクシネート／カーボネート）	PEC		
	ポリ（エチレンテレフタレート／サクシネート）	PETS	H	PETやPBTを生分解性に変形
	ポリ（ブチレンアジペート／テレフタレート）	PBAT	S	
	ポリ（テトラメチレンアジペート／テレフタレート）	PTMAT		
	ポリエチレンサクシネート	PES		軟らかい
	ポリビニールアルコール	PVA	H	
	ポリグリコール酸	PGA	S	軟らかい

＊　樹脂の基本的特性：H＝硬質樹脂（ガラス転移点＞室温），S＝軟質樹脂（ガラス転移点＜室温）
　　：ジオール・ジカルボン酸系（いずれもLLDPE～PP～PET類似軟質系）
LLDPE：直鎖状低密度ポリエチレン　PP：ポリプロピレン　PET：ポリエチレンテレフタレート

冷が必要なために，太デニールの繊維に限定される。一方，PLAは，融点，ガラス転移点も高いので，溶融紡糸法で空冷，水冷ともに製造が可能である。以下PLA繊維を例に特徴を述べる。

PLA繊維の物性は表3[3]に示す通りで，PET繊維に似た特徴を持つと言われている。強度面ではPET繊維と同等であり，吸湿性も少ない。ヤング率が低いためにソフトな風合いを得ることができる[3]。

望月はPET繊維との比較において，物理的・化学的な特徴を表4の通り報告している[4]。PLA繊維は屈折率が低いことから，深みのある絹様光沢を有すると言われており，耐候性にも優れ，加えて，自己消火性，抗菌性などを有すると言われている。

2.2.2　用途展開例

PLA繊維は生分解性に加え上記の特徴から，表5に示すように各分野で展開が図られている。なお，PLA繊維の特徴を生かし，強度面での補強などをナイロン繊維やPP繊維などとの組み

第8章　その他の加飾技術

表2　バイオマス繊維の素材の代表例

素材	メーカー（商品名）
ヒドロキシ酪酸	ゼネカ
ヒドロキシ吉草	モンサント（バイオポール）
HPB/V	グンゼ
PLA	ネイチャーワークス（エコプラ）
	ユニチカ（テラマック）
	カネボウ（ラクトロン）
	三井化学（レイシア）
	東レ（エコデア）
	クラレ（プラスターチ）
PCL	ダイセル化学（セルグリーン，プラクセル）
	ユニオンカーバイト（トーン）
	大日本印刷
PTT	旭化成（ビオノーレ）
	日本触媒（ルナール）
	昭和電工
	東レ
その他	アイセロ化学
	ワーナーランバートン（ノボン）
	林原商事（プルラン）
	武田薬品（カードラン）
	味の素（アジコート）

表3　PLAフィラメントの繊維物性

項　目			PLA	ポリエステル	ナイロン
物理的性質	比重	−	1.27	1.38	1.14
	屈折率	−	1.4	1.58	1.57
	融点	℃	175	260	215
	ガラス転移点	℃	57	70	40
	吸湿率	%	0.5	0.4	4.5
	燃焼熱	cal/g	4,500	5,500	7,400
繊維性能	強度	cN/dtex	4.0～5.0	4.0～5.0	4.0～5.3
	伸度	%	30	30	40
	ヤング率	kg/mm^2	400～600	1,200	300
	沸水収縮率	%	8～15	8～15	8～15

表4 PLA繊維の物理的・化学的特徴—ポリエステル（PET）繊維との比較において—

基本特性	特性値	PET	PLA	特徴
原料・分解性		石油	植物	再生可能資源由来で，完全生分解性合成繊維
光沢・風合い	比重	1.34	1.25	PET対比軽量
	屈折率	1.58	1.4	低屈折率のため，深みのある上品なシルキー様光沢
	曲げ剛性（gf·cm²/cm）	0.122	0.068	ドレープ性良好でソフトな風合い
	せん断剛性（gf/cm·deg）	1.53	0.64	
吸水・拡散性	接触角（°）	0.135	0.254	基本的には疎水性であるが，PETよりは親水性
	吸水率（wt%）	0.3	0.5	
難燃・防炎性	LOI	20〜21	24〜29	JIS K 7201準拠，アラミド繊維に近い難燃性
	燃焼時間（min）	6	2	低燃焼性，防炎性，自己消火性
	発生ガス量（m³/kg）	394	63	低発煙性，ダイオキシン，NOx，SOx，HClなどの有毒ガス発生なし
	燃焼熱（Kcal/kg）	5,500	4,500	低燃焼熱
静菌・防黴性	静菌活性値	<2.2	5.9<	繊維製品抗菌防臭加工新基準：合格値2.2以上
	殺菌活性値	<0	3.1	
耐光・耐候性	伸度保持率（%）	70	100	耐光性試験（Fade-Ometer）による劣化小
	強度保持率（%）	60	95	耐候性試験（Sunshine Weather Meter）300 hrsによる劣化小

表5 PLA繊維の各分野での展開例[3]

分野	商品例
土木・建設資材	植生ネット，植生マット，防草シート，土木シート，土嚢，植生法枠，軟弱土壌補強材，ドレン材など
農園芸資材	べたがけシート，寒冷紗，結束紐，誘引紐，つるものネット，防虫ネット，防獣ネット，防鳥ライン，果実袋，育苗床，移植用ポットなど
生活用品	ボディタオル，ハンドタオル，フェイスタオル，バスタオル，買い物袋，紙袋紐，ギフト包装材，カバン・バッグ，水切りネット，水切り袋，紅茶バッグ，帽子，傘地，旗・幟，懸垂幕など
インテリア・寝装品	カーテン，椅子張り地，イベント用カーペット，テーブルクロス，布団地，毛布など
衣料品	ポロシャツ，Tシャツ，肌着，スポーツインナー，パジャマ，ベビー用品，ユニフォーム，ジーンズ，ブルゾン，セーター，靴下，ネクタイなど
その他	水産用資材（海苔網，養殖網など）

合わせやケナフなどの植物繊維との組み合わせで自動車内装品への展開が行われている。

また，PPT繊維なども，シートの表皮として使用されている。

写真1〜5に実施例を示す。

第8章 その他の加飾技術

写真1 PLA繊維,ケナフ,PP繊維によるスペアタイヤカバー(トヨタ自動車,東レ,トヨタ紡織(旧アラコ))

写真2 PLA繊維,ケナフ,PP樹脂によるタイヤカバー(トヨタ自動車)

写真3 PLA繊維,ナイロン繊維によるフロアマット(三菱自動車)

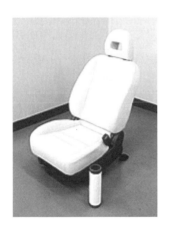

写真4 PPT繊維による座席カバー(本田技研工業)

写真5 PLA繊維による座席カバー(マツダ)

2.3 塗装による加飾技術

バイオマスプラスチックの塗装による加飾技術は，塗料をバイオマス化する例と塗装部品がバイオマスプラスチック（PLAおよび木質樹脂）である例に分けられる。いずれも開発途上ではあるが，今後増加すると推定される。

2.3.1 バイオマスプラスチックへの塗装

バイオマスプラスチックへの塗装としては，木質漆器のベースに2液型ウレタンによる塗装が漆器などで採用されている（写真6）。

植物樹脂に対応した環境性の高い2液型ウレタン塗料としては，オリジン電気が開発した「エコネットNS」が知られている。

写真6　PLA漆器の塗装例（箔一）

2.3.2 バイオマス原料による塗装

一方，バイオマス材料を原料とした塗料の開発も実施されており，関西ペイントとシャープは1液型グリーンポリマー塗料を開発し，「AQUOS」に採用したとしている（写真7）。同塗料の開発は，エステル化澱粉の塗膜性能とシンナー塑性の最適化にあると報告している[5]。

写真7　グリーンポリマー塗料による製品例（シャープ）

第8章　その他の加飾技術

2.4　フィルム貼合による加飾技術

PLAを原料とするフィルムによる加飾技術としては，フィルムの性能に加え，インクの開発による印刷性能の向上，粘着剤の開発，着色剤の開発などの技術が集約されることで可能となる。

2.4.1　ポリ乳酸フィルム

PLAを原料としたフィルムは多くのメーカーで開発され市場に出ている。市販されているPLAフィルムの代表例を表6に示す。

フィルムには，二軸延伸タイプと無延伸タイプがある。二軸延伸タイプフィルムの物性をパルグリーンLC（東セロ）を例に従来フィルムとの比較を表7に示す[6]。

PLAフィルムは透明性（ヘイズ）と引張弾性率に優れており，また透湿度が高いのが特徴と言

表6　PLAフィルム代表例

メーカー	商品名	特徴，他
大日本インキ	ビオテンダー（粘着フィルム）	表面基材にアンカーコート処理
東セロ	パルグリーン，パルシール	無延伸フィルム
大日本印刷	バイオマテック	
東レ	エコデア	
旭化成ケミカルズ	ビオクリア	
リンテック	ビオラ	天然ゴム系粘着材使用
三菱樹脂	エコロージュ	延伸，押出し，シュリンク
トーツヤ・エコー	テコラ	エコロージュを基材としている
東洋シール	ナチュラ	粘着タイプ，基材はテラマック

表7　二軸延伸フィルムの特性例

項目	単位	PLA	OPP	OPET
厚み	μm	20	20	25
密度	g/cm^3	1.26	0.91	1.40
引張強度　MD/TD	MPa	100/120	130/260	210/220
引張伸度　MD/TD	%	110/90	200/60	120/120
引張弾性率　MD/TD	MPa	3,300/4,200	2,100/4,200	5,200/5,400
光学性（ヘイズ）	%	1.2	2.0	2.0
加熱収縮率(120℃)　MD/TD	%	2.5/0.5	2.5/1.0	0.5/0.5
透湿度	g/m^2・d	250	5	20
O$_2$透過度	ml/m^2・d・MPa	7,900	25,000	590

OPP：二軸延伸PPフィルム　OPET：二軸延伸PETフィルム

プラスチック加飾技術の最新動向

写真8　PLAフィルムによる加飾例（東洋シール）

われる。

粘着タイプのフィルムは写真8に示すように広く用途開発がなされている。

2.4.2　コーティング，グラビアインキ

フィルムなどの加飾技術においては，基材との粘着性に加えて，フィルムへの加飾技術が必要になる。インキでは，サカタインクスの「OIB10」や大日精化の「バイオテックカラー」などのようにPLAフィルムを対象にし，植物由来樹脂をバインダーにしたインキが開発されている。日清紡は，PLAフィルムに対するインキ密着性を向上する表面層コーティング技術を開発したと発表している。

また，フィルム用のマスターバッチは大日精化の「アースリーマスター」，「BDPM」や，東洋紡の「BDPM」などが開発されており，PLAをベース樹脂として有機顔料・染料，無機顔料，CB（カーボンブラック）を混練している。

2.5　その他の複合化による加飾技術

バイオマスプラスチックの加飾技術で，汎用樹脂の技術を，ほぼそのまま使用する方法として，バイオポリマーとプラスチックのアロイ化が進んでいる。

主として，PLAとPP（ポリプロピレン：自動車，家電），PC（ポリカーボネート：家電），ABS樹脂（家電）との複合化，アロイ化が進められている。

また，PLAなどのバイオマスプラスチック化ケナフなどの植物繊維を25～30％以上ブレンドし

第8章 その他の加飾技術

た樹脂をエコポリマーと呼んで，自動車などに採用されている（図1）。

　複合化の例として，アロイ化とは別にポリエチレンとの複層化による容器なども開発されている（図2）。

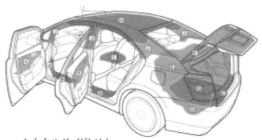

A カウルサイドトリム
B ドアスカッフプレート
C フィニッシュプレート
D トランクマットの不織布表皮
E トランクトリム（フロント・サイド）の不織布表皮
F トランクドアトリムの不織布表皮
G ツールボックス
H 天井の表皮
I サンバイザーの表皮
J ピラーガーニッシュの表皮（フロント・センター・リヤ）
K ドアトリムオーナメントの基材（フロント・リヤ）
L 運転席クッションパッド

図1　トヨタ自動車におけるエコポリマー採用例

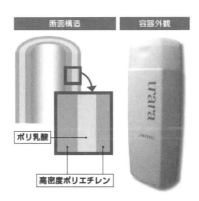

図2　複層化による加飾技術例（資生堂：URARA）

2.6 おわりに

本節では,PLAを例にバイオマスプラスチックの加飾技術の動向を報告した。

バイオマスプラスチックの加飾技術は基本的には,一般のプラスチックと同じと考えられるが,バイオマスプラスチックが持つ特性(疎水性,強度物性,生分解性など)を考慮して,地球環境への配慮をさらに考える必要がある。

文　　　献

1) 奥彬,植物由来プラスチックの高機能化とリサイクル技術,サイエンス&テクノロジー (2007)
2) 日本バイオプラスチック協会,HP
3) 山中敬雄,ポリ乳酸グリーンプラスチックの開発と応用,フロンティア出版 (2005)
4) 望月政嗣,化学と工業,**76**(1), 1 (2002)
5) 梅澤憲一,石野隆三,川村力,塗料の研究,**148**(9), 42-45 (2007)
6) 渡辺達也,ポリ乳酸グリーンプラスチックの開発と応用,フロンティア出版 (2005)

3 電動成形機による加飾技術

岡原悦雄*

3.1 はじめに

　工業的に生産される熱可塑性樹脂は，ほとんどの場合粒状のペレット形状であり，このままでは実用的にはほとんど役に立たないものである。しかしながらこのペレットに目的とする形状を付与すると，車・家電・住宅設備などの部品として現在の物質文明を支える優れものに早変わりする。このようなプラスチックに形状を付与する技術の1つが射出成形であり，非常に生産性のよい工法である。ところで現在我々が日常目にする射出成形品はシボを付けられたり，表皮で覆われていたり，塗装されていたりとなんらかの加飾を施されたものが増え続けている。このような加飾成形品は，従来は射出成形で得られた成形品に後加工を施していたが，最近ではそのほとんどが射出成形と同時に金型内で行われるようになってきた。本書では第5章および第6章で表皮貼り合せ技術が紹介されているが，本節では貼り合せ技術へのプラスアルファー的な技術および金型内塗装技術について紹介する。

3.2 フィルム貼り合せ成形における転写性向上技術

　起毛を持った表皮およびクッション感付与のための発泡層を持った表皮貼り合せ成形は第6章に詳しいので，ここではフィルムインサート成形において転写性を向上させる技術について述べる。

　フィルムインサート成形では予備賦形されたフィルムを金型にセットするか，ロール状で供給されるフィルムを金型間に配置して，型締め後射出成形を行うことが一般的である。しかしながらフィルムをセットする以外は通常の射出成形を行ったのでは，金型の梨地や細かなシボ模様をフィルム表面に転写させることはできない。この理由はフィルム表面は金型に押し付けられた状態で成形されるので，成形中のフィルムの表面温度は金型の温度を大きく超えることができないためである。宇部興産機械の開発したDIEPREST-Rモードはこのようなフィルムインサート成形における転写性アップを目的に開発された技術である。

3.2.1 DIEPREST-Rモード

　DIEPREST技術は射出成形の途中で金型を開くことにより，成形中の樹脂の温度分布がどのように変化するかに着目して開発された技術である。前述のように単に金型間にフィルムをセットして通常の射出成形を行ったのでは，成形中のフィルムは金型に押し付けられた状態のまま成形される。このためフィルムの表面温度は金型表面とほぼ同一の温度となり，梨地や細かなシボ模

---

*　Etsuo Okahara　宇部興産機械㈱　技術開発センター　樹脂成形技術グループ　主席部員

様に追従して変形することができない。

　ここで一般的な射出成形について考えてみたい。射出成形は「溶かして」,「流して」,「固める」技術といわれる。では樹脂を固めるとはどのようなことを指すか考えてみると，結晶性樹脂においては結晶が溶けた状態から結晶化が起こり，できた結晶により分子運動を拘束されて流動を停止することであり，非晶性樹脂においてはガラス転移点以上の温度から，ガラス転移点以下まで冷却されることにより，分子運動が拘束されて流動を停止することである。貼り合せ成形における転写性においても同様に流して固めることが必要であり，転写性を上げるには，フィルムの温度を一旦上げて，分子が運動できる状態を作り出した後，金型に押し付けられた状態で冷却されて分子運動を拘束する必要がある。このため，フィルムの耐熱性が高いほど，あるいは厚みが厚くなるほど転写性は低下する。

　そこでフィルムを貼り合せる成形の過程で，金型を僅かに開きフィルム表面と金型との間に空気断熱層を形成すると，フィルムを経由して金型に伝達されている溶融樹脂の潜熱が空気断熱層で遮断される。この結果フィルム表面は金型に接触した状態より遥かに高い温度まで昇温される（図1）。この状態に達した後金型を閉じることで，温度上昇して軟化状態のフィルムに，金型面を転写させることが可能である。このような成形方法がDIEPREST-Rモードである。金型に深さ500μmの格子状のシボを付けて通常の成形を行った場合と，Rモードで成形を行った場合の表面形状の違いを図2に示す。図から明らかなようにRモードを使用することで，厚みが700μmあるフィルムを使用した場合でも，金型表面を忠実に転写していることがわかる。このように転写性を向上させる方法としては，金型温度を高速で上昇／降下させるヒートクール成形が提案されているが，温度の追従性を上げるための専用金型や，余分な熱エネルギーを必要とする。このような特殊な技術に対しRモードでは通常の金型を使用して，サイクルタイムの延長もほとんど必要無しに，高転写成形を実現できるメリットがある。

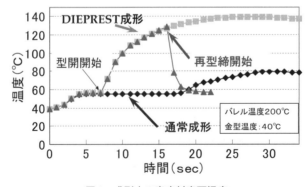

図1　成形中の表皮材表面温度

第8章　その他の加飾技術

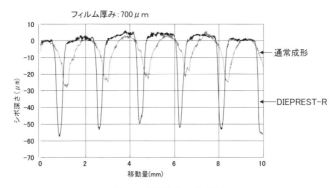

図2　成形方法と転写性

またこの動作をフィルムインサート無しで行うと，樹脂表面の転写性を向上させることが可能である。この結果，フローマークなどの表面欠陥を軽減することもできる。

このような転写性向上の技術とは別に，表皮貼り合せ成形＋発泡成形を組み合わせることにより，表面性向上＋軽量化＋曲げ剛性を達成することも可能である。前述のようにDIEPREST成形機では，任意のタイミングで，任意の位置に金型をコントロールすることが可能である。このため発泡成形を行うには優れた制御性能を発揮する。しかしながら発泡成形においては，製品表面にスワルマークと呼ばれる特有の不良が発生することが避けられない。そこで表皮貼り合せ成形と発泡成形を組み合わせることにより，発泡成形の表面欠陥を隠蔽すると同時に，起毛系表皮や発泡層付きレザー調表皮のダメージを防止して，より高品位の貼り合せ成形品を得ることが可能である。もちろんフィルム系表皮の貼り合せ成形と発泡成形を組み合わせることも可能である。

3.2.2　DIEPREST-Sモード

通常の射出成形ではヒケを防止するために，樹脂の冷却収縮分を補うための保圧動作（射出完了後射出側から金型内へ樹脂を補充するために，一定時間樹脂圧力を負荷する動作）を行う。しかしこの保圧動作では，一般肉厚部やゲート部の樹脂が冷却して流動停止すると，それ以降は樹脂を補充することができない。また，樹脂の圧力伝播には圧力損失があるためゲートから離れた位置では保圧の効果が限定される。結果としてゲートから離れた位置では，リブやボスなどの冷却速度の遅い厚肉部が冷却収縮するときには，この部分で樹脂が不足した状態となるため表面にヒケが発生する。一方，射出プレス成形のように金型が開いた状態で必要な樹脂量を射出し，その後型締めする成形法であっても，厚肉部表面にはヒケが発生する。このヒケの発生原因は，厚み方向の収縮が肉厚に依存して大きくなることによる。さらに厚肉部は冷却が遅いが一般部では樹脂の冷却が早く，冷却収縮による圧力の低下も早い。このため圧力の高い（冷却の遅い）厚肉部から，圧力の低い（冷却の早い）一般部に向かって樹脂の移動が起こる。この結果，厚肉部で

さらにヒケが増長されることも原因となっている。このような例は部分的な薄肉部の周囲で一般部から薄肉部へ樹脂が移動することによるヒケとして観察される。特に，表面にシボや梨地を付けた金型では表面のテカリとして認識される。

　ところで成形の途中で金型を僅かに開き樹脂表面と金型キャビティの間に空気断熱層を作ると，樹脂の潜熱により表面温度が上昇することは前述の通りである。このような温度分布では型開のタイミングと開いている時間により，金型に接触している側の樹脂は冷えて流動することができないが，空気断熱層側の樹脂は流動することが可能な状態を作ることが可能である。このような状態を作り出した後再型締めすると，低温側の樹脂は断熱層として作用するため，高温側の樹脂が接触した金型への熱移動が主となって冷却が進行する。このため厚肉部と一般部での冷却速度の差がほとんどなくなり（図3），ヒケの発生を防止できる。しかしながら，ヒケ発生原因は基本的には金型容積に対し，供給された樹脂の不足によって起こっている。そこで，Sモードでは型開時に保圧動作を行い，樹脂を補充填している。型開状態で補充填を行うとバリが発生するのではと考えられるが，樹脂は射出されると直ぐにスキン層を形成している。さらに金型を開いた状態では樹脂圧力がほとんど発生しないため，スキン層を突き破ってバリが発生することはない。また，低い樹脂圧で補充填が行えるため，高圧型締め状態では供給できない量の樹脂を容易に充填することが可能である。この場合，充填量が過剰になるとオーバーパック状態になることが危惧されるが，射出成形におけるオーバーパックの状態は樹脂圧力が過大になってキャビティ内が過充填された状態である。この方法では射出量が多くても，型締め力を低く抑えることでオーバーパックになることはない。さらに金型を開いた状態では，前述した冷却速度の差に起因する樹脂圧力差によって起こる樹脂の移動も抑制される。図4に14インチのホイールカバー形状の成形品（センター一点ゲート，使用樹脂：ポリプロピレン）のゲートから150 mm位置にあるリブ上のヒケの表面形状を示す。通常成形の保圧動作では消すことができないヒケがほぼ完璧に消失していることがわかる。また図からはリブ上のヒケの低減効果の外にも一般部の面張りの改善効果も

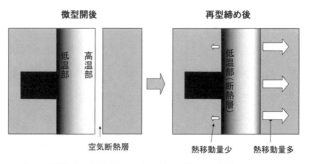

図3　型開後の温度分布と再型締め後の熱移動のイメージ

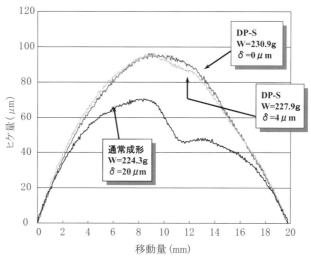

図4　DIEPREST-Sモードの効果

大きいことがわかる。

3.2.3　DIEPREST成形機

　ここまで紹介してきたようにDIEPREST成形においては，通常の射出成形と異なり，成形中の型開量や型締め力を任意にコントロールすることが要求される。このような要求性能に対しDIEPREST成形機はトグル式型締め機構において，トグルの折れ曲がり程度を制御するクロスヘッドの位置をコントロールすることで対応している。トグル式型締め機構においてはトグルが伸び切ることにより，所定量だけタイバーを引き伸ばす。このためタイバーには縮もうとする力が発生し，この力が型締め力として金型に作用する。この状態からトグルが折れ曲がっていくと，タイバーの伸び量が小さくなって型締め力は徐々に低下する。その後さらにトグルの折れ曲がりが進行すると，今度は金型が開いてやがて型開限に到達する。このためクロスヘッドの位置を制御するだけで，型締め力も型開量も連続的にコントロールすることが可能である。しかもトグル機構は梃子の原理を応用して型締め力を発揮するため，金型がタッチする点の近傍ではクロスヘッド（力点）の移動量に比べ金型（作用点）の移動量が小さく，弊社のMD850（型締め力8330 kN）成形機の例ではおよそ1/10となる。このためクロスヘッドの位置を0.1 mm単位で制御すれば，型開量は10 μm単位で制御可能となる特性を持っている。さらに前述の通り，型開量⇒型締め力⇒型開量⇒型締め力（射出プレスモードでスタートするRモードの動き）のように最終的にコントロールしたい対象が変化しても，実際の制御対象は常にクロスヘッド位置である。このため制御対象の切り替えがないので安全のための遅延タイマーを設定する必要もなく，優れた応答性と

繰り返し安定性を発揮する。

3.3 熱可塑性樹脂への金型内塗装技術（IMPREST）

プラスチック成形品の表面を，射出成形と同時に金型内で塗装まで行う技術は，古くから多くの技術者によって検討されてきたが，現在に至るまで実用化された例が無く，2010年の段階でもまだ夢の技術である。

この原因は1つには射出成形技術と塗装技術の完成度の高さにある。射出成形は同一品質の製品を非常に効率よく成形する優れた技術であり，塗装もまたプラスチックに限らずさまざまな製品を着色したり，機能性を付与したりするのに利用される確立された技術である。それゆえ，この両者を同時に行う金型内塗装（インモールドコーティング：IMC）技術には，これらの特徴を阻害することが認められない宿命を背負っており，実用化のためには越えなければならない大きなハードルとなっているためである。

その中にあって宇部興産機械と大日本塗料が共同開発したIMPREST技術は，これらの課題をほぼ解決した実用化に近い技術である。

3.3.1 成形方法

IMPREST成形では金型内に樹脂を射出し，ある程度冷却固化が進んだ段階で金型を僅かに開き，できた隙間に塗料を注入し，再度金型を閉じることにより，注入した塗料をさらに流動させて成形品の表面を完全に被覆し，この状態で樹脂と金型の熱により金型内で塗料を熱硬化させて成形品を得る（図5）。このため通常の塗装で使用される塗料のように，溶剤などを含んだ塗料ではなく，密閉された金型内で熱を受けることにより硬化反応が進行して100％塗膜へ変化する熱硬化性の塗料が使用される。また，工法の特徴として，注入された塗料の量により塗膜の厚みが決定される。このため塗料の注入量が変動すると塗膜の厚みが変動する成形法である。

ところで，樹脂成形を通常の射出成形で行った後金型内塗装を行うと，樹脂の冷却収縮の進行

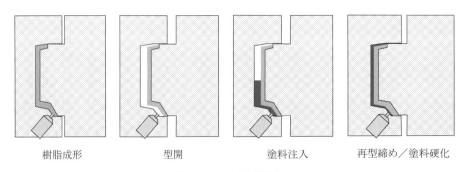

樹脂成形　　　型開　　　塗料注入　　　再型締め／塗料硬化

図5　IMPREST成形方法

により樹脂＋必要な膜厚の塗料の体積が金型キャビティの容積を下回る状態が容易に発生する。この場合塗料注入後に型締め力を負荷しても成形品に圧力を伝えることができず，塗膜表面と金型キャビティの間に隙間が発生する。結果として塗料のショートショットや塗膜内に空気が逆流する表面不良の原因となる。このような不良が発生することを防止するために，IMPREST成形における樹脂成形は，金型を開いて樹脂を射出する射出プレス成形方法で行っている。射出プレス成形法では樹脂が冷却収縮しても，樹脂＋塗料の体積が金型キャビティの容積を確実に上回る量の樹脂を射出することが，容易に可能となるためである。

また，樹脂成形中の型締め力についても以下のような制御を行っている。通常の射出成形や射出プレス成形では型締め完了後は型締め力は一定に保持される。この型締め力はバリ・ショートショット・ヒケなどの不良が発生することを防止するため，樹脂圧力に換算して30～40MPa程度になるように設定されることが一般的である。ところがこのような高い面圧を負荷し続ける成形法では金型が変形し，成形品の肉厚のバラツキが大きくなっていた。さらに通常の成形で行っている保圧動作により，ゲート近傍と離れた場所での樹脂圧力の差が，厚みのバラツキを大きくしていた。このため通常の樹脂成形品においては100μm程度の肉厚のバラツキは容易に発生するが，一部の成形品を除いて大きな問題となることはなかった。しかしながら金型内塗装においては樹脂成形品の厚みのバラツキは，塗膜の厚みのバラツキとなって反映されるため，塗膜厚みが100μmバラツクことは大きな問題となる（図6）。対策として樹脂の賦形に必要な型締め力を負荷した後，直ちに型締め力を低下させることで，金型の変形を抑制してこの形状になるように樹脂を再流動させている。この結果まずは均一な肉厚の樹脂成形品を成形している。さらに，この樹脂成形時の型締め力と塗料注入後の塗膜形成時の型締め力を同一レベルに合わせるように制御している。このように樹脂成形時と塗膜形成時の金型に加わる力がほぼ同等になることで，両者の金型の変形レベルもほぼ同一になる。このような型締め力の制御により塗膜厚みの均一化が達

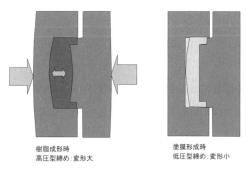

樹脂成形時　　　　　塗膜形成時
高圧型締め：変形大　低圧型締め：変形小

図6　型締め力と金型変形のイメージ

成されている。

　ところで，樹脂成形時に型締め力を途中で低下させる制御は，膜厚の均一化に効果を発揮するのみならず，結果的には立ち面の塗装性も向上させている。立ち面を塗装するには抜き角を大きくすることと，樹脂の収縮が大きくなるような成形条件を作ることが必要であることは容易に理解される。IMPREST成形においては塗膜厚みは100μm程度が一般的であるが，平面部に100μmの隙間が発生する状態で抜き角を変化させた場合，計算上は抜き角2度で3μm，10度で17μmの隙間しか発生しない。しかしながら，現実には抜き角が0度であっても樹脂の収縮による隙間が発生するため，立ち面部でも50μm以上の膜厚で塗装することが可能である。樹脂はPVT曲線に沿って冷却収縮するため，冷却時のV（体積∝厚み）を小さくするには高温時のP（圧力）を低下させることが効果的である。すなわち，立ち面内の樹脂は圧力が高いほど圧縮されており，立ち面内に存在する絶対量が多い。このため，冷却が進行しても大きな隙間を発生させることは難しい。しかしながら圧力を下げて成形すると立ち面内の樹脂の絶対量が少なくなるため，冷却後に発生する隙間が大きくなる。さらに樹脂圧力は立ち面では樹脂の冷却収縮にしたがって低下するが，平面部では樹脂が収縮しても型締め力によって圧力低下はほとんどない。この結果，圧力の高い平面部から圧力の低い立ち面部へ向かって樹脂の補償流動が起こる。しかし，型締め力を低下させると樹脂圧力が低下するので，平面部と立ち面部の圧力差が小さくなり樹脂の移動も抑制される。この結果立ち面の塗装には2重に有利に作用する。

3.3.2　成形品の特徴

(1)　塗膜物性

　IMPREST成形品は数々の優れた特徴を持っている。ここではその一部を紹介する。

　前述のようにIMPREST成形で使用される塗料は，熱により塗膜へ変化する熱硬化型の塗料である。すなわちこの塗料は熱硬化性樹脂の特徴を持っている。このため，3次元の緻密な網目構造を持った塗膜は耐薬品性に優れることが第一の特徴である。我々が日常目にするシャンプーや漂白剤などの洗剤類やサインペンなどの筆記具，ガソリンやアセトンといった有機溶剤に対してもほとんど影響を受けることがない。この結果ほとんどの薬品の付着に対しても，布で拭き取ることで除去することが可能であり，痕跡が残ることもない。また，サインペンやマニュキュアのように付着後乾燥するものでも，アルコールなどの溶剤を使用すれば拭き取ることが可能である。

　また，緻密な網目構造の形成により架橋間分子量が小さいため耐擦り傷性に優れるのも大きな特徴である。写真1に学振試験によるスチールウールでの耐擦り傷試験後のテストピースの写真を示す。写真でわかるように，鉛筆硬度Fの塗膜であっても硬度4Hのアクリル（PMMA）板や硬度Bのポリカーボネイト（PC）板より耐擦り傷性ははるかに優れていることがわかる。この塗膜にさらに耐擦り傷性を向上させる処方を追加することも可能である。

第8章　その他の加飾技術

(2) 塗膜の意匠性

塗膜は液体状態で流動し，型締め力により金型に押し付けられた状態で形成されるため，転写性に優れることも大きな特徴である。このため，金型のキャビティ面をほぼ完璧に転写し，金型にシボや梨地を付けることにより塗膜表面にシボや梨地を転写させることも可能である。樹脂成形品ではつや消しやロゴの導入に梨地を利用することがあるが，このような成形品にスプレー塗装を施すと梨地は消失してしまうため，IMPREST成形ならではの特徴といえる。

また，ヒケやフローマークなどの樹脂成形の不良の隠蔽も可能である。ヒケについては樹脂成形の早い段階で発生しており，ヒケ発生後に塗料を注入することでヒケている部分を塗料で埋めることができる。写真2にヒケを隠蔽した塗膜の写真を示す。このような状態となるため，塗膜の厚みで色が異なって見えるカラークリヤ系の塗料を使用すると，ヒケている部分は色が濃く見える。これを利用して裏面に厚肉のロゴ形状を付けて成形すると，表から見ると塗膜の中に濃色のロゴを浮き上がらせることも可能である（一般部より薄くすることで淡色にすることも可能）。

IMPREST成形においては塗膜の厚みは注入した塗料の量に依存する。このため，大量の塗料を注入すれば，一度で厚い塗膜を成形することが可能である。この厚い塗膜をカラークリヤ系塗

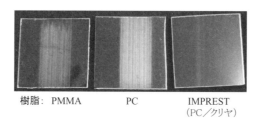

写真1　IMPRESTの耐擦り傷性

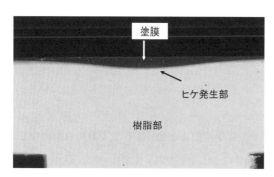

写真2　樹脂のヒケを隠蔽した塗膜

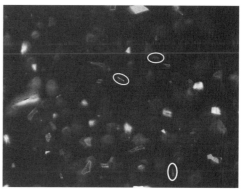

写真3　塗膜中の光輝材（塗膜表面側から撮影）

料で成形すると従来は見られなかった非常に深み感のある塗膜を容易に得ることが可能となる。また，この塗膜の中に光輝材を導入すると厚い塗膜中に光輝材がランダムに存在することが可能である。これに対し従来のスプレー塗装では，一度にできる塗膜厚みに限界があるため，大きさを持った光輝材はランダムには存在し難いこと，さらに乾燥工程の厚み減少の過程で面配向が促進されることにより，光輝材をランダムに存在させることは困難であった。このランダムに存在した光輝材の効果で，塗膜の深み感はさらに強調されてINPREST成形特有の意匠性を発揮する。写真3に光輝材を含んだ塗膜を表面から撮影したときの写真を示す。焦点深度が浅いため，一部の光輝材を除いてピントが合っていないが，この深さ方向へ光輝材がランダムに配置されることにより深み感が増すと考えている。また，写真中の○印で示すように光輝材が縦に存在するものが認められ，ほとんど配向していないことがわかる。

3.3.3 IMPREST成形の特徴

(1) 環境負荷低減

従来の塗装では，有機溶剤を大量に含んだ塗料を乾燥させて塗膜を形成するため，揮発性有機物（VOC）の発生が避けられなかった。このため大掛かりな塗装ラインを必要とするが，それでもまだ全産業中に占めるVOCの発生割合は，塗装によるものが首位である。このため，欧米では厳しい規制の対象とされ，新しい塗装ラインを新設することは非常に困難である。ところがこれまで述べてきたようにIMPREST成形で使用する塗料は有機溶剤を含んでいないため，成形中および成形後もVOCを発生させることはほとんどない。このため環境に優しい工法である。

また，成形中のエネルギーの消費を見ると，従来は熱可塑性樹脂に射出成形機のバレル内で熱エネルギーと機械エネルギーを与えて可塑化し，金型内でその熱を冷却水中に捨てて樹脂成形品を得ていた。さらに，取り出し後は塗装工程中の焼付け工程において，再度熱エネルギーを与えているため，非常に無駄の多い工法となっている。一方IMPREST成形においては，樹脂の可塑化工程以降は金型の中で樹脂と金型の熱により塗装が完成する。成形開始前には金型温度を昇温させるためにエネルギーを必要とするが，成形開始後は金型の温度維持は樹脂の潜熱だけで可能な場合が多く，改めてエネルギーの追加を必要としない。このため，使用するエネルギー量はスプレー塗装に比べるとIMPREST成形が少なくなる。

このようにIMPREST成形はエネルギーロスも少なくVOCの発生もほとんどない，次世代型の環境に優しい工法である。

(2) 人に優しい工法

成形後，塗装工程にまわす射出成形品は，うっかり素手で触ると塗装工程で不良の原因となる。このため，成形後は厳重に梱包され塗装ラインに回される。塗装ラインにおいても梱包を解く段階から，クリーンルーム内で埃の発生を気にしながら作業することが要求される。このため，成

第8章 その他の加飾技術

形および塗装の担当者共に精神的な負担が大きい作業となる。一方，IMPREST成形においては成形条件さえ確立していれば，射出成形機の金型から成形品が取り出される段階では塗装が完了しており，素手で触ってもなんら問題とならない。また，成形環境もクリーンルームなどの特別の環境を必要とせず，通常の射出成形機が設置できる環境であればなんら問題とはならない。このように，作業者に特別な負担を与えることがなく，人に優しい工法である。

(3) 職人技不要

従来の塗装で特に高品質の塗膜を得ようとする場合，経験と技術がなければ対応できないこともあった。しかしながらIMPREST成形では，このような特別な技術者がいなくても，成形機の条件設定が完了していれば誰が成形しても同じ品質の製品を安定して成形することが可能である。また，その品質も金型の転写性がよいため，鏡面の金型で成形すれば鏡面の成形品が得られ，スプレー塗装品で見受けられるゆず肌や表面張力に起因する額縁現象，環境に起因するブツの発生など品質のバラツキも防止できる。

(4) 成形方法の拡張性

IMPREST成形は例えばフィルム貼り合せ成形と同時に行うことが可能である。一般にフィルム貼り合せ成形は，静電気によりフィルムにホコリが付着して表面にアバタが転写される不良が多発する。この対策として成形機をクリーンルーム内に設置したり，静電気除去装置を使用したりと，大掛かりな対策を実行しても不良率を低減することが難しい成形である。この成形とIMPREST成形を組み合わせて，フィルム表面にクリヤの塗膜を形成すると，静電気により付着する程度の大きさのホコリは塗膜中に隠れて見えなくなるため，不良率の大幅な低減が可能である。また，発泡成形とIMPREST成形を組み合わせると，軽量化と高意匠などのIMPREST成形の特徴を組み合わせることが可能である。ただし，この場合発泡成形を均一に行う必要がある。理由は樹脂中に大きな発泡セルがあると塗料の圧力で樹脂が変形し，成形後圧力を開放すると樹脂の変形が回復するため，表面性が維持できないためである。このため，通常の発泡成形に比べ，発泡倍率を小さく設定する必要がある。

3.3.4 成形装置

このようにIMPREST成形はさまざまな優れた特徴を持っているが，この成形を行う成形装置について述べる。

射出成形機はDIEPREST成形を行うことができる成形機をベースにしており，塗料を注入する注入機との信号のやり取りや，基本的な動作設定を行うことが可能なソフトが追加されている。このため，DIEPREST成形機とIMPREST成形機の間には互換性があり，モード追加を行うことで双方向への改造が容易である。また，弊社の電動機であればIMPREST（あるいはDIEPREST）成形機に改造することが可能である（基本的な構造および性能については3.2.3 DIEPREST成

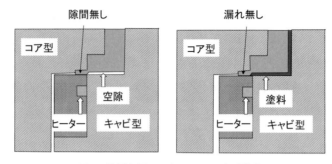

図7 塗料を漏らさないための金型構造

形機を参照）。

一方，IMPREST成形に使用される金型に要求される最も重要な機能は，塗料を漏らさないことである。塗料が漏れて成形毎に金型の清掃に時間を要するのでは，射出成形の特徴である生産性を損なうことになるためである。この要求性能に答えるためにIMPREST成形用金型では成形品の端面に図7に示す構造を採用している。この構造では製品端面を食い切り構造の金型として，端末に型開閉方向に伸びる薄肉部を設けると同時に，薄肉部に対応するキャビティ型にヒーターブロックを配置している。この結果薄肉部では一般部に比べて厚み方向の収縮が小さくなり，塗料が流動する隙間を小さくすると同時に，ヒーターブロックの設置により，流動してきた塗料の硬化反応を進行させて塗料粘度の上昇を促進している。この結果粘度の高い塗料は狭い隙間を流れることができないようにしている。さらに，薄肉部においては，厚肉部より冷却収縮が先行するため，圧力低下した薄肉部へ向かって厚肉部から樹脂の補償流動が起こる。この結果薄肉部で発生する隙間は厚みの差以上に小さくなり，塗料の漏れが防止される。

また，塗料を金型内に注入するための注入機には狭い空間に塗料を注入するため注入圧力を持っていることと，注入量の安定性が要求される。前述のように塗料の注入量のバラツキは塗膜の厚みのバラツキとして反映されるためである。さらに熱硬化性塗料が高温の金型に取り付けられたインジェクター内で硬化することのないように，金型との断熱と冷却効率に配慮する必要がある。このような条件を満足させるために，注入機は塗料を計量・吐出させる計量シリンダーと金型内に吐出させるためのインジェクター，およびこれらを制御するコントローラーで構成されている。

3.4 おわりに

DIEPREST成形技術やIMPREST成形技術が登場する以前は，射出プレス成形や射出圧縮成形のように樹脂を射出中（あるいは射出後）型締め力を負荷（あるいは増圧）する技術を除くと，

第 8 章　その他の加飾技術

射出成形は金型を閉じた状態で樹脂を射出してキャビティ内に樹脂を充填させる技術であった。しかし，成形の途中で金型を開くことにより，成形中の樹脂の温度や圧力を変化させることができる。その結果これまでと違った成形が可能になっている。また，この成形機を利用して他の成形方法と組み合わせることにより，新しい成形技術が開発されようとしていることを紹介した。本節が今後読者諸兄の知恵と融合することで，さらに新しい技術として発展することに期待したい。

プラスチック加飾技術の最新動向 《普及版》 （B1179）

2010 年 6 月 10 日 初　版　第 1 刷発行
2016 年 10 月 11 日 普及版　第 1 刷発行

監　修	桝井捷平	Printed in Japan
発行者	辻　賢司	
発行所	株式会社シーエムシー出版	

東京都千代田区神田錦町 1-17-1
電話 03 (3293) 7066
大阪市中央区内平野町 1-3-12
電話 06 (4794) 8234
http://www.cmcbooks.co.jp/

〔印刷　株式会社遊文舎〕　　　　　　　　Ⓒ S. Masui, 2016

落丁・乱丁本はお取替えいたします。

本書の内容の一部あるいは全部を無断で複写（コピー）することは，法律で認められた場合を除き，著作者および出版社の権利の侵害になります。

ISBN978-4-7813-1121-0 C3043　¥4200E